日本鹌鹑

朝鲜鹌鹑（公）

朝鲜鹌鹑（母）

神丹小型黄羽鹌鹑（公）

神丹小型黄羽鹌鹑（母）

1

中国白羽鹌鹑

中国黄羽鹌鹑（左公，右母）

杂交一代（公雏为栗褐色，母雏为乳黄色）

迪法克（FM）系鹌鹑

莎维玛特鹌鹑（母）

莎维玛特鹌鹑（公）

菲隆玛特鹌鹑
（左母,右公）

鹌鹑自别雌雄配套
系，（父本为中国
白羽鹌鹑，母本为
朝鲜鹌鹑）

中国白羽鹌鹑自
别雌雄配套系商
品代（黄羽雌性，
栗羽雄性）

种鹌鹑出雏情景

11160 型孵化机

16800 型孵化机
内景

型孵化机匀风系统

蛋架车

3 日龄鹑胚

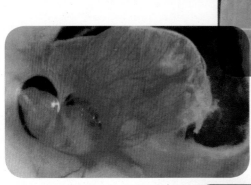

5 日龄鹑胚

7 日龄鹑胚

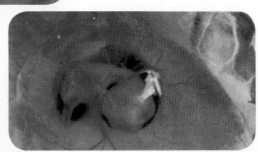

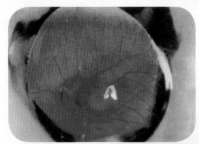

6 日龄鹑胚

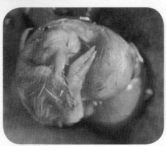

15 日龄鹑胚

16 日龄鹑胚

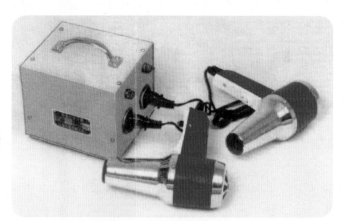

照蛋器

杯式饮水器

鹌鹑笼养

商品蛋鹑笼

育雏舍笼育雏

种鹑笼

鹌鹑高效益饲养技术

（第3版）

主 编

林其骤

副主编

宋东亮 贝业喜

编著者（按笔画为序）

卫龙兴 贝业喜 王秀芝

孙旭东 朱国祥 宋东亮

吴增坚 汤国辉 林其骤

胡华川 徐 浩 秦爱东

金盾出版社

内 容 提 要

本书由南京农业大学养鹑专家林其骠教授主编与修订。内容紧密结合生产实际和各个生产环节，对鹌鹑的品种、繁育、孵化、饲养和鹑病防治等关键技术，做了较详尽的叙述。书中汇集了作者32年的研究成果和实践经验，同时也介绍了国内外的先进技术。实用性、可操作性强。可供养鹑场员工、养鹑户、养鹑科技工作者和管理人员阅读参考。

图书在版编目(CIP)数据

鹌鹑高效益饲养技术/林其骠主编. -- 3版. -- 北京：金盾出版社，2012.6
ISBN 978-7-5082-6985-6

Ⅰ.①鹌… Ⅱ.①林… Ⅲ.①鹌鹑—饲养管理 Ⅳ.①S839

中国版本图书馆 CIP 数据核字(2011)第 074025 号

金盾出版社出版、总发行

北京太平路 5 号(地铁万寿路站往南)
邮政编码：100036 电话：68214039 83219215
传真：68276683 网址：www.jdcbs.cn
封面印刷：北京印刷一厂
彩页正文印刷：北京燕华印刷厂
装订：北京燕华印刷厂
各地新华书店经销

开本：850×1168 1/32 印张：13 彩页：8 字数：308 千字
2012 年 6 月第 3 版第 13 次印刷
印数：113 001～121 000 定价：25.00 元
(凡购买金盾出版社的图书，如有缺页、
倒页、脱页者，本社发行部负责调换)

本书主编地址：南京市卫岗南京农业大学动物科技学院
邮编：210095 电话：025-84395457 手机：13851614030

序 一

　　鹌鹑抗病力强，生长快、成熟早、繁殖力强、耗料少，容易饲养。鹌鹑蛋、肉营养丰富，蛋白质含量高，胆固醇含量低，氨基酸丰富，还具有一定的药用价值，是国内外公认的珍贵的保健食品，享有"动物人参"之称。鹌鹑业虽然在畜牧与食品行业当中占的比重较小，但是该产业对改善人类的膳食结构，促进农业生产结构的调整，增加农民经济收入具有重要作用。鹌鹑业的快速发展，不仅丰富了市场供应，而且对食品工业、医药工业、旅游业，以及对野生禽类资源的保护和开发，都具有重要的推动作用。因而，该行业已引起了国内外学术界和商业界的高度关注。

　　目前，鹌鹑业的发展仍缺乏较为系统的技术体系做支撑，在品种选育、疾病防治、标准化饲养方面的技术还不够完善和成熟。本书全面系统总结了国内外的生产历史与经验，必将为提高我国鹌鹑生产水平和推动鹌鹑产业发展发挥重要作用。

　　该书由我国家禽学术界知名专家林其騄先生主编。该书以鹌鹑生产的研究理念为主线，在充分总结国内外生产历史经验的基础上，立足生产实践，全面系统地介绍了鹌鹑的生产历史、现状、前景以及生产关键技术。内容丰富，系统性强，深浅适宜，对我国鹌鹑的生产与研究具有重要的参考价值和学术意义。书中的健康养殖新技术与管理新思路，为该行业的可持续发展必将起到积极的促进作用。

　　林教授从事家禽与特禽的教学、科研、生产、推广与科普工作40余载，参加过多项国家和省部级科研项目，硕果累累。主持的"大型孵化设备研制与配套"获机械工业部科技进步一等奖；培育的北京白羽鹌鹑自别雌雄配套系获农业部科技进步三等奖；参与主持的"北京隐性白羽鹌鹑的发现与纯系培育"获北京市科委科技进步三等奖。多年来,一直参与江苏省地方家禽品种的调查与研究,主持北京白羽鹌鹑及其自别雌雄配套系、南农黄羽鹌鹑及其自别雌雄配套系等育种与制种工作,具有丰富的鹌鹑养殖理论与实践经验,为该书的编写奠定了良好的基础。

　　林教授40年教书育人,30载养禽传道,乐于播撒科技星火,服务于养禽事业,退休后仍不知疲倦地活跃在养鹑战线上,真可谓"烈士暮年,壮心不已"! 我能为家禽界德高望重的老前辈的著作代序深感荣幸。在此,谨祝林老先生"年事高老有所为,古来稀晚年有乐",同时也预祝该书真正成为鹌鹑养殖者最诚挚的良师益友。

中国家禽学会副理事长

青岛农业大学　教授　王宝维

序　二

　　林其骤教授主编的《鹌鹑高效益饲养技术》(第 3 版)面世了,本人专致祝贺!

　　小小的鹌鹑以它丰富多彩的生物学特性和高产高效的经济学特性,成为农业产业结构调整和农民科技致富的重要推广项目之一。

　　林其骤教授是我国资深的养禽专家,1985 年在全国农业院校中率先开发《特种经济禽类生产》课程,并编撰了专用教材。林教授从事养鹑学科的教学、科研、生产、科普、推广工作已有 30 多个春秋,在学术上造诣颇深,在科普推广中成果丰硕,深受读者爱戴和业界敬重。林教授 16 年来退而不休,除笔耕著书立说、外出讲课外,还经常参与科技下乡和科教兴农工作,2002 年荣获南京农业大学"科技兴农先进工作者"称号。

　　愿林其骤教授主编的《鹌鹑高效益饲养技术》使更多的读者受益,为我国养鹑业可持续发展做出更大贡献!

中国畜产品加工研究会会长

序　三

　　欣闻林其骠教授主编的《鹌鹑高效益饲养技术》(第 3 版)出版面世,谨作为业界后学致以诚挚的祝贺!

　　林教授是我国著名的养禽专家和科普作家,从事养鹑业的教学、科研、生产、科技普及和推广工作迄今已 32 载,成果丰硕。曾主持北京白羽鹌鹑和南农黄羽鹌鹑自别雌雄配套系的育种及推广工作,出版有关鹌鹑著作 15 部,论文与科普文章近 40 篇,为我国鹌鹑业的发展做出了重大贡献。退休后依然活跃在养鹑第一线上,笔耕不止,心系农民,经常不辞辛苦深入农村,面对面传授养鹑知识,解决农民在生产中遇到的实际问题,是养禽界业内人士学习的楷模。

　　我国养鹑业虽然起步较晚,但发展很快,目前已经成为世界第一养鹑大国。鹌鹑养殖是一项投资规模小、产值高、经济效益好的农村致富推广项目,发展前景非常广阔。

　　本书在前两版的基础上对鹌鹑的繁育、饲养和疾病防治等关键技术均做了详尽讲述,集中体现了林教授多年来的研究成果和生产实践经验,是鹌鹑养殖者和技术推广人员的必备良书,相信此书将会为我国鹌鹑业的健康发展发挥更大的技术支撑作用。

　　最后祝林教授身体健康、吉祥如意!

中国农业科学院家禽研究所所长
中国畜牧兽医学会家禽学分会副理事长

前　言

《鹌鹑高效益饲养技术》(第 3 版)与广大读者见面了。我们期盼读者开卷有益。

毋庸讳言,我国的养鹑业历经"非典"(家鹑被蒙冤为"野鹑")、粮油调价、禽流感及国际经济危机等的挑战与风险,仍以其顽强的生命力与经济的高效性,活跃于特禽之林,依然健步地持续发展着。

忆往昔,我国养鹑业起步于 20 世纪 30 年代,飞跃发展于 80～90 年代,稳步转型于 21 世纪初叶。看今朝,养鹑企业正向着规模化、标准化与产业化方向发展;安全的绿色鹑产品早已进入寻常百姓家。广大的养鹑场(户)也在协会或专业合作社组织下,大踏步奔向规模养殖之路。

据有关权威人士透露,我国鹌鹑的饲养量为 3 亿只左右,约占全世界饲养总量的 1/3。可见,我国确是名副其实的鹌鹑饲养与消费大国。

我国在鹌鹑学科与生产实践中,涌现出许多杰出的专家、教授、企业家和养鹑能手,特别是在鹌鹑新品系(群)的选育、系列自别雌雄配套系的制种方面,取得了丰硕成果,做出了卓越贡献,震惊了世界鹑坛,从而结束了朝鲜鹌鹑一统天下的局面。

本书的初版与修订版,由于其内容丰富,信息新颖,图文并茂,实用可靠,两版共发行了 11.3 万册,受到广大读者爱戴,亦属难能可贵的了。

第 3 版更坚持理论与实践并重,普及与提高互动。诠释了国内培育的鹌鹑品种(系)及其配套系的育种与制种全过程、现代化选种的技术措施、饲料的选择与科学配制实例，介绍了提高鹌鹑的繁殖力、生产力、蛋肉质量、禽流感防制、鹑场经营的有效方法。这些是根据众多读者咨询与现场问题的答疑总结而成的，深信将对广大养鹑者与基层畜牧兽医工作者有所裨益。

本书承诸多友好赐赠宝贵资料，也援引了许多国内外有关鹌鹑信息。在此谨向各位译、作者深致谢忱。

本书又先后收到青岛农业大学食品科学与工程学院院长王宝维教授，中国畜产品加工研究会会长、南京农业大学校长周光宏教授，中国农业科学院家禽研究所所长邹剑敏研究员的墨宝——序。在此亦一并深表致敬。

请允许援引1983年意大利著名养鹑专家R·梁佐尼、L·卢凯蒂说过的话："你们将看到饲养鹌鹑是万无一失的，是盈利的。对饭馆来说，既赚了大钱，赢得了主顾的信任；而一般的美食家呢，尽管多花几个法郎，却能够用更美味可口的鹑肉去代替已经显得平淡无味的鸡肉了。"

"我们希望这本书能成为一切需要导航的人们可靠的灯塔，而对那些家鹑一无所知而需要详知的人们，则是一种新的启示。"

本书误漏之处，敬祈读者不吝指正。

林其骙谨识
于南京农业大学

目　录

第三章　国内主要的鹌鹑品种、品系及配套系

第四章　现代鹌鹑的育种技术与品种审定

第五章　提高配合饲料效益技术

第六章　提高种鹌蛋合格率与受精率的技术

第七章　提高种鹌蛋孵化率与健雏率技术

第八章　提高鹌鹑育雏率及生长速度的有效措施

第九章　提高鹌鹑产蛋率的关键措施

第十章　提高鹑蛋与鹑肉质量的措施

第十一章　鹌鹑的防疫与保健

第十二章　我国养鹑企业、合作社和协会范例

目 录

附 录

目　录

摘　要

第一章 世界鹌鹑遗传资源
与生产概况

一、世界鹌鹑遗传资源简况

鹌鹑分为野生鹌鹑和家养鹌鹑两类。目前,全世界共发现鹑属的野生物种或种群20余个,其中主要种群有野生普通鹌鹑和野生日本鸣鹑两种。野生普通鹌鹑有欧洲鹑、非洲鹑及东亚分布的有关亚种。欧洲鹑主要分布在从白海沿岸到北非,不列颠岛到贝加尔湖以西,在冬天迁徙到非洲、阿拉伯和印度南部等热带地区。非洲鹑栖息于非洲热带地区、科摩罗群岛、马达加斯加和毛里求斯。野生日本鸣鹑主要分布于中国东部、朝鲜、日本、蒙古、西伯利亚和库页岛。

比如,欧洲鹌鹑,属野生普通鹑的一种,是季节性迁徙的鹑类。捕捉公鹑笼养2个月,体重下降34%。母鹑笼养,环境温度25℃～30℃,连续光照,捕捉2个月后开产,平均蛋重8.2克,初生雏鹑重5.9克,开产后1～3个月的产蛋率分别为11%,33%和21%,蛋的受精率为85%,孵化率72.2%。雏鹑3周龄内几乎每周可增重1倍,6周龄前体重无性别上的差异。幼稚型睾丸平均为19.1克,卵巢平均为28.2克,公鹑肾上腺平均重(13.1克)显著高于母鹑肾上腺(8.5克)。

公野鹑与公家鹑叫声很不相同。公家鹑颈部与胸部羽色比公野鹑优雅质丽;母家鹑颈部与胸部羽色为披针形并有黑色花斑,而母野鹑羽毛呈圆形、色淡。

二、世界鹌鹑业概况

自 20 世纪 30 年代开始,日本、法国、美国等国养鹑业发展迅速。我国近年来开始发展鹌鹑产业化饲养,至今饲养量已超过 3 亿只,居世界之首,在国内已成为仅次于鸡、鸭的"第三养禽业"。当今世界,鹌鹑饲养量达 10 亿多只。

在不同的国家,鹌鹑业经营情况差异很大。欧洲和美洲主要生产肉用鹑,在亚洲多生产蛋用鹑,巴西近年来也饲养蛋用鹑。

对于非商业生产的家庭式养鹑,人们已建议成立鹌鹑合作社,印度在这方面的活动比较积极。

在亚洲,除了新鲜鹌鹑产品,在冷藏设备缺乏的地区,开始生产卤蛋和鹌鹑分割肉。近年来,已经出现熟鹌鹑蛋的去壳设备,并在我国和其他一些国家投入使用。一些加工的分割肉作为即食食品已经出现在欧洲的货架上。

世界日本鹌鹑生产概况见表 1-1。

表 1-1　世界日本鹌鹑生产概况

生产类型	国家或地区	数量($\times 10^6$)
肉用型	巴　西	6
	中　国	25
	法　国	50
	印　度	6
	日　本	3
	西班牙	55
	美　国	25

续表 1-1

生产类型	国家或地区	数量（×10⁶）
	巴 西	1700
	中 国	7000
	爱沙尼亚	7
蛋用型	法 国	60
	中国香港	144
	日 本	1800
	新加坡	9

数据来源：WPSJ. 2004(12)

关于研究鹌鹑的论文数量，在 1992～2002 年期间，为 103～177 篇不等。这些论文可粗略地分为 6 类，其中 5 类（遗传、营养、生理和管理、疾病和食品安全、动物行为和福利）属于应用研究范畴，1 类是用鹌鹑做动物模型，用于生态学和医学领域研究。法国在鹌鹑育种和应用研究方面都处于世界领先地位。

意大利饲养日本鹌鹑已有 80 多年的历史，英国于 1950～1955 年才开始进口，多做实验动物。法国最近在南部地区进行饲养。

维多利亚每年生产 125 万只爆光的鹑，40 多家生产者中有几家从事专业性生产。这项产业与法国和意大利的相比要小。法国和意大利的 Bracesco 公司每年加工 1 650 万只，其中包括来自所属农场的 1 200 万只。

在澳大利亚，鹑蛋生产是一项新兴产业，每周销售 12 000 个（鸡蛋销售量为每周 1 200 万个）。在日本，鹑蛋与鸡蛋的生产量相当。澳大利亚部分腌制蛋是从我国台湾进口的。

法国《鹌鹑生产》(1985)一书的作者热拉尔·吕科特指出："日本是鹌鹑驯化中心，但日本是从中国进口这种动物的。""第二次世界大战后,日本又继续进口中国鹑,使养鹑业成为仅次于养鸡业的养殖业。"很多学者支持此结论。南京农业大学资深学者、《中国畜牧史》作者谢成侠教授就考证过此事。

法国的鹌鹑业备受重视。虽从日本引进了日本鹌鹑,后经选育改良,至20世纪70年代已培育出不少肉鹑新品系。据法国出版的《家鹑饲养手册》介绍,其平均技术数据已达到如下水平。繁殖:公、母配比1:2.8,笼养密度100只/米²,开产年龄8周龄,连续产蛋期16周,产蛋率70%～80%,产蛋数78～89个,孵化率70%～75%,繁殖期平均耗料28～30克/天,孵化机孵化期14天,出雏机孵化期3天。

肥育饲养(地面平养):饲养密度80只/米²,死亡率4%～8%,屠宰日龄35～42天,屠宰活重155～170克,除内脏和头脚重125～140克,料重比3.9～4.2:1,全程消耗饲料680～800克。

目前法国鹌鹑的选育中心是在里昂附近的童贝。该中心按照不同需要选育出专供肉用和蛋用品种。法国选育出的鹌鹑品种在体重和肉质方面,都占世界领先地位。

至20世纪80年代,法国鹌鹑的生产水平,根据法国罗朗企业公司资料介绍如下。

法国肉用鹌鹑:种鹑的生活力与适应性强,饲养期约5个月。4月龄种鹑活重350克,产蛋率60%,孵化率60%。肉用仔鹑屠宰日龄45天,采食量为初生至7周龄耗料1000克(含种鹑消耗饲料),料重比为4:1(含种鹑消耗饲料)。羽色灰褐色,6周龄活重240克。

法国鹌鹑的饲养要求:繁殖用的种鹑采用集约笼养,每0.5平方米笼面积可养种鹑50只(其中公鹑13只,母鹑37只),鹑笼可叠成4～5层饲养。舍温保持20℃～30℃,每天光照时间14～16小时,贮蛋温度10℃～15℃,每周至少孵化1次,孵化温度为37.5℃,相对湿度50%～60%,在最后3天湿度应提高至70%,孵化期 17 天。

法国鹌鹑业日趋大型化、专业化和机械化,全国年产肉用仔鹑 1 亿多只,其中 40～50 家养鹑场上市的肉用仔鹑占全国上市量的 3/4。朝鲜养鹑业机械化程度高、劳动生产率高,平均每人可管理种鹑 5 000 多只,商品蛋鹑 1 万多只。美国养鹑业科技水平较高,很多高等院校都利用鹌鹑进行营养、遗传、生理、病理、病毒等方面的试验。菲律宾是东南亚鹌鹑业快速发展的国家,蛋鹑年产蛋达 235 个;此外,英国、俄罗斯、澳大利亚、意大利、德国、巴西等地养鹑业发展很快,消费量也很大。

三、我国鹌鹑遗传资源简况

我国拥有丰富的野生鹌鹑资源,主要分布于东部沿海地区,即野生普通鹌鹑和野生日本鸣鹑。据扬州大学常洪教授考证,两种野生鹌鹑在我国大部分地区属于候鸟,但在一些地区是留鸟(如长江中下游地区、台湾省等)。野生普通鹌鹑主要在新疆西部繁殖(5～8 月),迁徙在西藏南部及东部昌都西南部过冬(当年 9 月至翌年 2 月);野生日本鸣鹑主要在内蒙古东北部、北部和中部繁殖(5～8 月),迁徙及越冬时遍布于沿海各省,少数逗留在越冬地区。两种野生鹌鹑在我国东部沿海地区彼此交叠。一般能存活 2～3 年,1 年产蛋 10～12 个,大多数能孵化且幼雏能成活到成年。

四、我国近代鹌鹑业生产概况

我国是世界上第一养鹑和消费大国。养鹑业主要包括蛋用鹑、肉用鹑和实验用鹑。在 20 世纪 80 年代前,我国只有少量日本鹌鹑与朝鲜鹌鹑。自 80 年代末,由北京市种鹌鹑场、南京农业大学、原北京农业大学和河北农业大学等单位,历时 6 年经 17 个世代的选育,培育了有自主知识产权的北京白羽鹌鹑纯系(已改称中国白羽鹌鹑,获北京市科委科技进步三等奖)及其自别雌雄配套系(获农业部科技进步三等奖)。1991年南京农业大学种鹌鹑场首先发现并选育了南农黄羽鹌鹑纯系及其自别雌雄配套系(原载《畜牧科技进展》中国农业科技出版社,1994),是我国继中国白羽鹌鹑之后又一新的鹌鹑品系及其自别雌雄配套系,丰富了我国鹌鹑的基因库。

1992年,河南省周口职业技术学院宋东亮等与河南科技大学庞有志等亦发现了黄羽鹌鹑突变群,经5个世代选育,培育出了周口黄羽鹌鹑纯系及其自别雌雄配套系,然后首创了白羽系与栗羽系正反交均可制种自别雌雄配套系,接着又首创了三元杂交系列自别雌雄配套系,并诠释了其遗传理论与生产推广,卓有成效,2003年荣获河南省科技进步二等奖。鉴于周口黄羽鹌鹑与南农黄羽鹌鹑为同宗来源,因此都属于中国黄羽鹌鹑原种。

此外,湖北省农业科学院畜牧兽医研究所与神丹集团经过8年的家系育种,在黄羽鹌鹑及朝鲜鹌鹑的基础上,培育成小型黄羽纯系和小型朝鲜鹌鹑纯系及其自别雌雄配套系,是我国唯一专供生产鹌鹑皮蛋的有知识产权的品系。从而又丰富了我国鹌鹑基因库的新资源。

总之,经过20多年的努力,中型及小型黄羽鹌鹑纯系及其自别雌雄配套系,以其高产、优质、高效、生活力强的优势,已推广至除西藏自治区和台湾省以外的全国其他各地,从而确立了中国黄羽鹌鹑在学术界、商业界和生产领域的优势地位。

第二章　鹌鹑的生物学特性
和经济学特性

鹌鹑简称鹑,是国际著名的特种经济禽类之一。属鸟纲、鸡形目、雉科。家鹑系由中国野生鹌鹑驯化培育而成,育成史仅百年左右,已是公认的早熟、高产、优质、高效的禽业之一。

一、鹌鹑的体型、羽色和生物学特性

生物学特性泛指鹌鹑本身的解剖、生理、生态、遗传等特性。只有认识和掌握其生物学特性,才能科学地培育、饲养鹌鹑,发掘其遗传潜力,以期提高其生产性能和经济效益。

(一)鹌鹑的体型和羽色

家鹑在体型、体重、外貌、羽色、羽形、生产性能、适应性、行为等诸方面,都与野鹑迥然不同。同样,鹌鹑在人类的精心培育下,由于培育目的不同,家鹑的体型外貌也因品种、品系、配套系、品群等的不同而不一样。

鹌鹑体躯较小,在鸡形目中属最小的种类。肉用型鹌鹑较蛋用型鹌鹑为大;而母鹑则较公鹑体重为大,这在其他禽种中极为罕见。其体型呈纺锤形,头小,喙细长而尖,无冠、髯、距,尾羽短而下垂(图 2-1,图 2-2)。

图 2-1　栗褐羽鹌鹑体貌

图 2-2　公、母鹌鹑外形

（左：♀　右：♂）

（二）鹌鹑的生物学特性

家鹑与野鹑的生物学特性已大不一样,但因驯化史短,不少行为仍带有野性,并且程度不一,故宜高度关注。

1. 残留野性　如公鹑的善鸣、喜斗,4 日龄前的逃窜性,6 日龄前反应灵敏。爱跳跃,喜短飞、直蹦等。公家鹑叫声有别于公野鹑。

2. 杂食性　嗜食颗粒状饲料与昆虫,并有明显的味觉喜好。

3. 喜温暖　对温度较苛求,过冷或过热都有强烈反应。

4. 富神经质　除对各种应激反应强烈外,还易群体骚动,挤堆不安,向上蹦撞,常致伤亡。

5. 性成熟早　一般母鹑在 5～6 周龄开产,公鹑 1 月龄开叫,45 日龄后有求偶与交配行为。公鹑性成熟的标志为泄殖腔腺特别发达,其裸露于肛门外上方,并常分泌泡沫状液体。

6. 择偶性强　虽然配偶制为单配偶制及有限的多配偶制,在小群交配时公、母鹑均有较强的择偶性。故受精率一般不太高。大群交配时择偶性则不强,受精率较高。公鹑性欲旺盛,日交配次数可达 30 多次。交配多为强制性行为。

7. 无抱性　即无就巢性。这是人工选择的结果,虽为高产蛋量创造了条件,但需依赖人工孵化繁衍后代。

8. 喜沙浴　即使在笼养条件下,也常用喙钩取粉料撒于身上,或在食槽内表现沙浴行为。如放入沙浴盘,则集群挤入大洗大浴,甚至把蛋挤产出来也在所不惜。

9. 夏、冬羽有别　日本鹌鹑与朝鲜鹌鹑有夏羽与冬羽之别。

(1)夏羽　公鹑的额、头侧、颌及喉部均为红砖色。头顶、枕部、后颈为黑褐色,纵贯白色条纹。背、肩也呈黑褐色,杂以浅黄条纹,两翼大部为淡黄色、橄榄色,间杂以黄白斑纹。喙深棕色,喙角蓝色,胫黄色,腹羽夏、冬均为灰白色。母鹑夏羽羽干纹黄白色较多,额、头侧、颌、喉部为灰白色,胸羽有暗褐色细斑点,腹羽为灰白色或淡黄色,喙蓝色,胫淡黄色。

(2)冬羽　公鹑额、头侧及喉部的红砖色部分消失,呈褐色。背前羽为淡黄褐色,背后羽呈褐色,翼羽和夏羽同。母鹑的冬羽和夏羽同,只是背羽黄褐色增多并加深。

10. 适应性广　鹌鹑遍布全球,在各种饲养条件下均表现良好。在笼养条件下,鹌鹑较耐密集饲养,其他家禽、特禽很少能与其相比。

11. 饲料转化率高 鹌鹑耗料量相对较少,料蛋比一般为1.8~2.6：1,料肉比一般为2.8~3.4：1。

12. 生理指标 据试验测定,0~5日龄雏鹑体温低于成鹑3℃,故需注意保温;8~12日龄方达到成鹑体温,为41℃~42℃。呼吸频率,公鹑35次/分,母鹑50次/分。心跳频率150~220次/分。据南京农业大学测定,成鹑全血量约占体重的6.5%,红细胞$(4.3\sim5.1)\times10^6$个/毫米^3,白细胞25×10^3个/毫米^3(其中嗜中性细胞50%,淋巴细胞40%左右);血细胞的比容值为40%~45%,其血糖含量比乌骨鸡高2%,比一般家鸡高4倍;血中含有3种激素类物质,足见其新陈代谢之旺盛与充沛之活力。

鹌鹑与鸡的有关生理指标见表2-1。

表2-1 鹌鹑与鸡的有关生理指标

指 标	鹌 鹑	鸡	鹑/鸡(%)
心重(克/千克体重)	13.91	4.40	317.5
心跳频率(次/分)	360	190	189.5
呼吸频率(次/分)	50	36	138.9
血红蛋白的 O_2 半饱和 P_{50}(托)	42.4	35.1	120.8

黄羽鹌鹑血液生理学参数见表2-2。

表2-2 黄羽鹌鹑血液生理学参数

测定项目	3周龄		7周龄	
	公 (n=15)	母 (n=15)	公 (n=15)	母 (n=15)
红细胞总数(10^6 个/mm^3)	3.67 ± 0.23^a	3.42 ± 0.27^b	3.71 ± 0.35^a	3.44 ± 0.41^b
凝血细胞数(10^3 个/mm^3)	28.38 ± 7.36^a	36.72 ± 9.42^b	30.93 ± 8.87^a	37.25 ± 10.38^b
血红蛋白(g/100ml)	21.27 ± 1.96^a	19.48 ± 2.34^b	21.87 ± 1.42^a	20.03 ± 2.15^b

续表 2-2

测定项目	3周龄		7周龄	
	公 (n=15)	母 (n=15)	公 (n=15)	母 (n=15)
血细胞比容(%)	43.96±2.37[a]	40.14±2.42[b]	43.35±3.16[a]	40.27±2.58[b]
最大抵抗	0.37±0.02	0.37±0.02	0.37±0.03	0.37±0.02
最小抵抗	0.45±0.01	0.45±0.01	0.45±0.02	0.45±0.02
红细胞长度(μm)	10.55±0.58	10.62±0.46	10.59±0.41	10.68±0.64
红细胞宽度(μm)	5.68±0.41	5.91±0.47	5.68±0.39	5.72±0.35
凝血细胞长度(μm)	9.43±1.37	9.28±0.87	9.15±1.12	9.37±1.33
凝血细胞宽度(μm)	5.73±0.73	6.01±0.62	5.82±0.64	5.94±0.53
白细胞总数(10^3 个/mm³)	31.68±4.08	30.02±5.32	31.46±3.24	31.18±2.57
白细胞分类和度量:				
异嗜性粒细胞(%)	42.60±9.21		39.30±10.14	
直径(μm)	10.34±0.97	10.69±0.59	10.47±1.03	10.25±0.87
嗜酸性粒细胞(%)	0.27±0.59		0.30±0.67	
直径(μm)	10.71±0.78	11.03±1.13	10.68±0.84	10.98±0.91
嗜碱性粒细胞(%)	0.40±1.12		0.51±0.84	
直径(μm)	10.65±0.84	10.94±1.01	11.03±0.83	10.87±0.67
淋巴细胞(%)	54.60±9.26		57.10±10.5	
小型淋巴细胞直径(μm)	4.79±0.43	4.69±0.52	4.47±0.46	4.39±0.54
大型淋巴细胞直径(μm)	7.12±1.28	7.64±0.96	7.33±0.94	7.58±0.73
单核细胞(%)	2.13±2.06		2.90±2.85	
直径(μm)	12.14±0.87	12.67±1.32	12.59±0.81	12.89±1.15

注:同行间注有相同字母或无字母者表示差异不显著($P>0.05$),不同字母表示差异显著($P<0.05$ 或 $P<0.01$),n 示为样本数,红细胞和凝血细胞度量每个样本测量 30 个,白细胞每个样本按类别各测量 20 个细胞

引自《蛋用鹌鹑自别雌雄配套技术研究与应用》.庞有志.2009

二、鹌鹑的经济学特性

(一)产蛋量高

鹌鹑年产蛋率高达80%以上,据报道,世界纪录为年产蛋480个/只,第二名为418个/只。中国白羽鹌鹑二世代年产蛋率为82.8%,三世代为87.1%,其杂一代达90%以上。南农黄羽鹌鹑自别雌雄配套系商品母鹑年产蛋率在83%以上。鹌鹑的输卵管相对较短,自排卵到蛋形成仅需24小时,排卵时间比鸡短。

(二)蛋重大

鹑蛋平均重量为9~16克。蛋重为其体重的7.2%~8.6%,比其他禽蛋相对为重,如鸡蛋仅占其体重的2.9%~3.2%。鹌鹑蛋壳虽较薄,但其蛋壳膜坚韧,浓蛋白黏稠度高(可用镊子夹起),蛋的品质好。

(三)鹑蛋营养成分好

国内外对鹑蛋的营养成分与价值,都进行了广泛的研究(表2-3至表2-5),并予以高度评价。

表2-3 各种禽蛋的化学成分 (%)

禽 别	蛋重（克）	水 分	蛋白质	脂肪	无氮浸出物	灰分	每100克蛋重的能量（千焦）
鸡	35~75	72.5	13.3	11.6	1.5	1.1	660.40
鸭	75~100	70.1	13.0	14.5	1.4	1.0	769.12
鹅	120~200	70.4	13.9	13.3	1.3	1.1	752.40

续表 2-3

禽　别	蛋　重 （克）	水　分	蛋白质	脂　肪	无　氮 浸出物	灰　分	每 100 克蛋 重的能量 （千焦）
火　鸡	80～100	72.6	13.2	11.7	1.7	0.8	689.70
珍珠鸡	35～50	72.8	13.5	12.0	0.8	0.9	710.60
鹌　鹑	6～15	74.6	13.1	11.2	—	1.1	660.40

引自《提高禽产品的质量》(前苏联). 林其骙, 等译. 1984

表 2-4　100 克鹑蛋、鸽蛋和鸡蛋的营养比较

类　别	鹑　蛋	鸽　蛋	鸡　蛋
可食部分（%）	89	90	85
水分（%）	72.9	81.7	71.0
蛋白质（%）	12.3	9.5	14.7
脂肪（%）	12.8	6.4	11.6
碳水化合物（%）	1.5	1.7	1.6
灰分（%）	1.0	0.7	1.1
能量（千焦）	693.9	426.4	710.6
钙（毫克）	72	108	55
磷（毫克）	238	117	210
铁（毫克）	3.8	3.9	2.7
B 族维生素（毫克）	0.86	—	0.31
烟酸（毫克）	0.3	—	0.1
胆固醇（毫克）	674	674	680

引自《食物成分表》. 中国医学科学院卫生研究所. 1977

表 2-5 鹌鹑蛋与鸡蛋氨基酸含量
（每毫克样品中含毫克量）

氨基酸种类	鹌 鹑 蛋	鸡 蛋
赖氨酸	0.0140	0.0115
组氨酸	0.0050	0.0043
色氨酸	微 量	0.0046
精氨酸	0.0096	0.0101
天门冬氨酸	0.0152	0.0118
苏氨酸	0.0089	0.0057
丝氨酸	0.0127	0.0075
谷氨酸	0.0205	0.0138
脯氨酸	0.0035	0.0036
甘氨酸	0.0066	0.0044
丙氨酸	0.0078	0.0068
胱氨酸	无	微 量
缬氨酸	0.0092	0.0091
异亮氨酸	0.0730	0.0069
亮氨酸	0.0135	0.0106
酪氨酸	0.0055	0.0050
苯丙氨酸	0.0077	0.0088
蛋氨酸	微 量	微 量
总 量	0.1470	0.1244

引自北京市食品研究所资料 . 1980

多项分析表明,鹑蛋蛋白质中的必需氨基酸结构优于鸡蛋,其中酪氨酸、亮氨酸含量较多,对合成甲状腺素、肾上腺素、组织蛋白和胰腺的活性有影响。鹑蛋的微量元素的含量也都普遍高于鸡蛋。此外,鹑蛋也富含卵磷脂、多种激素、芦丁和胆碱等成分。因此,鹑蛋对人的胃病、肺病、神经衰弱、心脏病都有一定的辅助疗效。临床医学也证明,鹑蛋对结核病、妇女产前产后贫血、肝炎、糖尿病、营养不良、发育不足、动脉硬化、高血压、低血压等也有调理补壮的滋养作用。又据报道,鹑蛋对于治疗过敏症也有一定的疗效。从分析大量资料统计,鹑蛋胆固醇的含量也比鸡蛋低。

此外,国内外临床也证明,鹌鹑的肉、蛋对治疗人的身肿、肥胖型高血压、糖尿病、肝大、肝硬化腹水、支气管哮喘、过敏症等多种疾病,均有辅助疗效。法国、匈牙利、俄罗斯在用鹌鹑蛋治疗过敏症方面已取得了突破。

比如,法国巴黎过敏症研究室主任安德烈·希瓦利埃博士,用鹌鹑蛋治疗不明原因过敏症取得突破。即前3天,每晨吃4个生蛋;中间3天,每晨吃5个;最后3天,每晨吃6个。9天为1个疗程。据报道,近年法国大约有200名治疗过敏症的医生,以鹌鹑蛋为主剂药方,治疗哮喘与不明原因的过敏症,确为患者之福音。

临床也证明,鹌鹑蛋还可治疗因吃鱼虾发生的皮肤过敏、风疹块或呕吐,以及注射某些药物发生的过敏。研究表明,因鹌鹑蛋内含有一种特殊抗过敏蛋白的缘故。

由于鹌鹑蛋的蛋白分子颗粒小,人体对它消化吸收的生物学效价极高。据国外多次评味,鹌鹑蛋仅稍逊于珠鸡蛋,但远较鸡蛋为佳。朝鲜已将鹌鹑蛋列为幼儿必备专用食品;南京有些医院也列为食疗的"药引子",备受青睐。

据1983年12月18日《人民日报》问事窗刊载答读者问文章"鹌鹑蛋的营养价值有多高",作者为北京市食品研究所秋阳。全文如下:"在日常食品中,鸡蛋可称得上佼佼者,因其富含蛋白质被誉为'全蛋白'食品。但是如果以鸡蛋和鹌鹑蛋相比,鹌鹑蛋就要高一筹了。"

"就蛋白质、脂肪、碳水化合物的含量来说,鸡蛋和鹌鹑蛋是大体相等的。衡量一种食品的营养价值,蛋白质含量的多少,是一项重要的指标,但不是唯一的指标。正确评价一种食品的营养价值,应当是既看它的蛋白质含量多少,以及氨基酸的结构是否合理,又要看它所含的人体需要的各种营养是否齐全,有些营养素,如维生素 E、维生素 K、磷脂、镁、铜等微量元素,虽然人体需要量甚微,可又不能缺少,因为这些微量元素在调节人体生理功能方面起着重要作用。鹌鹑蛋的蛋白质和鸡蛋的含量基本相等,但是鹌鹑蛋的蛋白质的氨基酸结构要优于鸡蛋,鸡蛋中不含精氨酸,而鹌鹑蛋中却含有。钙、磷、铁等矿物质元素,在鹌鹑蛋中的含量有的高于鸡蛋,有的鹌鹑蛋含有,而鸡蛋不含有。因此,鹌鹑蛋的营养价值高于鸡蛋。”

又如,1983 年 1 月 24 日《新华日报》报道,1982 年 12 月 31 日,无锡市科委和医务界的有关专家、学者对鹌鹑蛋应用于临床治疗白细胞减少症和神经衰弱症的研究做了鉴定,认为此法可以在临床进一步推广。

经试验,84.5%的白细胞减少症患者的白细胞有不同程度地升高,其中疗效最好的上升 1 000 以上;81%的神经衰弱患者症状得到改善,以失眠、头晕、头昏、多梦的疗效最明显。

据 1978 年印度资料(17 篇文献综合)报道,成年母鹑平均体重 137 克,蛋重 10.2±0.58 克(为母鹑体重 8%),鹌鹑蛋含有 59.5%蛋白,31.0%的蛋黄和 9.5%的蛋壳及蛋壳膜。化学组成:水分 73.8%,蛋白质 13.2%,脂肪 10.8%,碳水化合物 1.1%,灰分 1.1%。100 克可食部分的热能为 201 千卡,鹌鹑蛋蛋型指数 1.26,蛋白指数 0.10,蛋黄指数 0.489,哈氏单位 87.1。在贮藏期间,蛋白品质下降迅速,但蛋黄这个过程较慢。室温条件下,鹌鹑蛋的变质较在冰箱中快。

又据 1980 年印度资料(8 篇文献综合)报道,蛋黄中胆固醇含量(微克/克)的高低次序是:白来航鸡 20.61,日本鹌鹑 21.28,火鸡 22.84,鸭 26.23,鸽 34.28。鸡、鹌鹑和火鸡蛋黄中胆固醇含量没有显著差异;鸭和火鸡差异也不显著。鸽蛋蛋黄胆固醇含量显著地高于其他禽类。

(四)鹑肉营养价值高

鹑肉为举世公认的野味上品,一直被作为高档滋补珍品,我国也将鹑肉列为药膳重要原料。

国内外对鹑肉营养成分也都做了不同程度的分析和研究。结果一致表明,鹑肉中含有多种人体必需氨基酸,故对人体具有特殊的营养价值和保健作用。有关鹑肉的营养成分见表2-6至表2-9。

表 2-6　100 克鹌鹑肉与鸡肉营养分析比较

类　别	水分 (%)	蛋白质 (%)	脂肪 (%)	碳水 化合物 (%)	灰分 (%)	能量 (千焦)	钙 (毫克)	磷 (毫克)	铁 (毫克)
鹑　肉	73.7	22.2	3.4	0.7	1.3	510	20.4	277.1	6.2
鸡　肉	74.2	21.5	2.5	0.7	1.1	464	11.0	190.0	1.5

引自北京市食品研究所资料.1980

表 2-7　鹌鹑肉与鸡肉粗蛋白质与胆固醇含量比较

类　别	粗蛋白质(%)	胆固醇(微克/克)
鹑　肉	24.29	3.75
鸡　肉	19.70	4.27

引自西安市农业科学研究所资料.1981

表 2-8　鹌鹑胸肌与其他禽肉成分比较

成　分	鹌鹑胸肌(%)	其他禽肌肉(%)
水　分	72.46	73.16
蛋白质	22.78	19.62
脂　肪	2.26	4.97
无氮浸出物	1.14	1.22
灰　分	1.36	1.04

引自《提高禽产品的质量》(前苏联). 林其骒,等译. 1984

表 2-9　鹌鹑肉的氨基酸含量

（每毫克样品中的毫克量）

氨基酸种类	含　量	氨基酸种类	含　量
赖氨酸	0.0177	丙氨酸	0.0106
组氨酸	0.0112	胱氨酸	无
色氨酸	微　量	缬氨酸	0.0113
精氨酸	0.0160	异亮氨酸	0.0103
天门冬氨酸	0.0164	亮氨酸	0.0166
苏氨酸	0.0097	酪氨酸	0.0079
丝氨酸	0.0089	苯丙氨酸	0.0097
谷氨酸	0.0284	蛋氨酸	0.0023
脯氨酸	0.0093	总　量	0.1979
甘氨酸	0.0116		

引自北京市食品研究所资料. 1980

　　从以上诸表可见,鹑肉中的蛋白质、铁、钙、磷等含量都较高,且含脂率低,尤以胆固醇含量低,故确为肉中之佳肴珍品。在我国餐饮业中,鹑肉也已备受青睐。

据河北农业大学朱汉炎资料介绍,鹌鹑肌苷酸含量比鸡和鸽子的都高,并且差异极显著。其中鹌鹑比鸡的高 19.70%,比鸽子的高 136.53%。

近年麻雀等鸟类受法律保护,北京等地以 15 日龄雏鹑屠体代替麻雀屠体,深受市场欢迎。南通市鹌鹑肉串也畅销日本及我国香港特区。

(五)劳动效率高

在笼养条件下,每 3.3 平方米可饲养产蛋母鹑 500 只(以 5 层笼计),每人可饲养蛋鹑 3 000 只;机械化条件下 1 人可管理 2 万只以上。1 人可笼养肉鹑 4 000 只,机械化条件下可养 4 万只以上。

朝鲜平壤鹌鹑场机械化程度高,劳动生产率也高,平均每人可管理种鹑 5 000 多只,蛋鹑 10 000 多只。美国养鹑规模很大,其中佐治亚州亚特兰大市的国际鹌鹑公司年销售量达 700 万～1 000 万只。公司建立 60 多年来鹌鹑效益一直很好,世界各地都喜欢食用该公司的鹌鹑肉、蛋产品。

(六)产蛋量总重与体重的比值高

鹌鹑年产蛋量是其体重的 20～25 倍,而鸡的年产蛋量仅为其体重的 6.3～7.1 倍。鹌鹑年产蛋量与体重之比比鸡的要大3.2～3.5 倍(表 2-10,表 2-11)。

表 2-10 蛋鹑与蛋鸡某些指标比较

指　　标	蛋　　鹑	蛋　　鸡
孵化期(天)	16～17	21
开产日龄(天)	40～50	150～165
初生至开产耗料(千克)	0.75	7.5～9
平均蛋重(克)	10～12.5	58～64

续表 2-10

指　标	蛋　鹑	蛋　鸡
年产蛋量(个)	250～300	230～260
年产蛋总重(千克)	3(以 250 个计)	13.34～18.0
每只每年耗料(千克)	9.13	43.8
初生至产蛋 1 年后总耗料(千克)	9.88	51.3
每个蛋耗料(克)	36.5	191.3
料蛋比	3.04∶1	3.3∶1
年总蛋重比活重倍数	20 以上	7

表 2-11　鹑蛋与鸡蛋生产指标比较

项　目	鹌　鹑	来　航　鸡	鹑减鸡
每千克蛋消耗饲料单位	2.9	4.18	−1.28
平均产蛋率(%)	80%,292 个/年	65%,237 个/年	+15%
蛋重与体重之比(%)	8.1%(11/135)	3.7%(55/1500)	+4.4%
后备饲养期(天)	60	180	−120
年产蛋总重(千克/米²)	462	316.3	+145.7

引自《国外畜牧科技》.1981.第五期,徐桂芳

　　此外,按饲养场每平方米年产蛋量总重计算,鹑蛋为 462 千克,鸡蛋为 316.3 千克,鹑蛋要比鸡蛋高出 145.7 千克。每平方米饲养数,成鹑 60～70 只(6 层笼计),成鸡 18 只(3～4 层)。

(七)理想的实验用动物

　　随着科学研究的发展,各国都重视实验动物的培育和饲养,而鹌鹑就是其中最佳动物之一。因其体格小,占面积少,耗料少,易饲养,繁殖快,敏感度好,试验结果快,准确性高。目前已培育出"无菌鹑"、"近交系鹑"、"SPF 鹑",为各种试验创造了条件。

　　按照实验目的,家鹑可供进行诸如营养学、疾病学、组织学、胚

胎学、内分泌学、遗传学、生理学、繁殖学、药理学、毒性学、肿瘤学、老年学等学科方面的实验和研究。例如,美国康奈尔大学家禽系主任、营养学教授,在南京农业大学原畜牧系做学术交流时介绍,在 14 项家禽试验中,有 12 项是利用鹌鹑作为供试禽。又如,江苏省环保研究所、南京市环保研究所曾多次与南京农业大学种鹑场合作,进行农药半数致死量(LD_{50})的试验,都取得了理想的效果。

迄今为止,南京农业大学动物医学院和动物科技学院、扬州大学动物科技学院以及诸多医药院校,仍广泛使用鹌鹑作为实验动物,试验成果屡见报道。

据 1985 年报道,日本已有专门应用于各学科的鹌鹑群体及相应的品系,尤其是鹌鹑在病毒学研究中获得了广泛的利用。如细胞、胚胎、初生雏鹑等,都可作为检测某些病毒病的最佳实验材料。尤其在日本、前苏联、西班牙、意大利和法国广泛应用,甚至还延伸至肿瘤学与老年医学的领域。

1983 年 3 月 16 日报载,捷克斯洛伐克科学家制成宇宙飞船用的鹌鹑孵化器。又如,前苏联《和平号》在宇宙飞船上孵出的初生雏鹑在失重情况下自由飘动,我国传媒做了直播报道。鹌鹑已"飞"入太空做试验用。再如,细胞培养方面,从 8 日龄鹌鹑胚中提取的成纤维细胞,可用于传染性喉气管炎病毒、马立克氏病毒、流感病毒的培养。上述大多数病毒也可在鹌鹑胚成纤维细胞琼脂覆盖层下产生蚀斑。

胚胎的应用方面,可利用日本鹌鹑胚胎进行病毒生长的研究。在病毒试验中可供流感 A(PR-8)、流感 B(Lee)、流感 C、流感 D(仙台)、新城疫、禽痘等病毒培养。

孵出鹌鹑作为实验材料方面,日本鹌鹑对罗斯肉瘤、禽脑脊髓炎、马立克氏病、新城疫、流感、禽痘、狂犬病等病毒易感。

(八)鹑粪肥效高

鹑粪为高效、速效的有机肥料,其氮、磷、钾含量国内外都做了分析,见表2-12、表2-13。

表 2-12　鹌鹑粪与其他畜禽粪成分比较　(％)

项　目	鹌鹑粪	鸡粪	鸭粪	猪粪	羊粪	牛粪	马粪
氮	4.50	1.63	1.00	0.45	0.83	0.34	0.58
磷	5.20	1.54	0.40	0.19	0.23	0.16	0.28
钾	2.00	0.83	0.60	0.60	0.67	0.40	0.53

表 2-13　鹑粪与鸡粪肥料成分比较　(％)

类　别	氮	磷	钾
蛋鸡粪	3.0~3.3	2.0~2.8	1.0~1.2
肉鸡粪	1.6	1.7	0.8
鹌鹑粪	4.8~5.5	3.1~3.5	1.2~1.5

引自《最新鹌鹑饲养法》(日本). 设乐与一郎.1984

从表2-12,表2-13可见,鹑粪中的氮、磷、钾3种成分均高于鸡粪和猪粪,这对水稻、花卉、水果类有极大效用。经试验,施用少量鹑粪,既有肥效又可增加水果的甜味,如苹果、橘子、梨、葡萄、草莓等。

据试验统计,每只成年鹌鹑每天排泄粪便约30克,干燥后为12克左右,全年可积干鹑粪量达4千克以上,干鹑粪含粗蛋白质达20％以上,且便于保存。10万只鹌鹑日产鲜鹑粪达2.5吨,为名副其实的有机肥工厂。例如,山东省蒙阴县养鹑户段道华,投资4 000元,养蛋鹑3 000只,50天后日产蛋30千克左右,由超市定购。6个月后,每只以1.5元出售;集鹑粪7 000千克,以每千克0.6元价格被寿光市菜农买走,获纯利4 200元。咸阳市不少养蛋鹑户的鹑粪收入占总收入的 60%。

此外,利用鹌鹑粪培育蝇蛆,再利用蝇蛆做饲料或食品、药剂,在江苏、山东等地已开发成功,取得了较好的经济效益与生态效益(图 2-3,图 2-4)。

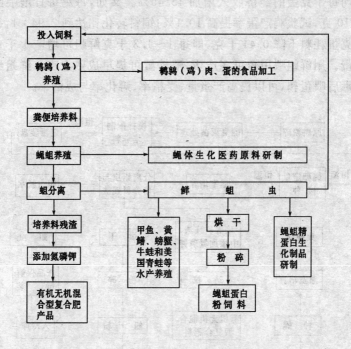

图 2-3 蝇蛆生物链模式图

据测定,蝇蛆蛋白含量达 68.58%(干基),富含 18 种氨基酸,其中有 16 种理化指标已超过了进口鱼粉。日本、美国和俄罗斯等已先后实现了蝇蛆蛋白粉的工业化生产,又引向开发高科技的生化制品领域。如被生物界人士誉为"生物原子弹"的免疫蛋白制剂以及凝集素、蛆油等生化医药原料,用于食品添加剂和儿童益智食品的富含精氨酸的蛆精蛋白等生化营养品。

据国内报道,活蛆鲜饲组比鱼粉组的鸡产蛋率提高 20.3%,饲料转化率提高 15.8%,饲料成本下降 31.29%(蝇蛆未计成本),平均每千克蛋的经济收入增加 45.45%。又如,每鸡每日增喂鲜蛆 10 克,试验鸡产蛋率提高 10.1%;饲料转化比达到 2.94:1,每千克蛋耗料下降 0.44 千克,即每 1～1.3 千克鲜蛆可增产 1 千克鸡蛋。用鲜蛆喂甲鱼可多产蛋,喂螃蟹可提早成熟上市。鲜蛆经消毒后喂蛋鹑,可以提高产蛋量、受精率、孵化率与成活率。

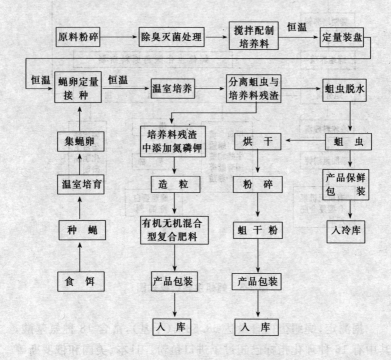

图 2-4 蝇蛆产品生产工艺流程图

(九)经济高效

饲养鹌鹑的资金利用率高,每只鹌鹑所占用的流动资金不足1.6元,而一般蛋鸡约11元,肉鸡7~8元。流动资金周转时间,鹌鹑约50天,与肉鸡近似,而蛋鸡则需150天。鹌鹑虽小,可浑身是宝。饲养鹌鹑不仅经济效益高,而且其社会效益、生态效益、比较效益、规模效益与综合效益均高。因此,养鹑业是一项利国利民利己的科技致富产业。

下边列举几则养鹑高效实例,以飨读者。

1. 例1 据《珍禽与特种动物》2010年第11期报道,以养殖5 000只为例。鹌鹑苗0.5元/只,需要2 500元。

(1)成本 鹌鹑从购进,到产蛋结束并出售,平均每只每天消耗饲料25克,按成活率90%、养殖9个月计算,共需饲料30 375千克;饲料2.1元/千克,饲料费用总计63 788元。每只笼子可养鹌鹑250只,则5 000只鹌鹑需要20只笼子,笼子150元/只,需要3 000元,按使用5年计算,平均每年分摊费用600元。

(2)防疫治病费用 按每只0.1元算,共需500元,水电费用1 500元,投入总计68 888元。

(3)产出 鹌鹑37~38日龄开始产蛋,共可产240天,5 000只鹌鹑,按成活率90%计算,共可养成蛋鹌鹑4 500只,平均每只产蛋2.4千克,批发价每千克按7.8元计算,4 500只鹌鹑可收益84 240元。

鹌鹑产蛋结束后,可作为肉鹌鹑出售,平均价格为1.5元/只,可收益6 750元。

鹌鹑粪便0.5元/千克,4 500只共可产粪便约5 400千克,可收益2 700元。共计93 690元。

收益:93 690-68 888=24 802元。

2. 例2 据2008年江苏省赣榆县畜禽改良站张孝庆对本地

区鹌鹑养殖效益做了统计分析。

(1) 投入

①劳力 1 人。

②饲养 5 000 只产蛋鹑。

③鹑舍 100 平方米左右。

④鹌鹑苗 0.15 万元。每只以 0.3 元计,0.3×5000＝0.15(万元)。

⑤笼具折旧费 0.05 万元,每组笼具(配套食槽、饮水器、承粪板) 140 元,可饲养 200 只,计使用 7 年。每批使用费 (5000÷200)×140÷7＝0.05(万元)。

⑥饲料费 7.1 万元。育雏、育成期 40 天,每只耗料 400 克,配合饲料价格 3 元/千克;产蛋期一般 7 个月左右,每只每日耗料 23 克,产蛋期配合饲料价格 2.7 元/千克,合计每只耗料款(0.4×3.0)＋(210×23‰×2.7)＝14.2 元,5000 只耗料款为 14.2 元×5000＝7.1(万元)。

⑦兽药、疫苗 0.075 万元,每只蛋鹌鹑约 0.15 元。5 000 只需 750 元。

⑧水、电、垫料 0.4 万元,每只蛋鹌鹑约 0.8 元,5 000 只需 4000 元。

上述投入资金合计 7.775 万元。

(2) 产出

①产蛋 8.5 万元。平均产蛋率以 85％计,每只产蛋 180 个,蛋均重 11.5 克,时价 8.2 元/千克(出场价),每只产蛋售价 180×11.5×8.2÷1000＝17 元;5000 只产蛋售价 17×5000＝8.5(万元)。

②干鹑粪 1 万元。每只鹌鹑年产干鹑粪 5.4 千克左右,平均 2.4 千克饲料产出 1 千克干鹑粪,干鹑粪售价 0.9 元/千克,5000 只的鹑粪售价(5.4÷2.4)×0.9×5000＝1(万元)。

③淘汰鹌鹑 0.6 万元。每只淘汰售价(出场价)1.2 元,5000 只售价 1.2×5000＝0.6(万元)。

上述产出折算成资金为 10.1 万元。

(3)纯利润 2.325 万元。纯利润＝产出－投入＝10.1－7.775＝2.325(万元)。

实践一再证明,饲养鹌鹑比饲养蛋鸡、肉鸡的比较效益要高得多,而且前期投资少,资金周转快,实为农民致富的好项目。

3.例3 据河北科技报 2002 年 9 月 8 日报道,藁城市南墩华禽种鹌鹑场马建斌介绍,从 10 多年养鹑经验看,养鹑效益还是不错,近几年效益比鸡好。在同样条件下,如果养鸡回报达 5 000 元,养鹑的回报能达到 7 000 元以上。养 1 只鹌鹑约需 2 元的投入,养鹑 40 天即能开产,产蛋近 1 年,产蛋高峰(90%产蛋率)能维持 3~4 个月;而肉鹑 18 天以后就能上市,一般养 1 只蛋鹑能挣 2 元钱。

4.例4 又据河南科技大学庞有志教授对洛阳市鹑产品市场调研与市场能力预测报告表明,由于鹌鹑具有生长快、适应性强、成熟早、产蛋多、耗料少、生长周期短、投资少、获利高等优点,加之蛋、肉都有较高的营养价值,因而养鹑业具有广阔的前途和生命力。从价格上分析,多年来,无论其他肉类和禽蛋产品如何变动,鹌鹑蛋价格一直稳定在 8~9 元/千克,目前洛阳市的鹑蛋产品农贸市场价为 9~10 元/千克,标有绿色产品标志的超市价 13~14 元/千克,每只产蛋鹌鹑年获利润 5~6 元。与饲养蛋鸡相比,目前市场鸡蛋价格为 6 元/千克,饲养蛋鸡的利润也是 5~6 元/只,1 只蛋用鹌鹑相当于 1 只蛋鸡的利润;从单位面积效益看,单位面积饲养只数远远多于鸡,每平方米可饲养产蛋鹌鹑 60~70 只(6 层笼计),而饲养成鸡只有 18 只(3~4 层),每平方米可生产鹌鹑蛋 462 千克,而鸡蛋仅有 316 千克,蛋用鹌鹑单位面积的饲养效益远远大于蛋鸡;从饲料转化率比较,鹌鹑为 3.04:1,蛋鸡为 3.3:1。而鸡的饲料原料与鹌鹑的饲料相同,只是配方不同,即使鹑蛋价格与鸡蛋持平,饲养鹌鹑的经济效益也要高于饲养蛋鸡。因此,饲养鹌鹑的市场抗风险能力远远高于饲养蛋鸡。

综观目前国内外鹑蛋的售价均较鸡蛋为高,鹑蛋的重量仅约鸡蛋的 20%,而每个鹌鹑蛋的售价相当于鸡蛋的 50%~60%,而每千克的售价相当于鸡蛋的 2~2.5 倍。

生产种鹑蛋可明显地提高养鹑的收入,种蛋的售价为食用蛋售价的 3 倍还多。

(十)供 狩 猎

法国搞了一些专门繁殖供狩猎用飞禽的饲养场,其中效果最好的是鹌鹑。因它繁殖力强,培育成本低,而且鹌鹑在猎犬与狩猎者的追逐下,能疾走逃避,甚至有能力展翅远飞 100~150 米,加上鹌鹑美丽的羽色和优良的肉质,使它们成为猎手们最喜欢追逐的猎物。此外,还可供游客打靶和训练猎犬衔回猎物。一般从春季到秋季,供狩猎用鹑的需要量都很大。

意大利等国的狩猎公园的供狩猎禽类当以鹌鹑价廉物美,亦深受狩猎者欢迎。

(十一)生态效益与综合效益高

见图 2-5。

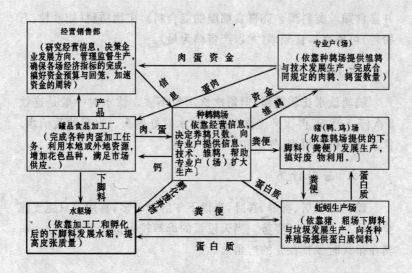

图 2-5　养鹑业与循环养殖业综合经营分布图

三、鹌鹑的行为学

　　动物行为学是由生态学、生理学、心理学等学科发展而来的边缘科学,与遗传学、营养学、繁殖学等也有密切关系。

(一)采食行为

　　以啄食方式采食,采食量上午比下午多,而凌晨 5～7 时为全天采食高峰。当日有蛋的母鹑上午吃些料,下午在产蛋前 2 小时基本不吃或吃得很少。公鹑全天采食量较均匀,其高峰也在夜间。鹌鹑对添加的新料反应积极,公鹑采食频率较母鹑高,啄食快,食欲强,采食过程中有强欺弱现象。

　　采食受环境影响,明亮条件下采食积极。群体中有争食现象。

并喜食颗粒类料型。亦喜食潮湿的混合料。矿物质料(如砂粒、石粉粒)可提高啄食频率(尤以产蛋鹑为最)。

(二)饮水行为

鹌鹑饮水比较频繁,但每次饮水量不多。饮水时一般是连饮3次停一停,若再饮又连饮3次。饮水时好甩头。喜爱饮清洁水。饮水量与饲料料型、气温和产蛋量有关。

(三)活动行为

鹌鹑喜群居、喜静、喜卧,当以下午卧时较多,喜用一只腿支撑全身呈"金鸡独立"姿势。当天没蛋的母鹑较有蛋的母鹑好动。鹌鹑在排粪时多排在笼的边角处。

(四)性行为

求爱时,公鹑开始以僵直步态、羽毛直立、颈平伸的姿态向母鹑靠近,如母鹑同意则以蹲伏姿势回答这种求爱。紧接着公鹑挨近并爬跨母鹑,而不加其他炫耀或求爱。在爬跨和交配时,公鹑咬住母鹑头或颈上的羽毛,伸展翅膀,在躯体保持平衡后,尾部下压与母鹑的泄殖腔相接触。交配结束后,公鹑松开被咬住的羽毛并脱离母鹑,两鹑各自抖动羽毛,公鹑又趾高气扬地走开或得意地啼叫。

(五)母性行为

在自然条件下进入生殖期的野生母鹑,常担负筑巢和孵化的职责,据报道有明显的领地范围。在一个生殖季节里可以筑两个巢,孵两窝幼鹑,常在孵化一窝的6个蛋后12~13天又开始产蛋。雏鹑出壳后12天已具有和母鹑分开过独立生活的能力。驯化的家鹑则丧失了筑巢、就巢性和育雏能力。家母鹑完全丧失了野母鹑的母性行为,也无抱性和育雏行为,对产下的蛋亦弃之不顾了。

(六)产蛋行为

当日有蛋的母鹑行为比较笨拙,在采食、饮水、排粪时动作缓慢,行走似企鹅样,最大特点是喜卧,用手捕捉时表现异常老实(手捉当日无蛋母鹑则显挣扎乱蹬)。产蛋后往往发出"噜——、噜——"的低鸣声。产蛋姿势是闭着眼睛站立产蛋,产蛋后眼睛会忽睁忽闭。有蛋母鹑对应激反应大。产蛋后 10 分钟左右开始采食,活动恢复正常。产蛋高峰是在 14~16 时。

母鹑通常是在产蛋后 15~30 分钟开始排卵,卵子通过产道的时间顺序是:输卵管漏斗部 30 分钟,膨大部 2~2.5 小时,峡部 1.5~2 小时,在子宫里共停留 19~20 小时。蛋壳的着色大约发生在产蛋前 3.5 小时。可见,产蛋的生理节奏受中枢神经的控制,而与外周神经的控制无关。

(七)鸣叫行为

鹌鹑是一种爱鸣叫的禽类,特别是群饲的公鹑叫得最欢,而单笼的个体鹑很少鸣叫。据观察,1 月龄公鹑刚开始短音节做咕噜声,随后到 45 日龄时已可鸣叫成一串。鸣叫时引颈挺胸,姿势可掬,一个叫个个跟着叫,昼夜不息,声音高亢。母鹑叫声低调呈蟋蟀丝丝叫声。

成年公鹑的啼叫声,一般是 3 段连续的刺耳的声音。第一段啼声中等长短,接着是短促的,最后才是拉长的叫声。低强度表示满足,高强度表示存在危险。如母鹑发出短促的两段叫声,认为是对交配的一种吸引。

(八)声音信息行为

出壳前若干小时鹑胚已经开始用肺呼吸(听到叫声后)。这时,随着鹑胚的每次吸气,都能听到吸气所发出的"咔嗒"响声。据研究,这种响声是保证同窝蛋同期孵出的一种必需的联系信号,可促使加速出壳的进程。

(九)应激行为

鹌鹑对外界的各种应激反应极为敏感和强烈。当重新组群或转笼时,鹌鹑的采食、饮水、活动和产蛋等都受到影响。入笼当日,没蛋的母鹑好向外冲撞,过很长时间才会安静一些;当日有蛋的母鹑也变得活动频繁,将产蛋时间推迟 2 小时或更长。

(十)啄斗行为

属于野性遗存行为,从古至今乃至于培育了"斗鹑",作为体育活动与群众文娱活动之一。公、母鹌鹑均欺生,对新转群的鹌鹑有攻击行为(包括头、眼、羽毛、肛门、趾等体位),严重时发生食肉癖与啄肛癖,造成大批伤亡事故。公鹑间为争优势等级或争配偶而大肆啄斗。为了防止啄斗,有的鹑场对母鹑群采取"断喙"措施,对公鹑则烙平喙尖。鹑群的啄斗行为还受各种环境应激影响。为此,必须重视对鹑群的调教与环境条件的改善。

公鹑的啄斗和攻击行为可能同领域性、配种制度以及鹌鹑的相对来说处于极低水平的性别二态现象有关。观察证明,隔离饲养的鹌鹑比集群饲养的鹌鹑表现出更强烈的攻击行为。性激素对攻击行为影响是很显著的。去势公鹑仅有 25% 可训练成斗鹑,而未去势的公鹑可达 56%。训练后再行性腺切除,仅约 17% 的公鹑能保留主动啄斗能力。

当两只经训练的公鹑对峙时,食物或配偶等强有力的刺激作用都不能阻止这场较量。一系列环境因素均能影响攻击能力,甚至可使先前形成的啄斗习性发生暂时的或永久性的巨大变化。母鹑好斗性很少表现,但在母鹑之间,在某种场合下也存在着好斗性。在个别情况下,母鹑还可以统治公鹑。

(十一)恐惧行为

具体表现在出壳后 1 小时的逃避行为,然后逐渐加强,直至孵出后 140 小时(6 日龄)。在生产实践中常在雏鹑出壳后 5～9 小时之间为一个敏感期,过了这个敏感期,同样的陌生环境就缺少表现恐惧反应了。

此外,雏鹑对视觉刺激的强度和颜色特征也有明显的爱好。在测试光照强度范围内,对较强的刺激表现出恒定的偏好。波长方面,鹌鹑偏好色谱中段的光(喜好黄和绿甚于红和蓝),对短波长光(蓝色)的偏好甚于长波长光(红色)。在不同波长的单色光下饲养的鹌鹑,性成熟的时间有明显差别。

(十二)夜间活动相当频繁

除了采食次数夜间显著少于白天之外,其余各项行为,夜间并不亚于白天(表 2-14)。

表 2-14　鹌鹑昼夜某些行为观察结果

项　目	夜间 19：00～7：00	白天 7：00～19：00
平均耗料(克)	11.0±1.7	15.8±5.1
平均耗水(毫升)	19.9±4.4	30.1±5.1
采食次数	61.5±8.5	122±12.9
饮水次数	33±11.0	51±10.0
躺卧次数	25±6.2	38±4.0
产蛋比率	19：00～24：00(占 70%)	—
	24：00～7：00(占 30%)	—
每次采食持续时间(分)	2.6±0.21	3.9±5.2
总躺卧时间(小时)	3.3	3.7

引自《鹌鹑主要数量性状的遗传分析》.王天标.1985

第三章　国内主要的鹌鹑品种、品系及配套系

鹌鹑经过百年的驯化与培育,迄今已育成20多个品种、品系、配套系及品群。我国的科技工作者,在政府和企业单位的支持下,近20年来,在鹌鹑的育种与制种工作方面,取得了巨大的科技成果,在育成了中国白羽鹌鹑(原北京白羽)蛋用鹑纯系及其自别雌雄配套系以后,南京农业大学、周口职业技术学院及河南科技大学又先后合作育成了中国黄羽鹌鹑(原黄羽)蛋用鹑纯系及其自别雌雄配套系;湖北神丹集团与湖北省农业科学院合作培育了小型黄羽鹌鹑与朝鲜鹌鹑新品系;原北京市种鹌鹑场、前长春兽医大学等单位也先后培育了白羽肉鹑品群,都已向全国推广。当然,我国养鹑业的育种与制种的持续性发展尚有待努力。

为适应我国养鹑业市场的需要,我国先后从国外引进了一些鹌鹑优良品种(系)及商品代,如日本鹌鹑、朝鲜鹌鹑、法国迪法克(FM系)肉用鹌鹑、法国莎维玛特肉用鹌鹑、法国菲隆玛特肉用鹌鹑、爱沙尼亚鹌鹑等,对促进我国养鹑业的发展起了重大作用。

世界上比较著名的家鹑品种,有英国白鹑,法国白鹑,美国加利福尼亚白鹑及法老鹌鹑,大不列颠黑色鹑、黑白杂色无尾鹑、法老鹌鹑,北美洲鲍布门鹑、菲列宾鹌鹑(小型),澳大利亚鹌鹑(大型)等。

美国路易斯安那州州立大学家禽系历经若干个世代的选育,已育成了鹌鹑抗应激品系。美国康奈尔大学则育成了专供营养试验的白羽鹌鹑品系。我国对黑羽鹌鹑也正在积极地进行研究与开发。

一、野生鹌鹑的驯养与杂交

（一）鹌鹑的外貌

野生鹌鹑的外貌很像雏鸡，头小、喙细长，尾巴较短，有尾羽10～12 根，翅膀较长，可遮住尾巴。野生鹌鹑腿短，没有距，也没有脚掌，脚有 4 趾，1 趾在后，3 趾在前（图 3-1，图 3-2）。

野生公鹌鹑体长 13～15 厘米，重 85～100 克；野生母鹌鹑体长 13～16 厘米，重 90～105 克。野生公、母鹌鹑的羽毛颜色相近，仅胸部羽毛颜色有显著不同。这是区别公母的标志之一。野生鹌鹑全身羽毛为麻褐色，背部羽毛赤褐色，中央有 3 条淡黄色的直纹。野生公鹌鹑的颊部、颔部及喉部为砖红色，胸部较宽，羽毛颜色为红褐色，没有黑斑；野生母鹌鹑的颔部、喉部为黄白色，胸部羽毛为灰白色，上面有鸡心形黑色斑点。

图 3-1 野生鹌鹑的外貌

经人工驯化与培养的家鹑，除了与野鹑的染色体相同外，以及少数残余的遗传野性外，家鹑的体型、羽色（原始型除外）、经济性状、对环境的要求等都有着显著的区别，甚至家鹑中的公鹑与野鹑中的公鹑啼叫声亦异。家鹑的品种由于培育的目的不一样，其体型外貌、生长发育、生产性能亦不尽相同（图 3-3）。

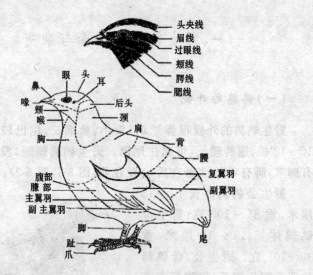

图 3-2 鹌鹑各部位名称示意图

图 3-3 家鹌鹑的几个品种

(二)野生鹌鹑驯养实例

1. 例1 《生物学通报》1959 年报道了华南师范学院生物系卢学明,将野生鹌鹑经 3 代驯养成功。饲养方式采用笼养,每笼 1 只,公母配比 1：2,将公鹑笼门打开走往母鹑笼内交配,每年产蛋 200～300 个。用小型母鸡孵鹑蛋,出雏后进行人工育雏。须饲养 6 个月成为有生殖能力的成鹑,营养好则快些。1 人可管理几百只至 1 000 只。饲料米糠占 90%,木炭粉、豌豆粉各占 10%。1 只成鹑每天采食 10～15 克,平时适当喂些食盐及钙质。早晚都有灯光。

2. 例2 日本爱知县养鸡研究场育种研究室收集野生鹌鹑种类,进行驯养试验,经 8 个世代的选育,体重雌鹑由 95.3 克升为 133.7 克,雄鹑由 83.5 克升至 105.7 克。胫长雌鹑由 31.8 毫米升至 33.5 毫米,雄鹑由 31.3 毫米升至 33.3 毫米。其他主要技术指标都得到了提高。详见表 3-1。

表 3-1 野鹑在家养环境下随着世代的变化各性状发生的变化

项　目		家养环境下野生系统繁殖世代								家养化系统（对照组）
		I	II	III	IV	V	VI	VII	VIII	
体重（克）	雌	95.3	100.9	104.0	118.8	119.4	112.8	112.1	111.9	133.7
		(13.1)	(10.2)	(11.4)	(7.2)	(7.0)	(11.6)	(10.1)	(10.2)	(8.6)
	雄	83.5	83.7	85.8	90.3	97.0	88.8	87.9	87.3	105.7
		(9.1)	(10.6)	(8.5)	(8.2)	(5.8)	(8.2)	(8.4)	(8.1)	(7.8)
胫长（毫米）	雌	31.8	31.7	32.0	32.6	33.1	32.6	31.8	31.9	33.5
		(3.1)	(3.3)	(4.9)	(3.4)	(3.7)	(3.6)	(4.7)	(3.6)	(3.0)
	雄	31.3	31.3	31.7	32.1	32.8	32.0	31.5	31.5	33.3
		(3.4)	(4.2)	(3.9)	(3.5)	(2.2)	(4.6)	(4.2)	(3.4)	(3.0)
受精率(%)		45.8	64.1	74.1	64.1	71.4	67.8	64.9	66.3	86.7
孵化率(%)		55.8	62.0	67.1	51.5	70.0	56.5	58.6	55.5	75.4

续表 3-1

项　目	家养环境下野生系统繁殖世代								家养化系统
	Ⅰ	Ⅱ	Ⅲ	Ⅳ	Ⅴ	Ⅵ	Ⅶ	Ⅷ	（对照组）
生存率(%)	37.9	48.1	58.6	68.8	72.8	61.5	65.0	66.8	80.0
产蛋率(%)	44.5	49.6	52.8	66.8	66.5	57.8	58.1	63.9	88.6
	(56.7)	(47.0)	(43.8)	(33.3)	(32.7)	(43.0)	(41.1)	(35.6)	(14.4)
蛋重(%)	8.06	7.78	7.75	8.25	7.46	8.10	7.76	7.89	8.43
	(10.8)	(9.9)	(8.8)	(9.9)	(13.1)	(12.9)	(12.9)	(12.1)	(9.7)

注：每世代都实行随机留种；括号内的数字为变异系数

(三)高科技测定野鹑与家鹑及二者杂交试验

1. 高科技测定野鹑与家鹑的遗传距离　扬州大学常洪教授著文认为，对江苏和山东交界的微山湖野生鹌鹑进行初步研究，发现结构基因座位 Es，Akp 等位点与家养鹌鹑群体遗传距离比日本野生鹌鹑与家养鹌鹑的遗传距离近得多；因此，常洪教授提出现有的家养鹌鹑很可能起源于中国古代的野生鹌鹑；日本饲养的鸣鹑很可能是随日本遣隋史、遣唐史及学问僧的归国而开始的。

2. 野鹑与家鹑杂交试验　有人进行了成年野鹑与家鹑杂交。成年野鹑的公、母鹑体重均小，性成熟迟，幼鹑至 20 日龄时死亡率仍高，孵化率及繁殖力较低，性成熟后 1 个月内产蛋少，蛋重也不大。

野鹑与家鹑实行杂交的后代再与双亲个体实行回交，其第三代性成熟提前，产蛋率提高，蛋的其他参数也获改进。

二、国内主要的鹌鹑品种(系)及配套系

现就我国养鹑业中的主要鹌鹑品种(系)及配套系逐一介绍，供育种者与引种者参考。

鹌鹑品种(系)迄今仍按现代化的经济性状分为两类，即蛋用

型与肉用型,尚未归纳出蛋肉兼用型。这是因为上述两个品种的产蛋量均不低,仅是用途不同。

(一)蛋 用 型

指以产蛋为主要用途的品种、品系和配套系。

1. 日本鹌鹑 为国际公认的培育品种。由日本人小田厚太郎于 1911 年利用中国野生鹌鹑经 15 年的驯化育成。是鹑种的重要基因库。主要分布在日本、朝鲜半岛、印度及东南亚地区。在我国分布不广,量也少。

日本鹌鹑以体型小、产蛋多、纯度高而著称于世。体羽呈栗褐色,头部黑褐色,其中央有淡色直纹 3 条。背羽赤褐色,均匀散布着黄色直条纹和暗色横纹,腹羽色泽较浅。公鹑脸部、下颌、喉部为赤褐色,胸羽呈红砖色;母鹑脸部淡褐色,下颌灰白色,胸羽浅褐色,上缀有粗细不等的黑色斑点,其分布范围似鸡心状。

成年公鹑体重为 110 克,母鹑约 140 克,6 周龄(限饲条件下)开产,年产蛋 250～300 个,高产品系超过 320 个。平均蛋重约 10.5 克,蛋壳上布满棕褐色或青紫色的斑块或斑点。需指出,棕褐色蛋壳带有光泽,而青紫色蛋壳呈粉状(其他品种类同)。

无锡市郊区畜禽良种场原鹌鹑分场,于 1992 年从日本爱知县引进日本鹌鹑。饲养实绩为:成年公鹑体重 104 克,母鹑约 135 克。35 日龄平均体重 98.5 克,即可产蛋。在产蛋期内,种鹑每只每日平均耗料仅 22 克,其料蛋比为 2.9∶1;10 月龄时母鹑平均产蛋率仍可达到 85％以上,平均蛋重为 10.34 克。

近年武汉市从我国台湾省引进日本鹌鹑,用于制作鹌鹑皮蛋或熟蛋制品销往日本。因日本鹌鹑体型小,蛋也小,成本可大幅度降低。

据有关资料报道,日本鹌鹑也适度引进了外血,改称为日本改良鹌鹑。

据报道,日本改良鹑具有以下特点:①成熟早,40日龄即开产;②生长发育快,初生重6克左右,6～7周龄内生长极快,10周龄时体重可达100～140克;③体型小,成年公鹑体重100克左右,母鹑140克左右;④采食量少,平均每只成年鹌鹑日采食量仅为25～30克;⑤产蛋量高,平均年产蛋300个,每个蛋平均重10克。全年平均产蛋率达75%～85%。

缺点:①对环境温度要求较高,舍温为20℃时可以全年产蛋,但舍温高于30℃或低于10℃会使产蛋率下降;②种蛋受精率为50%～70%左右;③饲粮中要求蛋白质达到24%～26%。

日本鹌鹑与朝鲜鹌鹑1～5周龄采食量与体重增长见表3-2,日本鹌鹑与朝鲜鹌鹑产蛋率分布情况见表3-3。

表3-2 日本鹌鹑与朝鲜鹌鹑1～5周龄采食量与体重增长表

周龄	周末平均体重(克)		平均耗料(克)		平均增重(克)	
	日本鹌鹑	朝鲜鹌鹑	日本鹌鹑	朝鲜鹌鹑	日本鹌鹑	朝鲜鹌鹑
1	18.15	20.07	22.19	27.44	11.73	14.02
2	39.50	43.87	51.45	59.01	21.35	23.80
3	68.50	78.05	78.75	80.50	29.00	34.18
4	76.16	89.55	87.64	102.56	7.66	11.50
5	98.43	126.43	114.31	126.63	22.67	36.88

引自无锡市郊区畜禽良种场鹌鹑分场资料.1994

表3-3 日本鹌鹑与朝鲜鹌鹑产蛋率分布情况

时间(月)	产蛋率(%)		时间(月)	产蛋率(%)		时间(月)	产蛋率(%)	
	日本鹌鹑	朝鲜鹌鹑		日本鹌鹑	朝鲜鹌鹑		日本鹌鹑	朝鲜鹌鹑
1	84.35	71.22	4	95.15	90.66	7	89.44	74.00
2	98.04	86.40	5	94.03	89.15	8	85.62	72.50
3	95.50	92.25	6	90.11	85.50	9	85.05	69.66

引自无锡市郊区畜禽良种场鹌鹑分场资料.1994

2. 神丹小型黄羽蛋用鹌鹑及小型朝鲜鹌鹑　湖北神丹健康食品有限公司与湖北省农业科学院畜牧兽医研究所合作研发。以2005年从南京农业大学引进南农黄羽鹌鹑等纯系为基础,进行了有目的有计划的育种工作,取得了丰硕成果,培育了体型轻的小型蛋鹑,作为制作皮蛋的专供品种。经3年4个世代的家系选育,达到了育种与制种目的,于2007年正式应用于生产。

首先根据外貌特征选择母鹑3 458只,公鹑300只,组建黄羽系选育基础。再从中据体重和产蛋记录等表型选择母鹑1 200只和公鹑100只,组建家系繁殖一世代观察群。

(1)建立家系　按配比1：12组建100个家系,每个家系内按每个母鹑留3~4只小母鹑进入下一世代观察,每个家系内预留有3只以上全同胞的公鹑1只,以备选择。

(2)选种选配　采用全同胞家系选育方法,辅以生化遗传标记育种技术。利用105日龄、140日龄家系,参考个体同胞生产性能,采用综合指数对公鹑进行家系选择。对母鹑进行家系、个体、同胞相结合的综合选择。

选择项目包括:105日龄(140日龄)产蛋数,开产日龄,开产体重,蛋重,蛋壳颜色级别等。各性状遗传力参照鸡的遗传力、性状加权值为:产蛋数0.7,开产日龄-0.1,开产体重-0.1,平均蛋重-0.1,对蛋壳颜色级别4~5级则淘汰。

根据记录结合的选择,在105日龄按综合选择指数选出的公鹑组建家系进行繁殖。到140日龄时,再按综合选择指数进行矫正,剔除未选准的家系和个体。将先选后留和先留后选相结合,提高选择准确率。

在每个世代家系选育的核心群组建上,公鹑按家系综合指数成绩在前30%的家系内且全同胞成绩好的个体;母鹑选择按家系综合成绩在前50%的家系内且个体成绩好的个体。公、母鹑避开近交组建新的家系繁殖下一世代。

（3）**饲养管理** 采用个体笼饲养，编上翅号，在繁殖期间每天分期将 3～4 只母鹑放入配种笼与公鹑配种。采用颗粒型配合饲料，保时保量，自由采食，自动饮水，并做好疫病防治工作。

（4）**数据测定** 选育期间主要测定鹌鹑的生活力（按家系记录测定受精率、孵化率、育雏率、育成率、存活率等）、生长发育（测定初生重、开产体重、15 周个体重）、产蛋性能（鹌鹑 5 周龄编号转入产蛋舍后，按个体记录产蛋情况，测定个体及家系的开产日龄，个体为见蛋日龄，群体家系为 50% 开产日龄，统计产蛋数、产蛋率、平均蛋数、15 周龄平均蛋重等）、料蛋比（以家系为单位统计出壳至 5 周龄育雏育成期及产蛋期的饲料消耗，配套试验观测 50% 开产日龄后鹌鹑的饲料消耗，计算料蛋比）等。蛋品质量每 4 周测定蛋重 1 次，对蛋壳颜色按神丹公司加工要求，按斑点大小、分布、色泽等分为 5 级，选种时对蛋壳颜色级别在 4～5 级时予以淘汰。

（5）**选育结果** 经过 3 年 4 个世代的家系选育，效果明显。开产日龄由零世代基础群的 49.6 天提前到四世代核心群的 44.9 天，提前了 4～5 天。开产体重由零世代基础群的每只 137.9 克下降到四世代的 110 克，降低了 20%。平均蛋重由零世代基础群的每个 13.8 克下降到四世代核心群的 11.1 克，基本达到原定的 10.5～11 克的标准。20 周产蛋数由零世代基础群每只不足 70 个提高到四世代核心群的 85.6 个，每只提高了 15.6 个；按四世代核心群产蛋情况测算，45 日龄开产至 140 日龄，95 天产蛋 85.6 个，平均产蛋率达到 90% 以上。

神丹蛋用系鹌鹑主要生产性能见表 3-4，神丹商品代母鹑主要生产性能见表 3-5。

表 3-4　神丹小型蛋用鹌鹑主要生产性能

项　目		黄羽系	栗羽系
体重 (克)	42 日龄	公 101.3±8.75	公 105.9±7.59
		母 109.4±9.83	母 114.8±7.88
	140 日龄	公 118.86±8.58	公 121.53±7.67
		母 138.81±10.97	母 148.15±13.66
5%开产日龄(天)		45	45
245 日龄产蛋数(个)		140～150	135～145
蛋重(克)		9.5～11.0	9.5～11.0
料蛋比		2.5～2.7	2.5～2.7
受精率(%)		90	90
入孵蛋孵化率(%)		80	80
辅助交配配比		1:20	1:20
供种开始时间(周龄)		8	8
245 日龄可供种蛋数(个)		112～120	108～116
35 周龄入舍产蛋数(个)		150	145

表 3-5　神丹小型商品代母鹌主要生产性能

项　目		$\overline{X}$±Std
体　重	42 日龄	114.5±9.28
	140 日龄	149.14±12.08
5%开产日龄(天)		45
245 日龄产蛋数(个)		156
140 日龄蛋重数(克)		10.5～11.5
料蛋比		2.5～2.7
蛋形指数		1.2～1.3
蛋壳强度(千克/厘米^2)		9.5～13.5

续表 3-5

项　　目		$\overline{X} \pm Std$
体　重	42 日龄	114.5±9.28
	140 日龄	149.14±12.08
蛋壳厚度（毫米）		0.18～0.21
蛋黄颜色（级）		4～6
哈氏单位		80～90
蛋黄比率（％）		30～34

3. 朝鲜鹌鹑　由朝鲜对日本鹌鹑分离选育而成。自引入我国后,经北京市种禽公司种鹌鹑场多年封闭育种,其均匀度与生产性能均有较大提高。20 世纪 90 年代在我国分布最广、数量最多,一度成为我国养鹑业中蛋鹑的当家品种。

体型大于日本鹌鹑,羽色与日本鹌鹑类似。成年公鹑体重 125～130 克,母鹑约 150 克（体型大的达 160～180 克）。40 日龄开产,年产蛋量 270～280 个,平均蛋重 12 克,蛋壳具有色斑或点。北京市种鹌鹑场饲养实绩为:成年母鹑体重 135～145 克,40～45 日龄开产,平均产蛋率 75％～80％,蛋重 10.5～12.5 克,每只每日耗料 23～25 克,料蛋比 3∶1;采种日龄 90～300 天,受精率 85％～90％。肉质良好,仔鹑 35～40 日龄体重达 130 克,半净膛屠宰率达 80％以上。

由于朝鲜鹌鹑基因纯合度的关系,从其中突变出了隐性白羽、隐性黄羽的母鹑个体,为建立白羽纯系与黄羽纯系及其自别雌雄配套系创造了条件。

朝鲜鹌鹑各月产蛋指标:1 月 35％,2 月 70％,3 月 78％,4 月 77％,5 月 70％,6 月 70％,7 月 70％,8 月 65％,9 月 65％,10 月 60％,11 月 60％,12 月 60％,全年平均 65％。

朝鲜鹌鹑 1～5 周龄体重见表 3-6。

表 3-6　朝鲜鹌鹑 1～5 周龄体重　（克）

性　别	周　龄				
	1	2	3	4	5
公	23.12	47.28	76.67	99.90	109.32
母	23.32	48.23	80.03	103.98	127.68

引自南京农业大学种鹌鹑场资料．1982

经观察，朝鲜鹌鹑羽毛生长与脱换规律：1 周龄主翼羽长达 3.3 厘米，13～15 日龄时胎毛已逐渐变成初级羽，至 1 月龄时已换好永久羽毛了，但脸部与下颌部则要到 6～7 周龄时方可换好。其羽毛脱换方式较为特殊，与家鸡迥异，常是新旧羽毛并存一段时间，旧羽方才很快脱落。换羽的次序也不规则，即不一定从轴羽处开始按序换羽。

朝鲜鹌鹑公鹑的屠宰测定见表 3-7。

表 3-7　朝鲜鹌鹑公鹑的屠宰测定

项　目	龙城组	黄城组	北京组	龙黄组	平　均
活重（克）	97.5	90.5	95.03	112.3	99.03
血重（克）	3.0	1.8	2.7	3.1	2.65
羽毛重（克）	7.5	6.2	7.5	7.3	7.13
屠体重（克）	87.0	82.5	85.7	102.0	89.30
屠体占活体重（%）	89.2	91.2	89.4	90.8	90.17
半净膛重（克）	81.3	74.4	78.1	88.3	80.50
全净膛重（克）	77.2	69.2	74.2	82.9	75.88
全净膛占活体重（%）	79.2	76.5	77.4	73.8	76.62
全净膛占屠体重（%）	88.7	83.9	86.6	81.3	84.97
胸肌重（克）	18.4	15.6	17.8	19.3	17.78

引自南京农业大学种鹌鹑场资料．1982

从上述生产性能各组的比较中不难发现，朝鲜鹌鹑 3 个组和北京组不同名称或来源的鹌鹑,在羽毛的生长速度与蛋重方面差异不显著(P<0.05),说明它们并不存在本质上的差别,应该均属于日本改良鹑之列。

鉴于以上 4 个不同名称或来源的鹌鹑没有什么特异之处,笔者以为仅为饲养地点之差,因此,建议应以"朝鲜鹌鹑"概括为好。

朝鲜鹌鹑通过我国多年来的持续性选育与扩繁,质量大为提高,数量也相当巨大,普及面极广,为当前养鹑业的主要良种。纯系除用来繁殖、生产外,还是中国白羽蛋鹑及中国黄羽蛋鹑自别雌雄配套系的母系母本。

朝鲜鹌鹑产蛋 3 个月时的种蛋蛋型指数(纵径/横径)为 1.26。蛋重 10.28～10.65 克,蛋壳(附壳膜)1.01～1.02 克,占蛋重的 9.48%～9.92%,蛋黄重 3.01～3.03 克,占蛋重的 28.26%～29.47%,蛋白重 6.28～6.63 克,占蛋重的 60.60%～62.25%。蛋壳的厚度平均为 216.3～227.1 微米(钝端为 227.2～248.9 微米,中段为 213.8～226.8 微米,锐端为 207.4～228.5 微米)。

朝鲜鹌鹑体重与耗料量:1 周龄分别为 19 克与 30 克,2 周龄 40 克与 61 克,3 周龄 63 克与 85 克,4 周龄 89 克与 105 克,5 周龄 106 克与 126 克,6 周龄 119 克与 140 克。

朝鲜鹌鹑主要体尺与体重见表 3-8。

表 3-8　朝鲜鹌鹑主要体尺与体重　　　(平均值±标准差)

群体	性别	样本	胫长 (厘米)	胸宽 (厘米)	胸深 (厘米)	胸骨长 (厘米)	体斜长 (厘米)	体重 (克)
朝鲜鹌鹑	公	36	3.5717 ±0.1149	3.3336 ±0.1308	4.5486 ±0.2252	3.7722 ±0.1523	8.6556 ±0.2893	130.2306 ±8.4206
	母	50	3.6654 ±0.1119	3.4736 ±0.2217	4.7476 ±0.2180	3.7120 ±0.1902	8.6080 0.2941	160.2480 ±13.2345

引自庞有志. 蛋用鹌鹑自别雌雄配套技术研究与应用. 2009

鉴于朝鲜鹌鹑良种繁育体系尚欠完善，加之原引种饲养单位改制，引入的朝鲜鹌鹑良种全由个体养殖户转养，由于缺乏育种资金与技术，现今饲养的朝鲜鹌鹑都有不同程度的退化现象。因此，在引种时必须注意种质水平。

4. 中国白羽鹌鹑　原称北京白羽鹌鹑。属隐性白羽类型。该品系为我国自行培育的高产品系。体羽呈白色，有浅黄色条斑。初生雏为淡黄色胎毛，待初级换羽后（2 周龄）即换为白色羽。眼粉红色，属不差明型。喙、脚为肉色或淡黄色。体型和姿态优美，屠体皮肤呈洁白色或肉色、淡黄色。

成年公鹑体重 130～140 克，成年母鹑体重 160～180 克。6 周龄开产，年产蛋率 85％以上，蛋重 11.5～13.5 克。料蛋比 2.73：1。采种日龄为 90～300 天。每日每只耗料 25～27 克。

（1）选育过程　1984 年 10 月至 1986 年 3 月间，北京市种鹌鹑场从孵化的 1.7 万只初生雏鹑中，共获得了 9 只白羽突变个体。经初步分析，推测白羽突变个体属于孟德尔隐性基因遗传，即白羽为 Z^{aa}。9 只白羽母鹑中，体羽全白的仅 1 只。按个体出生时间编号序为：No020224，No160712，No160714，No160716，No160718，No160720（死亡），No160722，No160724，No160726 及 No181102，均于右翅翼膜上穿刺戴号。据此，北京市种鹌鹑场与南京农业大学、原北京农业大学和河北农业大学等单位开始了有计划地隐性白羽鹌鹑选育工作。

No020224 号祖代的繁育：于 1985 年 2 月 020224 号白羽母鹑与本场朝鲜栗羽公鹑交配。限于客观条件，采用随机交配后繁育了 4 个世代（图 3-4）。

直至 No020224 号白羽母鹑死亡，一共获得了 61 只白羽鹌鹑（另有 48 只栗褐羽母鹑，41 只栗褐羽母鹑），经鉴别全为雌性。

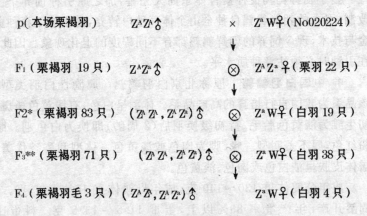

图 3-4　No020224 号母鹑的繁育过程

①隐性白羽公鹌鹑的出现　随机选用杂交一代中的栗褐羽公鹑(No020227)与 1985 年获得的另 1 只白羽母鹑(No160712)交配(Ⅱ-Ⅰ反交),结果先后获得了 3 只白羽公鹑个体(No251406-A,No251408-B,No151013-C)及 4 只白羽母鹑(图 3-5)。

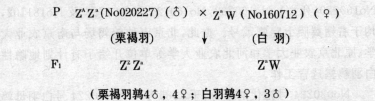

图 3-5　隐性白羽公鹑的表现

②隐性白羽自交　将所获隐性白羽公鹑(A,B,C)与白羽母鹑交配(采用轮回交配),人工辅助交配,公鹑每日交配 4 只母鹑。其子代有 73 只存活,均为白羽个体,无一栗褐羽个体出现。充分

证明,隐性白羽基因已经纯合。

(2)隐性白羽鹌鹑的外形与特征 隐性白羽为突变性状。据对 100 余只个体的观察,其外形与特征如下。

①羽毛 从获得的 158 只白羽鹌鹑个体看,无论是栗褐羽×白羽的后代,还是白羽×白羽的后代,全身羽毛基本为白色(初生雏为淡黄色,初级羽后即变为白色),仅在头顶沿颈、背、鞍部的背线及翼肩部羽片上略带黄色条状或黄色花斑,偶尔也出现过纯白羽毛的雏鹑。经严格选择后,白羽鹌鹑躯体上的黄斑在个体间虽深浅不一,但均不十分明显。从雏鹑至成年鹑的花斑也有深浅之分。白羽鹑比栗羽鹑的羽毛要贴紧躯体些,使体形更显得清秀和苗条。

②眼睛 据观察和剖检,不论性别或背线黄斑的有无及深浅,隐性白羽鹌鹑的眼睛均为粉红色。但从初生至成年的发育过程中,眼睛的粉红色似有一个由深到浅的变化过程。属不羞明型。

③其他部位 喙呈肉色,从初生至成年不变。脚部为肉色或浅黄色,开产后由黄色褪变为灰色,变化与栗褐羽母鹑同。爪子始终呈透明无色。公、母个体性成熟时其全身羽毛与其育成期羽毛的颜色无变化,这点不同于栗褐羽鹑。白羽鹑全身皮肤为乳白色,屠体美观。

④行为 白羽鹑的鸣叫声及姿势、啄斗、采食、饮水、求偶交配、产蛋等行为,与栗褐羽鹑无甚差异。但白羽鹑在育雏期间则表现为对温度极其敏感。

⑤蛋壳颜色 白羽鹑与栗褐羽鹑的蛋壳一样有多种色彩,以栗褐色光泽大斑块与淡青紫色粉状斑点两种为多,少数鹑蛋在同一蛋体上有上述两种颜色与斑点。蛋形指数也正常。

(3)白羽鹌鹑的主要生产性能

①各个世代的生产性能比较 由 No020224 号祖代白羽鹑形成的第二世代及从大群中获得的 9 只白羽母鹑的主要生产性能见

表 3-9。

表 3-9　隐性白羽鹌鹑各个世代的生产性能

项　目	零世代				二世代				三世代			
	n	$\overline{X}$	$\overline{S}$	$\overline{CV}$	n	$\overline{X}$	$\overline{S}$	$\overline{CV}$	n	$\overline{X}$	$\overline{S}$	$\overline{CV}$
开产日龄（天）	8	50.3	4.2000	7.82	16	53.7	7.786	12.23	20	55.0	5.336	9.62
平均蛋重（克）	7	11.5	0.94	7.47	13	12.0	1.165	9.33	16	12.26	1.937	8.41
产蛋率（%）	6	87.1	7.909	8.41	14	82.8	11.546	13.44	18	87.1	11.718	13.10
成年体重（克）	7	177.6	10.803	5.63	15	171.3	13.539	7.59	18	177.1	15.539	8.52
成年胸角度（度）	7	60.7	4.233	5.73	14	63.2	2.392	3.65	18	60.9	2.517	4.11
35日龄体重（克）	—	—	—	—	6	99.1	16.020	14.76	26	109.8	12.819	11.44

注：1. 表中已剔除了无正常生产指标的个体记录，而一世代均为栗褐羽×白羽杂交个体

2. 零世代中，仅 No020224 号母鹑与其他世代（二世代、三世代）有血缘关系

3. n 表示统计数，$\overline{X}$ 表示平均数，$\overline{S}$ 表示平均差，$\overline{CV}$ 表示变异系数

从表 3-8 可见，白羽鹑各个世代的开产日龄、成年体重、平均蛋重及产蛋率虽有一定变化，但差异均不显著（P>0.05）。

②白羽鹑、栗褐羽鹑×白羽杂交鹑及栗褐羽鹑主要生产性能比较　按 40 只隐性白羽母鹑的生产性能汇总列于表 3-10。

表 3-10　白羽鹑、栗褐羽鹑×白羽杂交鹑及栗褐羽鹑的生产性能比较

项　目	白羽鹑			栗褐×白羽杂交鹑			栗褐羽鹑
	N	$\overline{X}$	$\overline{S}$	N	$\overline{X}$	$\overline{S}$	$\overline{X}$
开产日龄（天）	40	54.0	6.124	45	52.6	4.243	50.0
平均蛋重（克）	38	12.26	1.531	45	11.39	0.917	11.2
产蛋率（%）	40	86.0	10.821	45	59.6	17.887	75.9

续表 3-10

项　目	白羽鹑			栗褐×白羽杂交鹑			栗褐羽鹑
	N	$\overline{X}$	$\overline{S}$	N	$\overline{X}$	$\overline{S}$	$\overline{X}$
成年体重（克）	40	175.5	11.051	45	165.0	14.691	154.0
35 日龄体重（克）	26	110.90	12.819	45	113.1	10.888	112.0

注：1. 栗褐羽鹑栏目引自朝鲜栗褐羽鹌鹑有关指标

2. n 表示统计数，$\overline{X}$ 表示平均数，$\overline{S}$ 表示平均差

表 3-9 说明，隐性白羽鹌鹑的产蛋率、平均体重均较后两者为高，其间差异是极显著的（P＜0.01）。开产日龄略有推迟，但差异不明显（P＞0.05）。35 日龄体重有所下降。

③白羽鹑几个主要生产指标间的关系　对隐性白羽鹌鹑的开产日龄与产蛋率、成年体重与平均蛋重、成年体重与成年胸角度、35 日龄体重与成年体重、成年体重与产蛋率间的相互关系，经生物统计，相关分析如表 3-11 所示。

表 3-11　隐性白羽鹑的几个主要生产指标间的相互关系

项　目	样本	平均数		相关系数	回归方程
		$\overline{X}$	$\overline{Y}$		
开产日龄（x 天）与产蛋率（y％）	40	54.0	86.0	−0.0197	$y=87.9-0.0347x$
成年体重（x 克）与平均蛋重（y 克）	38	175.5	12.3	0.7401	$y=-2.41+0.0833x$
成年体重（x 克）与成年胸角度（y°）	42	176.6	63.9	0.1841	$y=25.2+0.2196x$
35 日体重（x 克）与成年体重（y 克）	21	105.1	176.0	0.4403	$y=127.3+0.4632x$
成年体重（x 克）与产蛋率（y％）	40	175.7	85.8	−0.0802	$y=91.4-0.0657x$

表 3-10 白羽鹌鹑的几个主要生产指标间的相互关系是符合家禽一般生产行为的。成年体重与产蛋率及开产日龄与产蛋率间几无关系(相关系数显著性检验 P<0.01)。35 日龄体重与成年体重间呈中等强度的正相关关系(r=0.4403,相关显著性检验 0.01<P<0.05,差异显著)。成年体重与成年胸角度呈弱的正相关关系(r=0.1841,0.01<P<0.05,差异显著)。而成年体重与平均蛋重之间表现为强的正相关关系(r=0.741,P>0.05,差异极显著)。

(4)隐性白羽鹌鹑纯繁扩群　在获得 4 只隐性白羽公鹑(A、B、C、D)后,分别建立了 4 个家系。至 1986 年底,计 A 系繁育了 5 批,B 系和 C 系繁育了 17 批,D 系繁育了 10 批。统计 20 批孵化成绩,共入孵种蛋 7 727 个,受精率 61.64%,入孵蛋孵化率 39.47%,受精蛋孵化率 84.04%。

由于对个体未加选择,种质欠高,因而 7 日龄成活率仅 41.4%。当年共存栏成年白羽鹌鹑 1 800 多只,其中公鹑 400 只,母鹑 1 400 多只。在扩群繁育的后裔中,未发现栗羽鹑(含死胚蛋剖检),可见隐性基因已经纯合,并稳定地遗传。

1986 年曾对 339 只隐性白羽鹌鹑(其中公鹑 146 只,母鹑 193 只)测定各周龄体重,其平均体重均低于朝鲜鹌鹑。但隐性白羽鹌鹑各周龄体重的变异系数均很大,表明有很大的选择余地。对产蛋率的统计表明,隐性白羽鹌鹑全年平均产蛋 261 个(据 31 只资料),栗羽鹌鹑年产蛋 236 个(大群生产资料)。表明只要对隐性白羽鹌鹑加强选择,可以成为产蛋鹑的良好育种素材。

(5)采用测交提高隐性白羽鹌鹑成活率　由于隐性白羽鹌鹑系是由 1 只突变鹌鹑逐步培育而来的,近亲交配是育种初期的必然手段,但也带来了一系列的近交恶果,如生活力差,繁殖力低,抗病力弱,最大的弱点是 1 周龄的成活率低。初步分析可能与半致死基因和育雏环境有关。

据法国资料报道,鹌鹑是一种对父系特别敏感的动物,可以通过对其孵化率、受精率等方面进行测交判定。为此,于 1987 年重点进行测交(又称测验杂交)试验与生产鉴定,先后孵化 12 批,重点鉴定其成活率,计测交公鹑数 507 只。先用 107 只隐性白羽公鹑,按 1∶4 配朝鲜母鹑,经 3 批重复,筛选出 34 只成绩较好的隐性白羽种公鹑。将此 34 只隐性白羽公鹑及其全同胞或半同胞的弟兄,约 120 只公鹑,再以 1∶4 配比随机配隐性白羽母鹑,又经 3 批重复,筛选出 23 个成绩良好的家系,及其后 280 只公鹑,以 1∶1 比例,避开近亲随机交配,重复两批,结果终于筛选出了 8 对优秀组合。

将这 8 对优秀组合又重复测定 3 批,计出雏 160 只,1 周龄成活数 112 只,其成活率为 70%;5 周龄成活数为 102 只,其成活率为 67.75%。当年第十四批孵化结果是:出雏 444 只,1 周龄成活数 298 只,成活率为 67.12%。终于组成了育种核心群,为以后的选种、育种和制种奠定了良好的基础。由此看来,这些测交措施与改善育雏环境对提高成活率是有显著效果的。

1998 年全年入孵隐性白羽鹌鹑种蛋 7 399 个,出雏 4 054 只,受精率 83.63%,比 1986 年的受精率提高 22.01%,入孵蛋的孵化率为 54.79%,入孵蛋的孵化率提高 15.32%。其中最多一批入孵种蛋 4 270 个,出雏 2 084 只,1 周龄成活数 1 588 只,成活率 76.2%,比 1986 年 1 周龄成活率提高 34.8%;该批 5 周龄成活率达 61.56%,比 1986 年 5 周龄成活率提高了 33.04%。

综上所述,该课题在研究与生产上都取得了长足的进步,各项指标均有较大进展,1990 年已通过成果鉴定。

(6)白羽鹌鹑蛋的品质测定

①蛋重 白羽鹌鹑蛋重平均为 11.99 克,朝鲜鹌鹑蛋重平均为 10.99 克。白羽鹌鹑蛋重极显著高于朝鲜鹌鹑蛋重($P <$ 0.01)。

②浓蛋白高度 借助于鸡蛋应用的浓蛋白高度测定仪检测，白羽鹌鹑蛋浓蛋白高度为 5.26 毫米，朝鲜鹌鹑蛋浓蛋白高度为 5.19 毫米。

③蛋壳厚度 白羽鹌鹑蛋壳厚度为 0.188 毫米，朝鲜鹌鹑蛋壳厚度为 0.190 毫米。差异不显著(P<0.05)。

(7)肉质分析 由于对鹑肉品质分析尚缺乏统一标准，因此仅检测肌苷酸含量。随机取 70 日龄的白羽鹌鹑公、母各 8 只；朝鲜公鹑 5 只，母鹑 7 只。均用同侧胸肌。测定每克肉重的肌苷酸含量(微克分子)分别为：白羽公鹑的为 4.503±0.408，白羽母鹑的为 5.07±0.632；朝鲜公鹑的为 4.784±0.348，朝鲜母鹑的为 4.914±0.289。相互间差异均不显著，说明隐性白羽鹌鹑保持了原朝鲜栗羽鹌鹑的鲜味。

(8)白羽鹌鹑自别雌雄配套系商品代生产性能

1986 年，北京市种鹌鹑场发现了隐性白羽鹌鹑尚具有伴性遗传的特性。即用白羽公鹑与朝鲜栗羽母鹑交配，其 F_1 代初生雏鹑，据胎毛颜色即可自别雌雄。经 13 批孵化，种蛋 8288 个，孵出栗羽雏 2 716 只(占 53.17%)，淡黄羽雏 2 392 只(占 46.83%)。观察与解剖结果表明，栗羽雏均为雄性，淡黄羽雏均为雌雏。自别雌雄鉴别率为 100%。

1987 年 7 月中旬，该场又进行了隐性白羽♂×法肉♀及法肉♂×隐性白羽♀的正反杂交试验。结果表明，孵化成绩以正交组为好，受精率高于反交组(分别为 75.72%，54.02%)，受精蛋的孵化率分别为 85.55%，85.11%。而且正交组的子一代仍可据胎毛自别雌雄，反交组则否。子一代 5 周龄的成活率正交组不如反交组，体重亦然。

1987 年 11 月，由北京市科委主持了关于《隐性白羽鹌鹑伴性遗传的发现和研究》课题鉴定会，与会专家教授给予了高度评价：①为国内鹌鹑育种工作积累了经验，使我国鹌鹑育种技术提高到一个新水平；②为我国传统的公母混群饲养工艺向公母分群饲喂转变提供了条件；③白羽鹌鹑给禽类增添新的基因类型；④白羽鹌鹑作为实验动物是最佳供试禽种；⑤改善了鹌鹑的屠体质量；⑥为教学实验提供了良好的供试禽种。

1988年8月在南京农业大学实验牧场做了自别雌雄配套系的杂交种的中间试验：1周龄白羽母鹑成活率高达96.75％，5周龄成活率达93.3％，在成活率上取得了重大突破。这与该实验场在孵化、育雏两阶段实行彻底消毒、强弱雏分养，精心饲养管理分不开的。白羽母鹑2个月的产蛋率平均达到87.89％，同期栗羽母鹑为80.57％；公母分养组比混群养的体重略高，耗料也少；显示了自别雌雄的优越性。

①成活率　商品杂交的白羽母鹑1周龄成活率达96.75％，5周龄达93.3％。已攻克育雏率难关。

②仔鹑体重　5周龄分别测重，杂母组（白羽）平均体重122.53±10.6克，杂公组（栗羽）平均体重110.23±7.38克；混合组（公母各半）中母鹑（白羽）平均体重120.1±9.58克，公鹑（栗羽）平均体重108.58±8.16克。

③产蛋情况　经8周记录统计，白羽鹌鹑与朝鲜鹌鹑的产蛋率相比，各周龄均为白羽鹌鹑较高。8周产蛋率白羽鹌鹑平均为87.89％，朝鲜鹌鹑为80.57％。生物学统计表明，白羽鹌鹑的产蛋率极显著高于朝鲜鹌鹑($P < 0.01$)。

北京白羽鹌鹑虽然生长发育快，产蛋率高，但对饲养环境条件要求较高，对育雏温度又极其敏感，常影响到育雏率。但经利用伴性遗传原理与配合力测定，作为自别雌雄配套系的父系父本，朝鲜鹌鹑作为母系母本，其子一代性别鉴别率为100％，产蛋率高而受市场欢迎。

(9)有关隐性白羽鹌鹑类型的育种拾遗　日本亦曾发现与培育过隐性白羽鹌鹑群体，惜未成功。其总结为隐性白羽鹌鹑的初生雏生活力弱,有几次孵化所得到白雏鹑全部死亡。典型的案例是以期望的数量出雏,但有些初生雏显得很弱小,多数到 3～4 日龄便死亡,因而可以归入"饥饿死亡",即在卵黄囊内的营养物质利用完后不能找到食物和饮水,尽管不能排除疾病或管理不善等原因,而且系群所必需的初级近交也可能会带来其他非连锁的致死基因的性状表现,但看来白化基因本身是半致死这一可能性更大些。

白化基因已经报道发生在火鸡和一些鸡品种中。在这些禽类中,白化基因被认为是伴性遗传的,且在一些情况下仅出现不完全的白化症,尽管羽毛是白色的,但眼里能发现黑色素。在一些案例中,白化突变是半致死的,而在另些案例中的白化鸟类是正常的。

上述科研总结可补充中国白羽鹌鹑初生雏死亡率高之谜。

1991～1996 年,周口职业技术学院与河南科技大学创造性地开拓了白羽系与黄羽系的正反交试验,以及诸多三元杂交系列试验,均创造了不同杂交组合的自别雌雄配套系,其鉴别率均为100%。而且都能运用鹌鹑的伴性原理的理论予以正确诠释。这使我国的鹌鹑遗传育种工作在国际的鹌鹑学科上及生产实践上处于遥遥领先地位。

5. 中国黄羽鹌鹑　经调研与学术讨论,黄羽系由南农黄羽系鹌鹑与周口黄羽系鹌鹑的纯系组合而成。

(1)南农黄羽系鹌鹑选育史　1982 年南京农业大学创办了种鹌鹑场,笔者先后两次从北京莲花池种鹌鹑场和北京市种鹌鹑场引进了北京鹌鹑(日本改良鹌鹑型)与朝鲜鹌鹑。1989 年 10 月至 1990 年 6 月间,每批 3 000 多个鹑蛋中,均有 10 只左右的黄羽雏鹑孵出,且黄羽雏鹑均为雌性。留养全部黄羽鹌鹑,并进行一系列杂交试验,以确定控制黄羽的基因及其遗传方式。该试验由硕士研究生岳根华、种鹌鹑场负责人李广宏实施。现摘其结论要点如下:

在孵出的朝鲜鹌鹑 7 528 只雏鹑中出现黄羽幼鹑 33 只,均为雌性。5 个杂交试验证明了鹌鹑的黄羽为伴性遗传,由一对位于

X染色体上的等位基因(Y,y)所控制。Y为显性,表现为栗色;y为隐性,表现为黄色。黄羽公鹑的基因型为 Z^yZ^y ,栗羽母鹑的基因型为 Z^YW 。利用黄羽公鹑与栗羽母鹑杂交可以组成自别雌雄配套系。黄羽鹌鹑的育雏成率在90%以上。论文《鹌鹑黄羽自别雌雄配套系——鹌鹑黄羽隐性伴性基因的发现与鉴定》刊于《畜牧科技进展》中国农业科技出版社(1994)。

笔者自1991年重整种鹑群,一边做黄羽纯系繁育,一边亦进行黄羽公鹑与朝鲜母鹑杂交,出售杂交种蛋或鉴别母雏。迄今已推广(除西藏自治区与台湾省外)至全国各省、自治区、直辖市。年平均产蛋率,黄羽母鹑达83%,杂一代黄羽母鹑年产蛋率高达85%左右。黄羽鹌鹑的育雏率在90%以上。

2009年与江苏省赣榆县畜禽改良站合作进行南农黄羽近交系鹌鹑的试验;2010年进行重复试验,试图筛选出南农黄羽近交系及其商品配套近交系组合。

贵州大学动物科学学院华时尚的试验表明,黄羽系产蛋率、料蛋比显著高于栗羽系(P<0.05)。详见表3-12,表3-13。

表3-12　不同品种子一代生长情况　（单位:克）

组　合	出雏数（只）	初生重	日龄/体重				40日龄		60日龄
			7	14	21	28	公	母	
栗羽后代	315	7.5	20.35	41.26	64.55	94.25	123.56	149.44	161.32
黄羽后代	329	7.5	21.50	44.62	68.05	95.80	132.44	154.44	170.57

表3-13　不同品种子一代生产性能比较　（单位:天,%,克）

组　合	开产日龄	50日龄产蛋率	60日龄产蛋率	61~90日龄产蛋率	91~120日龄平均蛋重	料蛋比	$P_{0.05}$
栗羽后代	40	57.86	75.34	83.82±1.81	10.89±0.38	2.89±0.25	a
黄羽后代	36	68.71	82.62	87.88±1.95	11.00±0.43	2.51±0.18	b

由表 3-11 和表 3-12 可见,在生产性能方面黄羽系大大高于栗羽系。

(2)河南周口黄羽系鹌鹑选育史　1992 年河南科技大学庞有志教授和周口职业技术学院宋有亮教授等从江苏无锡引进的朝鲜鹌鹑群体中发现黄羽鹌鹑突变个体之后,一直从事黄羽鹌鹑羽毛基因的分离、验证、纯化、品系繁育和配套系制种研究。先后运用伴性遗传原理,将所发现的黄羽鹌鹑突变体培育成新的品系,之后又进行了黄羽鹌鹑生长发育、生产性能、环境应激和疾病防治的系统研究,创建了利用黄羽和白羽正反交均能自别雌雄配套制种法建立了黄羽鹌鹑育种基地。黄羽鹌鹑的发现和培育,是继我国白羽鹌鹑及其自别雌雄配套系培育之后的又一重要巨大成就。由于黄羽鹌鹑可与栗羽和白羽鹌鹑组成多种自别雌雄配套系,因而扩展了鹌鹑的杂交制种途径。并于 2003 年获河南省科技进步二等奖。充分表明其成果在国内同类研究中居领先地位,值得业内同仁祝贺与学习。

(3)黄羽鹌鹑纯系的建立及其培育　自发现黄羽鹌鹑突变体以来,经过认真收集,精心饲养,并通过科学的杂交试验已确定黄羽相对于栗羽为隐性,遵循伴性遗传规律。为了充分利用黄羽鹌鹑与栗羽鹌鹑自别雌雄的特性,经过认真的选种与选配,通过品系繁育等方式建立了黄羽纯系并进行了有关的培育研究,已获得了 5 个世代的繁育群体,取得了明显的遗传进展。

①黄羽鹌鹑基础群的组建　黄羽鹌鹑基础群来源以下 3 个方面:一是从孵化的 14 382 只朝鲜(龙城)蛋用鹌鹑中发现并收集的黄羽鹌鹑共 52 只,且均为雌性;二是来自杂交试验 2 和试验 3 的黄羽鹌鹑 166 只,其中公鹑 37 只,母鹑 129 只;三是来自专门纯化黄羽基因杂交试验的后代 217 只(♂120,♀97)。共 435 只鹌鹑(公鹑 157 只,母鹑 278 只)构成了黄羽鹌鹑的基础群。

②黄羽鹌鹑纯化模式　由于黄羽和栗羽在 B/b 基因座上都

是显性，纯化时可以不考虑 B/b 基因座上的显、隐性关系。利用黄羽母鹑（Z^yW）和栗羽公鹑（Z^YZ^Y）杂交，F_1 代公鹑在羽色基因座 Y/y 上应该是杂合体，让 F_1 代公鹑与黄羽母鹑回交，回交后代中可以出现黄羽公鹑（Z^yZ^y）和母鹑（Z^yW）（图 3-6）。通过纯化共得到黄羽鹌鹑成鹑 217 只，其中公鹑 120 只，母鹑 97 只。

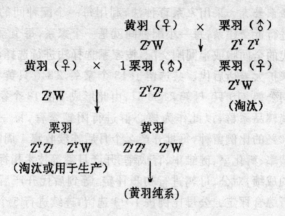

图 3-6　黄羽基因纯化模式图

③选种与配种　基础群中的 435 只黄羽鹌鹑并非都参与配种。而是按公母比为 1∶3 的比例进行严格的表型选择（外貌选择），只有被选个体才进入繁殖核心群。

黄羽公鹑的选择：健康，生长发育正常，羽毛完整、有光泽，体质健壮，眼大明亮，无残无病，体型匀称，雄性特征明显，泄殖腔腺较发达，用手能挤出大量的白色泡沫状物质，胸部发达，两腿结实粗壮，鸣叫声洪亮，体重在 110 克以上。

黄羽母鹑的选择：健康，生长发育正常，羽毛完整丰满，头小俊俏，眼亮，不胆怯，活泼，腿脚有力。对已开产的，手摸腹部，耻骨间要求可容两指宽度，腹部可容 3 指的宽度，体重在 130 克以上。所产蛋的蛋形、蛋壳色斑、蛋壳坚实度及蛋黄均应正常。

经过选择,有30只公鹑和90只母鹑被选入繁殖核心群。为便于以后选种,搞清系谱关系,采用小间配种的方法配种,即1只公鹑和3只母鹑放在同一笼中。对公、母鹑进行编号。做好产蛋数、孵化成绩等各种记录,进行系谱登记。

④品系繁育　采用家系育种法,利用每一个配种间的同胞或半同胞进行近交建系,每一小配种间就是一个家系,每个家系连续进行5代的全同胞或半同胞交配,按家系选择法进行选择,优良的家系用来扩大繁衍后代。共选留了13个家系,2 846只黄羽鹌鹑,其中黄羽公鹑310只,母鹑2 536只,由此形成了由13个家系组成的黄羽鹌鹑品系群,以此作为核心群进行闭锁繁育,每一世代按20%~30%的比例留种,每批开产2个月后连续收集1周的种蛋,记录受精率、孵化率、健雏率、育成率、开产日龄等技术指标以及母鹑自身的成绩,对公、母鹑进行初步评定,等到后代开产后按产蛋量再进行综合评定。公母比例按1:3选留,连续进行5个世代。

⑤黄羽鹌鹑选育进展　经过5个世代的选育,黄羽鹌鹑的外貌特征和生产性能已基本稳定,主要选育指标的选育进展见表3-14。

表3-14　黄羽鹌鹑选育进展

	5周龄体重 (克)	开产日龄 (日)	平均蛋重 (克)	300日龄 产蛋量(个)	料蛋比	受精蛋孵 化率(%)	育成率 (%)
零世代	♂95.28±13.27 ♀108.49±12.16	55	10.89±0.34	184	3.1:1	84.47	81.42
一世代	♂98.96±12.16 ♀110.06±10.78	53	11.08±0.47	195	2.95:1	85.13	92.12
二世代	♂98.56±9.43 ♀110.58±10.69	51	11.43±0.24	212	2.68:1	84.50	97.01

续表 3-14

5 周龄体重(克)		开产日龄(日)	平均蛋重(克)	300 日龄产蛋量(个)	料蛋比	受精蛋孵化率(%)	育成率(%)
三世代	♂101.37±9.88	51	11.45±0.37	213	2.70：1	84.34	96.38
	♀112.50±11.24						
四世代	♂101.59±8.64	51	11.60±0.58	213	2.71：1	85.64	97.21
	♀112.83±10.46						
五世代	♂101.31±8.81	51	11.88±0.73	214	2.71：1	96.21	97.14
	♀112.50±9.18						

(4)黄羽鹌鹑体型外貌特征

①幼鹑 1~21 日龄的鹌鹑称为幼鹑或雏鹑。黄羽鹌鹑的幼鹑公、母毛色一致,出壳后大体呈黄棕色。全身布满鹅黄色与乳黄色绒毛,头顶和背部有黄棕色花斑,黄色绒毛将头中线分为左右两部分。背部着生 3 条黄棕色绒羽色带,左右两侧各 1 条,沿背中线 1 条,3 条色带被鹅黄色绒羽隔开。两翼着生淡黄色绒毛。颈部腹侧和胸腹侧前部着生淡黄色绒毛,胸腹侧后部和腹部着生乳白色绒毛,而朝鲜鹌鹑幼鹑色斑和色带绒毛均为黑色,黄羽幼鹑与之相比明显不同。白羽幼鹑刚出壳绒毛为乳白色,其皮肤在 1~2 日龄内依稀可见,绒毛没有黄羽和栗羽鹌鹑的绒毛发达。3 种羽色鹌鹑幼鹑的绒毛颜色通过肉眼极易辨别。黄羽鹌鹑毛色并不像黄鹂鸟那样黄,也不像雏鸭、雏鹅那样黄,而是相对于朝鲜鹌鹑黑色部位的羽毛呈现出黄色特征而已。黄羽鹌鹑幼雏眼圆大有神,不羞明,喙、胫、爪均为肉色。黄羽幼鹑与白羽幼鹑更易区分。黄羽、白羽和栗羽羽色标志明显,一出壳即可辨认,这一特征在生产上用于雌雄鉴别经济简便,准确率高,具有很高的推广价值。

雏鹑生长速度快,羽毛生长速度更快,出壳后 3 天可见到主翼羽和尾羽生长的迹象,5 天可清楚地看到露出的主翼羽和尾羽。主翼生长速度最快,1 周时羽长可达 3.3 厘米,尾羽生长速度稍慢,最终被主翼羽所遮盖,此时黄羽和栗羽十分明显。背部羽毛发生较晚,头部出现最晚而且生长速度最快,生长初级羽毛期间新生羽毛与绒毛混杂。新生羽毛显得明亮。7～10 日龄为第一次换羽高峰,随着鹌鹑个体的增大和新羽的出现,绒毛不断脱落。躯体有裸露现象,但此时黄羽和栗羽可明显辨认。幼雏除头部外,一般13～15 日龄羽毛可在全身布满初级羽毛。

②育成鹑　22～45 日龄的鹌鹑称为育成鹑、仔鹑或生长鹑。黄羽鹌鹑 20 日龄前后公、母羽无明显区别,20 日龄后逐渐长出代表不同性别的羽毛,25 日龄可以分辨公、母。30 日龄可准确分出。公鹑脸部(眼睛周围)及颌下长出红棕色短羽,颈腹侧和胸前部羽毛呈淡棕黄色。公鹑泄殖腔腺背侧在出现羽毛时开始发红,逐渐隆起,形成小小的隆丘。随着日龄的增加隆丘逐渐变大,手按隆丘时有泡沫出现,开始泡沫稀而色泽淡,以后逐渐变浓变白。一般30 日龄开始鸣叫,早的 26 日开始鸣叫,起初叫声低沉,经 3～5 天后叫声逐渐洪亮高亢。母鹑头部色线明显,脸部生长深棕色短毛,下颌羽毛呈乳黄色,颈腹侧羽毛起初与公鹑接近都呈浅棕色,后来逐渐变浅,呈米黄色,上面密缀深棕色斑点。母鹑开始鸣叫的时间较晚,一般在开产前后开始鸣叫,其叫声低沉,持续时间较长,如人们吹的鹌鹑哨发出的声音。

③成鹑　46 日龄以后的鹌鹑称为成年鹌鹑或成鹑。成年黄羽鹌鹑与朝鲜鹌鹑体型相似,体重相当。公鹑 100～110 克,母鹑120～150 克,黄羽成鹑羽毛颜色较复杂,不同部位毛色不同,基本羽色是黄麻色或黄褐色,与栗色的朝鲜鹌鹑相比明显不同,黄羽构成了成鹑的基础羽色,不同部位黄色和棕色比重不同,背部棕色比重大,但棕色羽片上带有金黄色柳叶状条斑和横斑,使背部发黄。数根带有金黄色条斑的羽毛在背部组成黄色羽线。翼毛色呈黄棕

色且有黄色横斑,使黄色比重较大,明显呈黄色。总体来说,黄羽鹌鹑的黄色明显不同于朝鲜鹌鹑的栗羽,无论是直接观察,还是从拍摄的照片看,都能明显地比较出来。

成年黄羽鹌鹑公鹑头小而稍圆,母鹑头平而宽长。公、母鹑头部都有深棕色斑块和乳黄色的羽线,以头中线和眉线最为明显。眉线两条,左右各一,较粗长,从喙基经眼睛上中部向后延伸。头中线仅一条细而长,从喙基经头中部向后延伸。颈部两侧羽毛较长,向后下分布可遮盖腹部和两翼下沿,呈黄棕色并有白色条斑。每根羽毛的内部绒毛都呈灰白色。羽轴及羽根为白色,因此,屠宰时无有色毛根残留,屠体洁净美观,这一点与白羽鹌鹑相似。喙脊两侧三角部分呈黄棕色,与日本鹌鹑和朝鲜鹌鹑的喙显然不同,与爱沙尼亚鹌鹑也明显不同。公、母鹑比较,除脸、颊、颈腹侧和胸前部着生羽毛有区别外,其他部位羽色均无明显差异。主翼羽、覆主翼羽和尾羽在发育过程中虽存在长度上的差别,但这种差别只有通过测定才能发现,从外观上不易区别。因此,在早期(1~2周龄)不能凭借这3种羽的长度来区别雌雄。鉴别黄羽鹌鹑的性别,仍是以颈腹侧和胸前的羽毛特征以及叫声不同来区别,一般到3周龄才可辨认清楚。

黄羽鹌鹑的羽色特征明显,生长发育快,遗传性能稳定,与栗羽能组成自别雌雄配套系应用于生产。白羽鹌鹑也是来自栗羽鹌鹑的突变系,其羽色相对于栗羽为隐性,而且遵循伴性遗传规律。搞清楚这3种羽色是受一个基因座的基因控制,还是由不同基因座的基因控制,这对于生产中进行自别雌雄配套系育种具有重要的意义。

(5)中国黄羽鹌鹑的应用价值及命名

①中国黄羽鹌鹑纯系的应用价值 中国黄羽鹌鹑的羽色特征明显,生长发育快,遗传性能稳定,其纯系的培育是继中国白羽鹌鹑培育之后的又一重要成果,对丰富我国蛋用鹌鹑基因库,改善蛋

用鹌鹑自别雌雄配套系具有重要意义。在中国黄羽鹌鹑培育之前,我国蛋用鹌鹑生产只有 1 种配套系即白羽(♂)×栗羽(♀)。中国黄羽鹌鹑培育之后,黄羽鹌鹑与朝鲜鹌鹑和北京白羽鹌鹑,能组成多种自别雌雄配套系应用于生产,使蛋用鹌鹑的自别雌雄配套系由原来的 1 种变为 6 种,其中 4 种二元杂交配套系,两种三元杂交配套系。这些配套系杂交后代,人们即可根据羽毛颜色对刚出壳的鹌鹑辨别公、母,及早淘汰公鹑。上述几种配套系自别雌雄的准确率均可达到 100%,特别是黄羽鹌鹑与中国白羽鹌鹑杂交正反交均可自别雌雄,这样可充分利用父母本双方的遗传资源,在生产中更具有推广价值。经杂交验证,中国黄羽鹌鹑与朝鲜鹌鹑和中国白羽鹌鹑组成的二元自别雌雄配套系,其杂种母鹑的生产性能均不低于相应的纯系,在生产上具有重大的推广价值。

由于黄羽、栗羽和白羽是由位于 Z 染色体上的 B/b 和 Y/y 两基因座互作的结果,其羽色的出现取决于两基因座基因的组合,由于两基因座之间存在有一定的连锁关系,因此利用黄羽、白羽和栗羽 3 种羽色鹌鹑有计划地进行杂交,可用来开展伴性遗传、基因互作、基因连锁与互换的遗传学试验,因而黄羽鹌鹑的培育还具有重要的遗传学和实验动物学价值。

②关于中国黄羽鹌鹑的命名　黄羽鹌鹑和北京白羽鹌鹑是朝鲜鹌鹑分别在 Y/y 和 B/b 发生隐性突变的结果,三者的羽色标志明显,遗传关系清楚,3 种羽色鹌鹑无论是幼鹑或成鹑人们均可根据羽色进行辨别。需要说明的是,本研究所指的黄羽鹌鹑与报道的日本鹌鹑的黄羽不是一个概念。本研究所指的黄羽是由朝鲜鹌鹑突变而来,其隐性基因无论是在纯合(Z^yZ^y)或是在杂合(Z^yZ^y 或 Z^yW)状态下均无致死效应,这也是黄羽纯系得以培育成功的原因。关于朝鲜鹌鹑群体中黄羽突变体最早见于岳根华等(1994)的报道;证明黄羽相对于栗羽为隐性,符合伴性遗传规律,但未见到对黄羽鹌鹑进一步培育的研究。我们发现的黄羽鹌鹑与南京农

业大学岳根华等人的发现是否为同一品系鹌鹑无法确认,从两地推广的情况看,黄羽鹌鹑的培育很可能是我们与南京在同时进行的。目前黄羽鹌鹑在蛋用鹌鹑生产中已得到广泛的推广,但目前尚没有统一的名称,因为南京和河南都没有进行品系鉴定,为了保持种鹑市场稳定,有必要规范黄羽鹌鹑的名称,建议下一步要进行黄羽鹌鹑的品系鉴定工作。

2010年8月,南京农业大学林其騄教授发起倡议,相约河南科技大学庞有志教授与周口职业技术学院宋东亮教授,在洛阳市河南科技大学进行了双方培育与推广黄羽鹌鹑及其自别雌雄配套系的学术交流。双方认为黄羽鹌鹑从血统来源系同宗。经慎重考虑,一致同意划归"中国黄羽鹌鹑"名称,并允诺共建中国黄羽鹌鹑育种场。

6. 爱沙尼亚鹌鹑　爱沙尼亚的第一批鹌鹑种蛋是1987年从原全苏家禽研究所引入的,并做了个体选育与性能测定,设有鹌鹑育种中心。

爱沙尼亚鹌鹑羽毛为赭石色与暗褐色相间的羽色。公鹑胸部为赭褐色,母鹑胸部为带黑斑点的灰褐色。母鹑比公鹑重10%～12%。具飞翔能力,无抱性。

爱沙尼亚鹌鹑有些生产指标超过蛋鹑与肉鹑的性能,在生长速度上也好于日本鹌鹑。爱沙尼亚鹌鹑的生产性能(1996)见表3-15。

表3-15　爱沙尼亚鹌鹑的主要生产性能

项　目	水　平
年产蛋量(个)	315
前6个月产蛋量(个)	165
年平均产蛋率(%)	86
年平均产蛋总重(千克)	91
平均开产日龄(天)	47

续表 3-15

项 目	水 平
耗料量（0～47 天，克）	660
成年鹑每日耗料量（克）	28.6
料蛋比（产蛋期间）	2.62
平均死亡率（0～47 天，%）	2.0
平均死亡率（0～412 天，%）	7.4
肉用仔鹑料重比（公、母）	2.83
平均活重（35 天，克）	公 140 克，母 150 克
平均活重（47 天，克）	公 170 克，母 190 克
平均全净膛重（35 天，克）	公 90 克，母 100 克
平均全净膛重（47 天，克）	公 120 克，母 130 克

爱沙尼亚鹌鹑的种蛋和幼鹑销往俄罗斯、乌克兰、阿塞拜疆、格鲁吉亚和摩尔达维亚。

7. 鹌鹑自别雌雄配套系列 黄羽、栗羽和白羽 3 种羽色基因型与表型之间的关系已研究清楚，3 个品系杂交可以组成多种自别雌雄配套系应用于鹌鹑的育种和生产。

(1) 二元配套系

①白羽系（♂）×栗羽系（♀） 该配套系子一代公鹑为栗羽，母鹑为白羽，分离比为 1∶1，自别雌雄的准确率为 100%。遗传机制如图 3-7。

②黄羽系（♂）×栗羽系（♀） 该配套系子一代公鹑为栗羽，母鹑为黄羽，分离比为 1∶1，自别雌雄的准确率为 100%。遗传机制如图 3-8。

③白羽系（♂）×黄羽系（♀） 该配套系子一代公鹑为栗羽，母鹑为白羽，分离比为 1∶1，自别雌雄的准确率为 100%。遗传机

制如图3-9。

P　白羽系（♂）　×　栗羽系（♀）

$Z^{Yb}Z^{Yb}$　　↓　　$Z^{YB}W$

F_1　1　$Z^{Yb}Z^{YB}$　∶　1　$Z^{Yb}W$

栗羽（♂）　　　白羽（♀）

图3-7　白羽系（♂）与栗羽系（♀）
自别雌雄配套系遗传图解

P　黄羽系（♂）　×　栗羽系（♀）

$Z^{yB}Z^{yB}$　　↓　　$Z^{YB}W$

F_1　1$Z^{YB}Z^{yB}$　∶　1$Z^{yB}W$

栗羽（♂）　　　黄羽（♀）

图3-8　黄羽系（♂）与栗羽系（♀）
自别雌雄配套系遗传图解

P　白羽系（♂）　×　黄羽系（♀）

$Z^{Yb}Z^{Yb}$　　↓　　$Z^{yB}W$

F_1　1　$Z^{Yb}Z^{yB}$　∶　1　$Z^{Yb}W$

栗羽（♂）　　　白羽（♀）

图3-9　白羽系（♂）与黄羽系（♀）
自别雌雄配套系遗传图解

④黄羽系（♂）×白羽系（♀）　该配套系子一代公鹑为栗羽，母鹑为黄羽，分离比为1∶1，自别雌雄的准确率为100%。遗传机

制如图 3-10。

$$P \quad 黄羽系（♂） \quad × \quad 白羽系（♀）$$
$$Z^{yB}Z^{yB} \qquad ↓ \quad Z^{Yb}W（♀）$$
$$F_1 \quad 1 \quad Z^{Yb}Z^{yB} \quad ： \quad 1 \quad Z^{yB}W$$
$$栗羽（♂） \qquad 黄羽（♀）$$

图 3-10　黄羽系(♂)与白羽系(♀)
自别雌雄配套系遗传图解

以上 4 种配套系可在中小型鹌鹑养殖场和养殖户推广应用，用户只需饲养 2 个纯系就可以配套杂交，向社会提供杂种母苗。

(2)三元配套系　产生的方法有以下两种。

①〔黄羽系(♂)×栗羽系(♀)〕×白羽系(♂)　先用黄羽系公鹑与栗羽系母鹑杂交，用子一代自别雌雄的母鹑（黄羽）再与白羽公鹑交配，子二代公鹑为栗羽，母鹑为白羽，自别雌雄的准确率达100%，遗传机制如图 3-11。

$$P \quad 黄羽系　（♂） \quad × \quad 栗羽系　（♀）$$
$$Z^{yB}Z^{yB} \qquad ↓ \quad Z^{YB}W（♀）$$
$$F_1 \quad 1 \, Z^{YB}Z^{yB} \quad ： \quad 1 \, Z^{yB}W \quad × \quad Z^{Yb}Z^{Yb}$$
$$栗羽　（♂） \qquad 黄羽　（♀） \quad ↓ 白羽系　（♂）$$
$$（淘汰或育肥）$$
$$F_2 \qquad\qquad 1 \, Z^{Yb}Z^{yB} \quad ： \quad 1 \, Z^{Yb}W$$
$$栗羽　（♂） \qquad 白羽系（♀）$$

图 3-11　三元杂交自别雌雄配套系遗传图解(一)

②〔白羽系(♂)×栗羽系(♀)〕×黄羽系(♂)　先用白羽系公鹑与栗羽系母鹑杂交，利用其子一代自别雌雄的母鹑（白羽）与黄

羽公鹑杂交,子二代公鹑为栗羽,母鹑为黄羽,自别雌雄的准确率达 100％。遗传机制如图 3-12。

P　　白羽系（♂）　　　×　　栗羽系（♀）

　　$Z^{Yb}Z^{Yb}$　　　　　↓　　　$Z^{YB}W$

F_1　　$1\,Z^{YB}Z^{Yb}$　　:　　$1\,Z^{Yb}W$　　×　　$Z^{yB}Z^{yB}$

　　栗羽（♂）　　　白羽（♀）　　↓　　黄羽系（♂）

（淘汰或肥育）

F_2　　　　　　　$1\,Z^{Yb}Z^{yB}$　　:　　$1\,Z^{yB}W$

　　　　　　栗羽（♂）　　　　白羽（♀）

图 3-12　三元杂交自别雌雄配套系遗传图解(二)

以上两种三元配套系,可在大中型鹌鹑育种场和养殖场推广应用。用户需饲养 3 个纯系,按照以上模式开展杂交,不仅可向社会提供二元杂交一代杂种母雏,也可以向社会提供三元杂种母雏。同时,还可以利用 3 个品系进行新品系的培育。

(二)肉用型

指以产肉为主要用途的品种、品系和配套系。其商品种蛋孵化出雏后,不论雌雄,均经 15～40 日龄饲养、肥育,成为肉用仔鹑上市或再加工。此外,淘汰的种鹑也可转为肉用。

我国饲养的肉用型鹌鹑是从法国引进的,主要品种有迪法克、莎维玛特和菲隆玛特,均属于大型、栗羽型、专业化肉用型良种。法国肉鹑与栗羽朝鲜鹌鹑比较见表 3-16。

表 3-16　法国肉鹑与朝鲜蛋鹑比较

项　目	法国肉鹑	朝鲜蛋鹑
羽　毛	较蓬松,浅黑褐色	紧密,深黑褐色
体　重	成年母鹑 250 克(350 克)	130 克(150 克)
性　情	温驯,不怕人,呆笨,公鹑间不太争斗	较灵活,公鹑间常争斗
年产蛋量	260～300 个	280～300 个

1. 法国迪法克(FM 系)鹌鹑　又称法国巨型肉用鹌鹑。该系体型硕大,头与喙俱小,初生雏胎毛色泽鲜明,头部金黄色,胎毛直至 1 月龄后才逐步消失。成鹑体羽呈黑褐色,间杂有红棕色的直纹羽毛,头部黑褐色,头顶有 3 条浅黄色直纹,尾羽短。公鹑胸部羽毛呈红棕色,母鹑为灰白色或浅棕色,其上缀有黑色斑点。

该系适应性与生活力强。种鹑繁殖期为 5～6 个月。国外肉用仔鹑最佳质量屠宰日龄为 45 天。0～7 周龄总耗料量为 1 000 克(含种鹑耗料),料肉比为 4∶1(含种鹑耗料)。6 周龄活重 240 克。4 月龄活重 350 克,产蛋率 60％,蛋重 13～14.5 克。

(1)国内引种实绩　总的来说表现良好。成年体重 300～350 克,38～43 天开产,年平均产蛋率 70％～75％,蛋重 12.5～14.5 克;只日耗料 33～35 克,料蛋比 4∶1;采种日龄为 90～200 日龄。

1986 年 9 月,我国农牧渔业部从法国迪法克公司引进 FM 系巨型肉用鹌鹑。北京市种鹌鹑场经半年多饲养观察,确认为优良鹑种。种蛋平均重 13～14 克,出壳初生雏重 8～9 克。2 周龄末完成初级羽,体重约 65.72 克,3 周龄开始第二次换羽(永久羽),4 周龄末完成永久羽,平均体重约 184.6 克。5～6 周龄性功能逐步成熟,公鹑开啼,母鹑开产,6 周龄平均体重达 250 克左右,50％产蛋率。7 周龄逐步进入产蛋高峰,产蛋率将达 80％,并稳步上升至90％以上。

1992 年,江苏省淮阴市鹌鹑试验场先后饲养法国迪法克肉鹑

16 万只,35 日龄平均活重达 183 克,料肉比 3:1。成活率 95%以上。

1993 年,江苏省无锡市郊区畜禽良种场先后两次从法国引进迪法克系肉鹌鹑。资料表明,该品种体重大,增重快,产蛋率高,35 日龄平均体重达 210 克,料肉比 2.86:1,成年平均体重达 360 克,最大体重 452 克,开产日龄为 39 天,年产蛋 263 个。

法国迪法克(FM 系)肉鹑耗饲料量:育成 1 只肉用鹌鹑(从开食到出售)约 40 天,共需配合饲料 0.8 千克左右;每只日耗料为 1 周龄 3.8 克,2 周龄 8.6 克,3 周龄 15.4 克,4 周龄 20.6 克,5 周龄 24.8 克,6 周龄 26.6 克。

法国迪法克肉鹑体重与耗料量:1 周龄分别为 26 克与 36.4 克,2 周龄 60 克与 88.4 克,3 周龄 95 克与 115.9 克,4 周龄 139.0 克与 143.9 克,5 周龄 167 克与 168.4 克,6 周龄 187.0 克与 187.0 克。

(2)法国迪法克(FM 系)肉用种鹑的选择 对于引进的鹌鹑良种同样要按育种要求选择,以防止种性退化。在可能条件下,不断做好育种与制种工作。鉴于引进的是父母代,必须对其后裔严格个体选择,再进一步制定选育计划,建成高产的良种繁育体系。

①种公鹑的选择 应体壮胸宽,头小喙短,眼大有神,羽毛光亮,叫声洪亮,胸前羽毛红砖色明显,尾羽短,羽毛紧凑。50 日龄时泄殖腔腺呈深红色隆起,用手指压迫时可挤出白色泡沫状分泌物。时常挺胸昂脖高声鸣叫。趾爪能分开,性欲旺盛。

②种母鹑的选择 体重在 250 克以上,头小而圆,目光沉稳,喙细短而轻快,颈细长,羽毛紧凑丰满,胸羽中缀有黑斑点,多而明显。尾羽短,双目有神,活泼好动,腹部容积大,腹柔软而有弹性,泄殖腔大而湿润松弛。

③选择时间 准时出雏,雏鹑健壮,20 日龄转入仔鹑笼时,再严格选择,并在 40 日龄和 70 日龄时进行复选。

④法国迪法克肉用鹌鹑各月产蛋指标　1月35％，2月65％，3月75％，4月70％，5月70％，6月65％，7月65％，8月60％，9月60％，10月57％，11月55％，12月55％。全年平均61％。

如果缺乏持续性选择，该品系也难免出现某些退化现象。现该系也在一些养殖户继续繁殖，有待进一步保种。

2. 法国莎维玛特系鹌鹑　本品系体型硕大，其体态与羽色基本同迪法克（FM系）肉鹑。引种实绩：成年体重公鹑250～300克，母鹑350～450克。35～45日龄开产，年产蛋250个以上，蛋重13.5～14.5克，公母配比1：2.5。生长速度快，饲料转化率高，4周龄平均活重180～200克（最大220克），料肉比2.48：1；5周龄平均活重超过220克，料肉比为4.56：1。其生产效率与效益相当可观。某些性状指标已超过迪法克（FM系）肉鹑。

该系已先后引进两批，对比试验无显著性差异。应加强饲料配方研究与改进饲养管理，以防其退化，并挖掘其遗传潜力。在全国普遍受欢迎。

国内引种实绩见表3-17，表3-18。

表3-17　莎维玛特系与迪法克系肉鹑饲养对比试验

周龄	周末平均体重（克）		平均增重（克）		平均耗料（克）		料　肉　比	
	莎维玛特	迪法克	莎维玛特	迪法克	莎维玛特	迪法克	莎维玛特	迪法克
1	30.5	31.61	21.84	23.17	28.0	30.37	1.28：1	1.31：1
2	70.45	70.70	39.95	39.09	70.4	75.30	1.76：1	1.92：1
3	125.34	110.0	54.89	39.30	105.30	116.47	1.92：1	2.96：1
4	180.37	159.39	55.03	49.39	136.85	147.44	2.48：1	2.98：1
5	226.11	199.6	45.74	40.21	208.6	217.84	4.56：1	5.42：1

表 3-18　莎维玛特系与迪法克系产蛋率比较

时间（月）	产 蛋 率（%）	
	莎维玛特	迪法克
1	52.31	49.11
2	70.50	68.70
3	88.44	82.58
4	88.15	87.12
5	86.50	83.33
6	84.43	79.81

　　莎维玛特系 39 日龄开产，年平均产蛋 260 个以上，平均蛋重 13.1 克。其适应性与抗病力均较迪法克系为强。莎维玛特系种鹑在整个产蛋期内药耗不足 0.1 元。

　　2010 年上海市奉贤区动物疾病控制中心，进行了法国迪法克（FM 系）种鹑与法国莎维玛特种鹑正反交配合力测定。取得了一定成效。

　　3. 法国菲隆玛特系鹌鹑　据中国种畜进出口公司引种饲养简报资料，该肉鹑为纯系父母代，专用以生产商品代（父系公×母系母），与原先引进的法国莎维玛特做了生长和生产性能对比试验。其结果见表 3-19，表 3-20。

表 3-19　菲隆玛特系父母代肉鹑的生长情况

日　龄	0	7	14	21	28	38	60	90	120
体重（克）	8.5	33	75	120	180	—		—	母 320/公 260
耗料（克）	—	40	140	220	410		34/日		34/日
产蛋率（%）						3	48	76	82
蛋重（克）									13.9

注：30 只抽样称重，3 次平均值

表 3-20 莎维玛特系肉鹑的生长情况

日　龄	0	7	14	21	28	38	60	90	120
体重（克）	9.1	31	70	118	165	—	—	—	母280/公225
耗料（克）	—	40	135	285	435	—	—	33/日	33/日
产蛋率（%）	—	—	—	—	3	48	76	82
蛋重（克）	—	—	—	—	—	—	—	13.0

注：30 只抽样称重，3 次平均值

引进品种第二代情况见表 3-21，表 3-22。

表 3-21 原品种保留扩群生长情况

日　龄	0	7	14	21	28
体重（克）	9.8	35	75	125	180
耗料（克）	—	46	138	224	410

表 3-22 父系公×母系母的商品代生长情况

日　龄	0	7	14	21	28
体重（克）	9.8	36	80	130	190
耗料（克）	—	46	138	225	420

据饲养试验单位数据表明，菲隆玛特肉鹑的父母代种母鹑产蛋率与原先引入的法国莎维玛特相比高 4% 左右，蛋重高 7% 左右，仔鹑 28 日龄体重高 8%～10%。评价为抗病能力强，蛋重高，生长速度快，脚略矮，体形圆。但与法方提供的父母代与商品代的生产指标相比仍存在一定差距（表 3-23）。故应在饲养管理水平上下功夫。

表 3-23   法国菲隆玛特肉用种鹑繁殖性能

周 龄	产蛋率(%)	孵化率(%)	死亡率(%)	可入孵蛋数(个)	每只种鹑产雏数(只)
6	0	0	0	0	0
7	26	0	1	5	2
8	53	10	1	11	8
9	80	60	1.8	17	13
10	85	70	2	24	17
11	84	72	2.8	31	22
12	83	72	3	37	27
13	83	72	3	44	31
14	82	72	4	49	35
15	81	72	4	55	40
16	80	72	5	61	44
17	78	72	5	67	48
18	76	72	6	72	52
19	73	72	6	77	56
20	70	72	7	82	59
21	69	72	7	86	63
22	66	72	7.5	90	66
23	64	72	8	94	69
24	62	72	8.5	98	72
25	60	69	9	101	74
26	57	65	9	104	77
27	55	60	10	105	78

菲隆玛特系肉鹑仍须积极保种,防止进一步退化。

（三）鹌鹑引种须知

为提高引进鹌鹑的安全性、可靠性与生产性能，以获得较高的经济效益和综合效益，引种者必须把住以下几个关键。

1. 了解市场需求　众所周知，当今鹑产品市场乃是买方市场，必须遵循市场经济规则。更何况我国地域辽阔，消费水平与风俗习惯不尽相同，加之逢年过节的价位更是诱人。为此，必须经市场调查来大致了解需要什么，需要多少，什么时候需要，规格怎样，价位（出场价、批发价、优惠价）如何，有无盈亏，如能获得订单合同，或产品回收合同等，就可做到心中有数，胸有成竹。切忌引种饲养后，再行考虑销路与价格。

调查对象包括主管部门、集贸市场、商贸部门、教学科研单位、宾馆饭店，以及经纪人、饲养户等。可采取重点调查、上网搜索、电信、电话咨询、访问等，以了解近期市场对有关禽种与品种的需求情况，以及潜在发展的可能。切忌人云亦云随大流。

如谋得外贸出口订单合同，则必须弄清其所需品种或配套系、商品规格、检验要求、包装、离港地点、交货批次、日期、数量等。切忌根据意向书或口头协议就匆忙决策上马。

2. 了解各品种（品系、配套系）的适应性　所谓适应性，是指生物体新陈代谢形式与所存在的环境统一的能力。适应性为生物进化过程中的一种变异形式，以便能够在新的环境中得以生存的一种特性。生物体如不能够发生此种变化，则毫无疑问将被逐步淘汰，这正应了"适者生存"的经典规律。实践证明，凡适应性广的鹌鹑品种（系）配套系，其存活率高，生产性能当可获得高度发挥。因此，适应性作为引种前应予首先考虑的条件，其次才考虑其生产性能水平。反之，则事与愿违。

3. 了解其生产性能水平　鹌鹑各品种（品系）的生产性能特性，是引种的基本出发点。引种者只有饲养高产、优质、高效、低耗料的优良品种（系）配套系，才能取得好的经济效益。其中应特别重视种鹑的性成熟期、蛋重、生产周期、产蛋量、存活率、料蛋比、料肉比等性能指标；商品鹑的性成熟期、经济成熟期、产蛋率、产肉率、蛋的质量、肉的质量、料蛋比、料肉比、屠宰率、胸肌率、腿肌率和净肉率等性能指标。

值得一提的是，引种时对初养者，或条件欠好的单位，并不一定要饲养一流水平的品种（系）。因为养殖者有一个适应生产的过程，甚至要付点儿"学费"，待积累了经验后，再饲养一流水平的品种（系）便较实际了。切忌贪高求洋，应循序渐进。

4. 了解供种单位的服务水平　一般来说，凡有较完善的良种繁育体系的原种场、祖代场和父母代场，均经部和省、直辖市、自治区的畜牧主管部门核查验收，颁发种鹑场合格证，各级工商管理部门颁发生产许可证。因此，必须具备各种记录档案，现场检测禽白痢、观察鹑群内部结构、防治鹑病档案、技术人员组成、推广反映等实绩。切忌到无合格证的专业户、小场子或土炕坊去引种。

对于供种单位的服务水平，也要进行必要了解。这包括售前、售中与售后的服务，应提供技术资料，现场指导，市场信息，饲料配方、饲养规程、免疫程序，常见鹑病的防治，有条件回收商品鹑或介绍经纪人代为收购等。服务体系的良好与否，代表着供种单位的综合水平与声誉。在当前市场竞争激烈之际，在几个供种单位资质、产品价位基本相同的情况下，毫无疑问，凡服务态度好，服务质量高，口碑较佳的供种单位，理应作为引种的首选单位。

5. 引种季节的选择　季节直接影响到种鹑和商品鹑的饲养时期、商品的上市适期与价位，当然也影响到供种与引种的适时产销，确是值得考虑的因素。

对于种鹑内部结构完善并有相当规模、设备精良、技术成熟、信誉较佳、销路较稳定的供种单位而言，季节影响力不是主要因素。

但对于那些个体养殖户，限于经济条件（特别是育雏条件），多在天气转暖时开始引种饲养,较少考虑销路因素。

在一般具备育雏条件和经济条件,并有一定技术条件的单位和养殖户,同样要考虑到育雏季节,使母鹑产蛋的高峰期应尽量避开酷暑与严寒季节,由此决定引种或孵雏时间。当然,对于条件较好的(如密闭式鹑舍、卷帘式鹑舍)鹑场就完全摆脱了季节的影响。开放式鹑舍在高温、低温(加上高湿)条件下将影响到产蛋率、受精率。

在商品鹑生产方面,为了开拓市场,一方面要维持全年产品均衡上市,另一方面还要在我国民俗节日期间有更多鹑产品应市,同时产品的价位也相当可观。故商品生产也具有强烈的季节性。有些产品则可采用反季节生产,同样可获得丰厚的利润。

对于外贸产品,则应按订单合同进行批量生产,按时、按质交货,并要特别关注结算货币单位的相对稳定性。

6. 引种"对象"　引种时,可以引进种蛋、种雏、仔鹑、商品雏和成鹑。这应由引种者根据自身情况而定,在某种程度上也由供种场根据货源等情况决定。都必须从实际情况出发,还要考虑到价位与防疫等问题。

(1)种蛋　要新鲜,或在蛋库内适度保存。种蛋应符合标准蛋重。引入种蛋,相对而言可防止许多疾病传染,但要经严格消毒。不同品系要标有记号或分装,以免混淆。注意包装,减少破损,选好交通工具,轻拿轻放,防雨防晒。可委托代孵,最好自行孵化。

(2)雏鹑　大多引入初生雏,这是因为在 24 小时内不需饮食,只要在运雏箱内能自温、通风良好,当可确保无虞。如遇运输不顺利而导致途中时间过长,会招致严重脱水,必将引起伤亡。

(3)仔鹑　当引进种蛋、雏鹑确有困难,在急需时,可以考虑引进仔鹑。但必须实行外貌鉴别、称体重和观察羽毛生长发育情况,按公、母鹑配比选择,进行疫苗接种,驱除鹑体内外寄生虫,然后装笼待运。

(4)成鹑 除非万不得已才引进成年种鹑或商品母鹑,但都必须在开产前引进。种鹑应配置脚号、翅号,并索取引种证明或系谱。

7. 勿去疫区引种 鹌鹑的传染性疾病为鹑业之大敌。由于很多鹌鹑场没有做好"预防为主",隔离带缺乏,消毒不严,免疫不力,致使某些烈性传染病在一些鹑场流行。为此,在引种前必须了解拟去引种的地区和种鹌鹑场有无流行的烈性传染病(如新城疫、禽流感等),防止带来疫病,招致严重的经济损失。

8. 价位 一般正规种鹑场的种雏或商品雏价位稍高,以致不少个体养殖户便专门引进便宜的雏鹑,可能是在附近的炕坊或经纪人转手的,既无发票,又无引种证明,只要货款两讫就各不相干,更不问雏鹑质量究竟如何;市场上也不乏有高价的"冒牌货",因此受骗上当、吃亏者众多,伤亡率极高。正所谓"好货不便宜,便宜没好货",这句话不无道理。切忌贪便宜买劣质雏鹑!

价位常由于品种(系)、配套系、鉴别母雏、季节、数量、批次和供求等而异,多为随行就市。如为常客户,或数量较多的,可以享受优惠价。如是经纪人或协作单位,则可享受出场价或批发价。

9. 应有市场风险意识 在市场经济的大潮中,在养殖者的运作中,从种—养—加、产—供—销产业化的过程中,在可行性估测—论证—实施中,在整个动态经济领域中,引种者从一开始到产品上市结束,要具有市场风险意识。只有这样,才能加强各个生产环节的运作,依靠科学经营,才能遇险不惊。既要融入产业化、现代化潮流,又要及时掌握市场、技术和经济信息。考虑诸多不确定因素,力争组织或参与养殖专业合作社或公司基地、畜牧小区等经济实体,才能达到预期目的。切忌投资盲目性,经营主观性,技术随意性,克服小农意识与大生产的矛盾,以获得综合性效益。

10. 引种者自身条件 引种单位或个人应根据自身条件,既要发挥主观能动性,也要遵从市场的客观发展规律,当可事半功倍。反之,则教训累累。为此,投资者和养殖户要把握以下几点。

(1)**可行性估测**　不论规模大小,投资多少,水平高低,在引种决策前必须做一个可行性估算报告,这是绝不可缺的一个重要环节。只有这样,才能根据从投入到产出各个阶段,加上多种影响因素,粗略地估测出最终的盈亏情况,使引种者(或投资者)事先心中有数。当然这方面显然主观意识较强,故不能作为引种者唯一的引种依据。

(2)**论证**　非常关键的一点是经过有关专家、养殖户、经纪人的客观评价、佐证,使引种者(或投资者)更进一步接近生产实践和市场,可避免投资者无谓的损失和浪费;进而有利于投资信心的增强,把主观主义与经验主义的负面效应降低到最低限度。对于规模化、现代化养鹑业的引种者而言,应聘请有资质的论证机构进行可行性论证,以降低投资风险。同时,凭有资质的论证报告,还可以向有关金融业争取贷款事宜,更有可能吸引中外企业家来投资。

(3)**养殖定位**　是指个体、集体、企业性质定位与饲养何种鹌鹑类型、品种(系)、配套系及产业化水平。这取决于市场与自身条件,以及比较效益与综合效益。

(4)**规模**　取决于市场订单合同。有条件的可以一次完成规模化;但对自身经济、技术等都欠缺一些的,则应该由少到多、由小到大发展为妥。总之,根据主客观条件以适度规模为宜。没有规模不可能取得规模效益,但违反了客观条件,压根儿谈不上效益了。切忌办成形象工程。

(5)**经营水平**　即养鹑业的综合管理水平,这要求引种者(或投资者)必须具有较高的产品营销能力。如规模小,产品可委托经纪人代办也可,有条件的可以聘用管理人员,使之有效管理。切忌乱指挥,要凭生产记录、财务记录管理生产;要善于总结经验教训,知悉盈亏所在。通过实践,制定出适合本单位的一整套管理制度、操作规程、监督制度、奖惩制度等。

（6）技术水平　引种者（或管理者）应熟悉一般养鹑技术，初养者应经培训后上岗，决不能"先上马，后备鞍"，或经验主义挂帅。笔者赞同理论与实践两者不可偏废！科学养鹑同样要与时俱进，更何况养鹑科技突飞猛进。建议有一定规模的鹑场应配备畜牧师与兽医师等技术人才，并经常与高等农业院校、科研单位挂钩。养鹑户也应多与供种单位联系，上网咨询等，力求技术进步。总之，通过饲养实践，科学管理，制定出适合本场（户）的操作程序，建立各有关技术档案。

（7）资金　资金同样有助于或制约着引种和日后的生产。因此，投资直接关系到规模与经营。有条件可以自行组织起来，成立养鹑合作社，初期规模不宜过大。

至于资金雄厚的个人、集体或中外合作投资的，在论证后，可以重点投资搞产业化、现代化。但仍应勤俭办场，加强监督。

第四章　现代鹌鹑的育种技术与品种审定

现代选育鹌鹑品种(系)是良种繁育体系中的重要一环。目前我国鹌鹑的良种繁育体系尚未健全,良种虽引进了一些,尚缺乏系统保种与制种。但在鹌鹑新品系(群)的选育,配套制种,特别是自别雌雄系列配套系的建立与普及工作方面,已获得了巨大成果和经济效益,受到国内外鹑业界注目。

为了更好更快地选育、保种、制种,提高种鹑及杂交配套水平,必须学习和掌握有关现代化高科技的选育技术。

一、一些遗传育种技术名词简释

(一)品　种

是畜牧学的基本分类单位。品种是指具有一定的经济价值,主要性状的遗传性比较一致的一种家养动物(或栽培植物)群体,能适应一定的自然环境以及饲养(或栽培)条件,在产量和质量上比较符合人类要求,是人类的农业生产资料。品种是人工选择的历史产物。有些品种是从某一品系开始,逐渐发展形成的。如蛋用型的日本鹌鹑为国际公认的培育品种。品种应具备下列条件。

1. 来源相同　须有着基本相同的血统来源,个体彼此间有着血统联系,故其遗传基础也非常相似。

2. 性状及适应性相似　作为同一个家禽(畜),在体型结构、生理机能、重要经济性状、对自然环境条件的适应性等方面都很相似。它们构成了该品种的基本特征。

3. 遗传性稳定 品种必须具有相对稳定的遗传性,才能将其典型的特征遗传给后代。这就是纯种的特性。

4. 一定的结构 一个品种的个体在保持基本共同特征的条件下,可以分为若干各具特点的类群,如品系或亲缘群(品群)。它们构成了品种内的遗传异质性。而品种内的遗传异质性,将为品种的遗传改良提供了条件。

5. 足够的数量 数量决定能否维持品种结构、保持品种特性、不断提高品种质量的重要条件。数量不足不能成为一个品种,因为有了一定数量才能防止近亲交配,保持品种内的异质性和广泛的利用价值。

6. 被政府或品种协会所承认 作为一个品种,必须经过政府或品种协会等权威机构进行审定。通过后予以命名,这样才能正式称为品种。

上述 6 项品种的基本条件细则,可参阅本章有关内容。

(二)品 系

品系属品种内的一种结构形式,这是指起源于共同祖先的一个群体。它们可以是经自交或近亲繁殖若干代以后所获得的在某些性状上具有相当的遗传一致性的后代。具有不同特点的几个品系还可根据生产需要合成一个新的品系,称为合成品系。在品系繁育中常见的有近交系和专门化品系。

1. 近交系 是指通过连续近交形成的品系,其群体的平均近交系数一般在 37.5% 以上,也有人主张近交系数应达到 40%～50%,但近交系数的高低并不是建近交系的目的,关键在于能否在系间杂交时产生人们所期望的杂交效果。

培育过程大致为:选自纯种封闭饲养 5 年以上的不同场家的高产禽群,各群之间无血缘关系,连续进行不少于 3 代全同胞交配,使基因型达到纯合,并尽量淘汰有害基因。尽管这样的纯系在繁殖力和生活力方面表现显著下降,但纯合基因型可使子代的性状整齐一致。又因各系均具有突出的特点,在配套杂交时将获得高产杂交后代。近交系与其他纯系的区别是没有系间结构,即各系之间无血缘关系。

2. 专门化品系 是指具有某方面突出优点,并专门用于某一配套系杂交的品系。可分为专门化父本品系和专门化母本品系。

(三)家 系

为纯系繁育的基础群体形式之一。家禽育种群的家系,一般指一只公禽和合理性别比例配置若干只母禽。由于家系的后代是由全同胞或半同胞组成,其遗传差异较小,由共同环境造成的共同变异亦很小,多用此繁育形式进行低遗传力性状的选择,即家系选择。由诸多优良家系支撑品系与品种。

(四)表 现 型

简称"表型"。生物体可以观察到的全部状况的总和,是基因型与环境相互作用的结果,或者说是生物的生理特性和形态特征的表现总和。所以,表现型受两种因素制约,即基因型——遗传因子和环境;这两者之一发生变化,表现型就会发生变化。但是由环境变化引起的表现型变化不能遗传。

(五)基 因 型

又称"遗传性"。生物体全部遗传物质基础或基因的总和,是生物体性状所具有的一定的基因型,并且能够保持相对稳定。但在发生互换和突变时,会使基因型改变。基因型是至今认为用肉眼观察不到的遗传基础的状况,或者说是在分子水平上遗传物质的生化结构及其活动的状况,通过遗传试验按表现型推测。个体间的基因型相同,表现型亦相同;但是,表现型相同,基因型可能不同。

(六)育 种

对现有品种的改良提高和培育新品种(系)的全过程,也可理解为通过选择、杂交、诱变等方法使原来群体的基因对的频率发生变化,产生人类需要的新基因型的工作过程。育种是畜禽业的基本建设。从局部来看,它是一个阶段性的工作。例如,一个新品种(系)的培育,从开始到育成,可能是几年或十几年(如原北京白羽鹌鹑纯系经 7 年才育成);而从养禽业的全局来看,它将是一项连续的长远的改造过程,更何况一个新品种(系)育成之后仍然需要不断提高,以防止退化。目前,育种主要以培育新的品系和新的配套系为主。

(七)伴性遗传

又称"性连锁"、"交叉遗传"。为性连锁基因的特殊遗传现象。即存在于性染色体上的基因在遗传方式上与常染色体上的基因的差异,与性别相联系。如中国隐性白羽公鹌与显性朝鲜栗羽母鹌杂交,其子一代雌雏为父本胎毛颜色(乳黄色),雄雏鹌为母本栗褐色胎毛。

(八)杂种优势

是杂交子代在生活力、生长速度、产蛋能力、产肉能力、产品质量、受精率等方面均优于其亲本的现象。其遗传基础应认为来自杂型合子,包括显性、超显性和上位在内的基因非加性效应,即不同显性基因的互相作用。由于受非加性基因控制的性状的遗传力较低,而受加性基因控制的性状多表现高度遗传,所以认为高度遗传的基因型很少或不产生杂种优势。

（九）配 套 系

又称专门化品系。指生产商品用杂交种的配套杂交组合中的品系，具有最佳配合力，其亲本位置是最合适的，其子代具有最佳杂交优势的经济性状。它是目前广泛采用的制种方式，具有多快好省的时效性，如中国白羽鹌鹑自别雌雄配套系和中国黄羽自别雌雄配套系等。

（十）引　种

指将外地的优良品种（系）直接引到本地进行繁育，成功后在生产上充分利用并做继续提高的工作。目的是扩大良种的地理分布范围，有计划地利用良种改良当地低产品种，实现家禽（畜）良种化，并创造适应当地的新品种（系）。正确地引进适应当地的良种，短期内就能在生产上收到显著效果，所以是发展禽业生产的一种简便、迅速有效的措施之一。引种时必须符合国家建设要求，因地制宜，明确要求和任务，掌握引种的规律和家禽（畜）的特性等，防止盲目性。先要经过少量的试验，通过比较、考察、选择和繁育，认真总结经验，当认为可在本地推广时，再以点带面，逐步扩大和利用，以充分发挥良种的作用。也有直接引进良种繁殖推广，或直接引入高产商品代用于生产，同样能适应市场需求，获得较高的经济效益。切勿去疫区引种。

（十一）适 应 性

生物体新陈代谢形式与所存在的环境统一的能力。是生物进化过程中的一种变异形式。在不断变化的环境中，生物的形态、结构和机能也在不断发生变化，以便能够在新的环境中得以生存。不能够发生这样变化的将逐渐被淘汰。

(十二) 生 活 力

生物体对环境的反应能力,或在一定环境中的生存能力。表现在繁殖能力、生长发育速度、新陈代谢强度、抗病力和适应性等方面。生活力与杂种优势有关。杂合体的生活力大多强于纯合体。

二、现代鹌鹑的育种技术

为了进一步培育高产、优质、高效、低耗料的新品种(系)和配套系,建立完善的良种繁育体系,必须明确新的育种与制种的概念与现代鹌鹑育种技术。

(一) 育种的新概念

育种是一种从遗传上逐代改进家禽(畜)群体重要性状,从而提高其经济效益的技术和方法。并强调:①遗传结构上的改进,而非由于非遗传因素带来的改进;②产生优良后裔,并期望下一代有所提高(而饲养措施强调的是挖掘当代的生产潜力);③群体(畜禽群、品种、品系等)的重要性状平均水平的遗传改进,更是大群的遗传改进;④育种的主要目的之一是为了求得最大的经济效益。

早在 1987 年阿克等学者在总结 100 多年畜牧研究的五项重大成就中就有两项涉及数量遗传学及其应用,其中一项是遗传力的概念估计与应用;另一项是杂种优势利用与杂交育种的发展。

因此,育种是对现有的品种(地方品种、过渡品种、培育品种)的改良提高和培育新品种(系)的全过程。也可以理解为通过选择、杂交、诱变等方法,创造遗传变异,改良遗传特性,以培育优良品种的工作过程。图 4-1 为育种工作的技术路线示意图。

图 4-2 介绍的是国外养禽公司大规模商品鸡繁育体系的模式,它有助于我们了解工厂化养禽业选育与配套的几个主要环节

以及原种与"祖代"、"曾祖代"之间的关系。

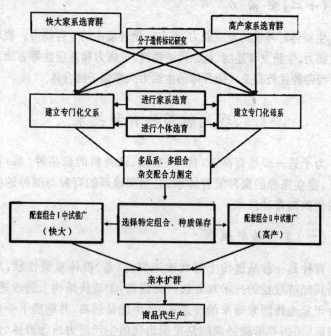

图 4-1　育种工作的技术路线示意图

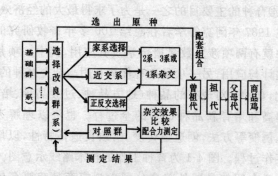

图 4-2　家禽良种繁育体系示意图

（二）标　准　化

根据国家标准局颁布的《规定》，标准化是："在经济、技术科学及管理等社会实践中，对重复性事物和概念通过制定、发布和实施标准，达到统一，以获取最佳秩序和社会效益。"现行的我国标准分为三级，即国家标准、行业标准和企业标准。国家标准采用有关国际标准，在我国加入世界贸易组织后日益重视并予推行。

现代标准化的主要作用为：①标准化是现代化大生产的必要条件；②标准化是提高产品质量的技术保证；③标准化是推广应用新技术的桥梁；④标准化有利于产品的流通；⑤标准化可提高生产者的素质。

（三）鹌鹑育种指标

笔者借鉴蛋鸡与肉鸡的有关育种指标，并结合养鹑业的具体情况，提出鹌鹑有关育种参考指标。在实践中可据育种需要而选择。

1. 蛋用型鹌鹑　包括性成熟期、5％产蛋率日龄、50％产蛋率日龄、年产蛋量、种蛋合格率、入孵蛋受精率、入孵蛋孵化率、健雏率、0～2周龄的育雏率、3～5周龄的育成率、产蛋期存活率、总耗料量（千克/只）及平均体重。初产蛋重、平均蛋重、总蛋重（入舍商品蛋鹑数）、平均产蛋率、产蛋高峰期产蛋率、36～500日龄耗料量、平均只日耗料量、料蛋比、蛋壳强度、哈夫单位、死亡原因分类等。

2. 肉用型鹌鹑　包括性成熟期、5％产蛋率、50％产蛋率、年产蛋量、种蛋合格率、入孵蛋受精率、入孵蛋孵化率、健雏率、0～3周龄育雏率、4～6周龄成活率、产蛋期存活率、5％和50％产蛋率日龄、6～30周龄产蛋数（入舍母鹑数）、平均产蛋率、料蛋比、商品肉仔鹑上市日龄、平均活重、耗料量、料重比，以及屠宰率各项指标。

商品肉用仔鹑具体测定程序,从 10 周龄、15 周龄和 20 周龄种鹑孵出的商品雏中,随机抽取 300 只雏鹑饲养,记录初生重、每周活重、耗料量、上市日龄及活重、料重比。屠宰时活重(空腹)、屠体重、胸肌重(率)、腿肌重(率)、半净膛重(率)、全净膛重(率)。

上述诸多育种指标是动态的,一旦国家有统一规定,各单位可结合本场(公司)的育种现状与目标,依据国家育种标准执行之。

法国养鹑业在 20 世纪 80 年代所列肉用型鹌鹑的育种指标,可供借鉴。

种鹑的生活力与适应性:较强,饲养期约 5 个月。

肉用鹌鹑的屠宰日龄:45 天。

采食量:初生至 7 周龄耗料 1 000 克(包括种鹑料耗)。

活重和耗料比:4:1(包括种鹑耗料在内)。

羽色:灰褐色。

6 周龄活重:240 克。

4 月龄种鹑活重:350 克。

产蛋率:60%。

孵化率:60%。

3. 鹌鹑白壳蛋系育种的教训　鉴于鹌鹑的蛋壳上有深色斑块和斑点,在照蛋时很不清晰,于是有的学者制订了培育白壳蛋系的方案,并培育成功了。据报道,1975 年有人曾用俄亥俄白蛋品系与 N,C,S,U 日本鹌鹑杂交,期望分离出产白壳蛋和正常颜色的品系。结果,产白壳蛋的日本鹌鹑,在蛋壳强度、孵化率和产蛋率方面,效果不及产正常颜色蛋的日本鹌鹑好。基于 3 个分离世代比较看,在破碎强度(1.3~1.48 千克)、孵化率(每组孵化率69.10%~75.73%)和产蛋率(78.09%~83.83%)上,产白壳蛋的母鹑比产正常蛋的母鹑均降低 10%。

这一育种结果从经济效益看是得不偿失的,故没有广泛推广。但是,这也是育种成果之一,鹌鹑白壳蛋系仍是鹌鹑遗传资源——

基因库成员,可供特殊试验需要。

(四)鹌鹑数量性状的遗传

1. 蛋用性状　目前已进行了研究的有产蛋量、蛋重及蛋的品质。

(1)产蛋量的遗传　产蛋量的遗传是鹌鹑重要的一个数量性状。一般用年产蛋或开产后 300 天产蛋量来表示。产蛋量受遗传和环境多方面因素的影响,遗传上又受多个基因位点所控制。产蛋量的遗传力都偏低,为 0.05～0.36 之间。同时它亦由开产日龄、产蛋强度、产蛋持久性等性状所组成。

开产日龄的遗传力较低,一般为 0.22 左右,但也有个别报道 0.7 以上的。

产蛋强度一般用开产后前 5 周的产蛋率来衡量表示。

(2)蛋重的遗传　鹌鹑产蛋性状中一个重要的性状,因为蛋重影响到产蛋总重量与饲料报酬。开产后的 5 周开始蛋重趋于稳定。开产后 5 周至 36 周止,其蛋重曲线变幅很小,而 36 周以后则下降,蛋重迅速变小。经测定,鹌鹑蛋重的遗传力为 0.21,重复力为 0.58,而开产蛋重的遗传力则为 0.53。

蛋重过大,受精蛋的孵化率偏低。蛋重明显与出壳重有很大相关(两者的遗传相关高达 0.7～0.8)。

(3)蛋的品质的遗传　蛋的品质包括蛋形指数、蛋壳厚度、蛋白、蛋黄质量、血斑等。其中有的与孵化率有关,有些则主要与食用性能有关,而且都与鹌鹑蛋的经济效益有关。

①蛋形指数　蛋形指数公式是用蛋的长径为被除数,短径为除数,求二者的比值,精确到小数点后两位数。一般鹌鹑蛋的蛋形指数为 1.38(1.34～1.42)。小于 1.34 和大于 1.42 都属于不正常。蛋形指数的遗传力较高,其遗传力为 0.5 左右,重复力为 0.19。

②蛋壳厚度　过厚或过薄均非所宜。据测定,有膜蛋壳、无膜蛋壳、蛋的比重三者的遗传力分别为 0.14、0.16 和 0.25,重复力则三者分别为 0.4、0.19 和 0.43。

③蛋白、蛋黄质量　鹌鹑蛋的蛋白、蛋黄质量不仅与孵化率有直接关系,也是鹌鹑蛋品质的最主要指标。蛋白重的遗传力一般分布在 0.08~0.68 之间,重复力为 0.15~0.19;而蛋黄重的遗传力为 0.58。

④血斑　是鹌鹑进行选育的一个指标。鹌鹑蛋血斑的遗传力较低,一般估测分布在 0.25~0.28 之间。

2. 生长性状　对于肉用鹑来说,生长迅速与肉用性能至关重要。

(1)体重的遗传　鹌鹑体重的遗传力一般较高,初生重的遗传力为 0.18,3 周龄体重的遗传力为 0.42,5 周龄体重的遗传力为 0.3~0.6,开产体重的遗传力为 0.29。以上数据表明对鹌鹑体重进行个体选择可有较大的选择进展。

对不同阶段的增重速度进行估测,其遗传力范围在 0.3~0.6 之间。

(2)体尺的遗传　鹌鹑的体尺一般有体高、体斜长、胸深、龙骨长等。这些性状大都与体重及日增重有关,其遗传力为 0.2~0.5 之间。因此,体尺可以通过选育得到改善。

(3)饲料转化率和饲料消耗的遗传　这 2 个性状均受遗传控制的数量性状,同时还受着品系间、性别间、个体间差异的控制。用公禽方差组分算得的 4 周龄、6 周龄饲料消耗的遗传力分别为 0.56,0.63;4 周龄、6 周龄的饲料转化率的遗传力分别为 0.42,0.18。

3. 胴体性状　对于肉用鹑来说,同样是非常至关重要的性状。

(1)屠宰率的遗传　该性状反映了鹌鹑肌肉的丰满度,与屠宰重有关。屠宰率的遗传力一般为 0.3～0.5，是一种较高的遗传力。

(2)**腹脂的遗传** 校正后的母鹑腹脂比公鹑高 18％左右。经测定，腹脂的遗传力为 0.53。

(3)**屠体品质的遗传** 包括胸腿肌的比重、肌肉色泽、肌纤维的粗细及拉力等，据测定，胸肌重量约占鹌鹑全净膛重的 25％，全腿肌占 20％～24％，故为肉用鹑育种重要指标。

鹌鹑 4 周龄时半净膛重的遗传力为 0.68，全净膛重为 0.48，全胸肌遗传力（5 周龄）为 0.42～0.52，带骨全大腿肌遗传力为 0.36～0.49，全腿肌为 0.50，下腿部为 0.39～0.56，背部重为 0.73，翅重为 0.24，可食内脏重为 0.49，而肝为 0.21，心为 0.06，肌胃为 0.87。

鹌鹑肌肉、皮肤色泽与羽色有关。一般似野鹑的青灰色，而白羽鹑的肤色多为灰白色或浅黄色。

适龄的鹑肉具有香、嫩、鲜三大风味，既与肌纤维粗细及拉力有关，也与品种（系）及不同部位的肌肉有关。当前仍以胸肌的粗细及拉力为衡量肉质优劣的主要指标。

4. 性状间的遗传相关 相关可分为表型相关及环境相关。据测定，鹌鹑性状的表型相关由遗传相关及环境相关两部分组成。鹌鹑部分数量性状的相关见表 4-1。

表 4-1　鹌鹑部分性状的相关表

性　　状	表型相关	遗传相关
5 周龄体重与初生重	0.22	0.54
5 周龄体重与种蛋重	0.28	0.61
5 周龄体重与胸肌重	0.22	0.88
5 周龄体重与半净膛重	0.99	0.84
5 周龄体重与全净膛重	0.93	0.92
5 周龄体重与屠宰率	0.17	−0.37

续表 4-1

性　　状	表型相关	遗传相关
5 周龄体重与活动性	0.01	0.45
5 周龄体重与饲料转化率		0.46
5 周龄体重与腿重		0.89
腹脂重与胸肌重	0.70	
腹脂重与体重		0.39
饲料转化率与饲料消耗		0.50
体重与产蛋量	0.10	−0.27
体重与开产日龄	−0.40	0.39
300 天平均蛋量与开产后 6 周蛋重	0.85	
蛋形指数与蛋壳厚度	−0.25	
蛋形指数与蛋黄指数	0.49	
蛋形指数与蛋白指数	0.37	
蛋形指数与蛋重		−0.72
蛋重与受精蛋孵化率		0.53
蛋形指数与受精蛋孵化率		−0.48
蛋重与出壳重		0.75
初产蛋重与开产后 6 周蛋重	0.78	0.97

引自《科学养鹑大全》. 林其騄 . 1991

　　遗传相关最大的用途,是可以对一些较难进行直接选择而又很重要的性状进行间接选择,特别是适用于那些需经屠宰后方能获得数据或遗传力很低、直接选择近乎无效的性状的选择。

　　美国德赖顿博士关于鸟类遗传与环境变化关系论据,对繁殖鹌鹑也很适用。摘其要点列于表 4-2。

表 4-2 遗传与环境的关系 （％）

项　　目	遗　传	环　境
受精率	30	70
孵化率	50	50
死亡率（雏）	50	50
死亡率（成年）	50	50
雏的长毛速度	100	0
体　型	100	0
初产日龄	80	20
蛋　重	75	25
蛋壳色	100	0
全年产蛋量	50	50
冬季产蛋性	60	40
就巢性	90	10
产蛋强度	90	10
恶　癖	70	30
性成熟时体重	80	20
饲料利用效率	60	40
蛋壳组成	90	10
蛋内成分	90	10
胸骨平直度	60	40
抗麻痹症的能力	70	30
平　均	74	26

引自（日）横仓辉著《养鹑》. 1974

（五）品系繁育的新概念与特点

当前世界上育种的趋势，均以市场需求为前提。不以培育品种为主要目的(不反对以此为目的),而是以快速培育品系(近交系、合成系、专门化品系、配套系等)为主要目的。

1. 品系的新概念 品系的概念、范围及育成方法都有了很大的变化。概念上,品系已不单指由优良种禽(畜)个体培育成的单系,而是涵盖从各种基础上育成的具有一定特点、能够稳定遗传、拥有一定数量的种群。在范围上,品系已不局限于一个品种之内,而是有可能直接育成,即不隶属于任何一个品种,如配套系。在育种方法上,已不局限于近交一种途径,而是包括杂交、合成等各种手段。当前养猪业、养禽业已基本上全部采用品系杂交。

2. 品系的特点

第一,品系既可以在品种内培育,又可以在杂种基础上建立。质量要求不如品种全面,可以突出某些特点;只数要求不多,分布也不求很广;品系的淘汰率高,近交问题不需过虑;培育一个品系要比培育一个品种快得多。

第二,遗传质量的改进不仅可以通过种群内的选育而渐进,而且可通过种群的快速周转而跃进。

第三,品系的范围较小,提纯比较容易,还可提高配合力测定的正确性。

第四,品系的培育工作在一个场内就可进行。

第五,育种程序较简单。

第六,品系繁育,同样要做好记录、统计、分析与存档工作。

(六)鹌鹑的育种技术

应用当代高新的育种技术,可大大缩短育种与制种的时间,也节约了大量的财力与人力。

同时,经验与教训告诉我们,一个新品种(系)的育成或引进,仍须不断地、严格地进行选育以保种;选育时又可根据市场的需求或育种者本身的意愿,又将有优良的品种(系)被育成,从而代替原有的品种(系)。可以认为,育种工作是永无止境的生物进化过程的内容之一。否则,将功亏一篑。

鹌鹑的育种技术有经典的也有高新科技的。这主要依据自身的育种目标、资金、科技水平等有关条件确定。

1. 家系育种法 为现代先进的技术之一,也是 20 世纪 60 年代以来形成品系以后常采用的行之有效的育种方法之一。

其基本方法为:首先建立诸多优良家系(来自优良群体中的突出性状的个体)。按以往经验多从表现型中筛选(遗传力不高的性状)。诸如产蛋率高、受精率高、孵化率高、育雏率高、耐粗饲、宽胸、蛋大、个体大、生长快速等(受遗传力与环境控制或影响),筛选后将相同优点性状者组合在一起,组成家系,再按配比组成小家系(人工辅助交配时公、母鹑配比为 1∶16)。澳大利亚采取每 20 只构成一个产蛋家系。

组成家系后,立即封闭血缘,进一步按原定育种指标来繁殖和选择,按照"优胜劣汰"的原则,凭表现的数据为准。每一个小家系均实行加权平均数为准,凡低于平均数的个体一律淘汰(现代却保留小家系组合中的高产个体,再另行组合新的小家系)。这样,便可得到具有相对稳定的性状特征,并且血缘关系又不至于过高的品系。

可见,品系通过由诸多家系、小家系的严格选择与淘汰,再经品系繁育而联合构成品种而持久不衰。

实践证明,家系育种法仅适用于遗传力较低的一些性状,故仍有着很重要的实用价值。但值得注意,表现型的优劣受环境影响很大,单纯根据家禽本身表现能力来选择的准确性较差,而家系选择法则有实效。

家系育种法主要采用同胞测试和后裔测试。这样当年便可获得测试的结果。

家系育种法注意事项如下:

第一,同一家系的后代母禽必须分配在一起,根据后裔的数量,再组成一个或几个家系,而不能把几个家系的后代混合在一个家系内。当然,如遇到特殊优秀个体数量太少时,才将两个家系合并在一起。

第二,来源于同一家系的后裔的母禽的若干新家系,与其所配的公禽也必须来源于同一个家系的后裔。

第三,公禽和与配母禽不能是同一家系的后裔,至少堂兄妹之间不能互交。

第四,为保持血缘成分的多样性,同一家系的后裔公禽不与很多家系交配。

第五,家系选择法与优秀个体选择法相结合,则效果更佳。

2. 闭锁育种法　根据育种目的和家系性能特征,从原始群中,选出不同小群,然后加以封闭,在小群内进行繁殖选育。甚至可以在一个地区内与外界隔绝的家系中,经长期选育形成具有一定特征性能的群体,这样育成的品系,常称为品群系。

(1)闭锁群育种　①为孵化育种基础群的鉴定期间(世代交替每年一回),重点提高产蛋性能(早熟性、产蛋率、蛋重)。②进行长期鉴定,考虑产蛋持续性选择。③就蛋壳颜色进行长期鉴定,如为遗传原因向出现少的方向选择组合。④增加蛋壳强度选择项目。⑤有希望的基础群家系数要扩大,作为新家系。

(2)杂交鹑的生产　①生产者保存有的鹌鹑与育种系统鹑生产杂交鹑,育种系统与生产者结合进行现场试验。②现场试验具体方法,通过育种系统与生产者订立协议。③系统的开发利用。

3. 近交系育种法　选拔纯种的优良个体,进行生产性能测定,并鉴定其后裔的质量和性能,逐步培育和固定制种体系。经数代有计划的连续近亲交配,再经过大量测算和严格淘汰,可以培育出高产优质的近交系。然后再通过配合力测定,采用近交系间交配,使近交系杂种具有两者优点,成为高产的商品鹑。

(1)近交用途 ①揭露有害基因;②保持优良个体血统;③提高畜禽群的同质性;④固定优良性状;⑤提供试验动物。

实践证明,近交系杂种具有产蛋多、蛋重大、受精率高、孵化率高、雏体强健、发育良好等杂种优势,故具有较高的经济效益。

(2)近交系培育法 这里介绍日本横仓辉先生的选育法。在品种内选出4雄8雌,分成A,B两组,以后将其后代选出进行几代近交,培育成A,B两组近交系(图4-3)。

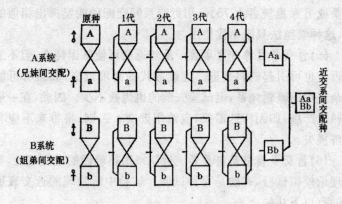

图4-3 近交系间交配种培育法

它们生产的种蛋进行孵化出雏。这些兄弟姐妹中性状优良的个体被选出来,经几代的近亲交配,近交系就这样做出来了。

兄弟姐妹有相同的基因,近交就能比较早地建成近交系,这时的近交系数,1代是25%,2代是38%,3代是50%,4代是67%。

但是,由于近亲繁殖,体型变小,体质变弱,蛋也变小,其受精率、孵化率等都下降了。为此,近交到4代就该停止了。

4代的公鹑与其母亲交配,或是4代的母鹑与其父亲交配,进行所谓回交,使近交系数降低,即使不增加其他品系,优秀的近交系的维持也是可能的。

(3)近交系间配种　上述的 A,B 两群的近交系,用近亲繁殖来维持纯种鹌鹑,A 系和 B 系的雌雄相互交配后,A,B 两系各自具有优良特性就被综合在一起,生产出经济性状很高的鹌鹑个体。

这种近交系间交配种(又称顶交)生产的种蛋大,繁殖成绩也好,孵出的雏鹑很强健,产蛋能力也高,被称为有利繁殖法。

(4)近交系间交配种的利用　近交系间交配种中能力很高的母鹑,用 A 系的公鹑或用 B 系的公鹑来交配,这样生下来的母鹑,A 系或 B 系血统各占 75%,用近交系间交配种能发挥出相似的能力,这种繁殖法只限 1 代使用之。

(5)近交系育种注意事项　虽然近交可使基因纯合,但不适当的近交也可引起鹌鹑衰退。连续数代的高度近交,固然有可能获得杂交用的鹌鹑纯系,但试验失败的也为数不少。因此,在一般的鹌鹑生产场,如无特殊需要,应慎用近交。否则,将带来不应有的经济损失。

(6)近交不慎引起的弊端　近年来用鹌鹑做的近交试验,有的是理论模拟试验,有的是育种试验。试验中所发现的近交衰退常见的有以下几种。

①近交引起死亡和畸形　相当多近交试验都表明,连续数代全同胞交配可使近交系消亡而使试验归于失败,常见的近交畸形有曲趾症,连续 3 代的高度近交即可引起 7%～40% 的曲趾率。

②不同的近交方式、近交速度所引起的近交衰退不一样　一般来说,全同胞交配(特别是连续数代的全同胞交配)引起的衰退和死亡要远比双重亲兄妹来得重;而不同的性状所受的近交影响又由于近交代的不同而异。一般来说,早期增重、产蛋量、受精率、早期胚胎死亡率等性状主要受亲代近交的影响;而孵化率、生活力、后期胚胎死亡率等性状则既受亲代近交影响,又受世代近交的影响;后期增重则主要受后代近交的影响。

③近交引起的体重、内脏重、蛋重等的下降　连续 2～3 代全

同胞交配后,鹌鹑体重及内脏器官的重量明显下降;平均每增加0.1 近交系数,体重平均下降 4.8 克,肌肉下降 2.64 克,骨骼重下降 0.1 克,睾丸重下降 0.13 克,脾脏下降 2.56 毫克,公、母鹑的性成熟日龄分别增加 0.67 天和 0.96 天。而全同胞交配引起的体重变化比一级双重表亲近交的要显著得多,用父女、兄妹、叔侄之间不同的近交方式做的试验表明,连续 3 代近亲交配后,屠前体重分别为对照组的 91.1%,96.6%,94.6%;产蛋量则分别下降了2.8%,7.8%,11.2%;蛋重下降了 7.6%,16.1%,4.2%。

④近交使孵化率、开产日龄、生活力下降　孵化率、开产日龄、生活力比受精率、体重、产蛋量更易受近交的影响。有人用双重阈值模型研究了近交与孵化率的关系,发现近交系数很低时,孵化率基本保持平稳状态,随着近交系数的增加,孵化率迅速下降。但全同胞连续 4 代交配后,则孵化率降低的水平比预期的要少了。父女、兄妹、叔侄交配使孵化率分别下降了 27.2%,57.5%,60.4%;而开产日龄则分别增加了 7.2%,7.2%,18.8%;对亲代(P),全同胞交配后产生的 F_1,F_2 代公鹌鹑的行为学观察也发现,近交后代的战斗力明显减弱,3 种公鹌鹑打架的斗胜率分别为 72%,39%,20%。

这都表明了近交的确使许多性状下降了。

(7) 注意防止近交衰退　①严格淘汰;②加强饲养管理;③血缘更新;④灵活运用远交。

4. 配套系育种法　配套系是指在专门化品系(含专门化父系和母系)培育基础上,以数组专门化品系(多为 3 个或 4 个品系为一组)为亲本,通过杂交组合试验,筛选出其中的 1 个组作为"最佳"杂交模式,再依此模式进行配套杂交所产生的商品畜禽。

可见,配套系的培育过程,就是配套系育种过程。广义的还应包括配套系培育成功后亲本中的专门化品系的持续测定与选择等。

鉴于当前我国已拥有引进的和自行培育的品种（系）与配套系的基因库（应该承认还欠充实，有待充实），应该培育有中国特色的配套系。事实已证明开了个好头，中国的鹌鹑产业受惠不浅，而且中国配套系的生产实践亦丰富了配套系相互间的互补效应及杂种优势。

配套系的培育是一项系统工程。涉及多个种群、多个层次。因此，配套系的杂交是从配套系的培育开始的。

配套系有下列一些特点：

第一，配套系的培育不以育成一个品系为目的，而是以与其他品系配套杂交高效率地生产优质商品杂种为目的。

第二，配套系的育种素材可以是多种多样的。既可以是一只优秀的系祖，也可以是一群来源不同的个体；既可以是一个品种或者品系，也可是几个品种或者品系。

第三，配套系的培育可以采用近交、群体继代、合成等各种方法。

第四，配套系在规模上可以略小，在结构上可以略窄，但其特点必须突出，纯合程度必须要高，表型的一致性必须要强。

第五，配套系与同一杂交体系内的其他配套系杂交，要能充分利用相互间的互补效应及杂种优势。

第六，配套系的新陈代谢强度一般较高。此即为了提高生产性能和满足新的市场需求。可见，配套系依然遵循竞争原则，即优胜劣汰。

5. 合成品系育种法　现代禽业创造的新型品系类型。即从现代优良纯系或杂交禽中选育具有人们所希望的优良特性的禽群，进行不同品系之间的正反杂交，获得杂交一代；下一年在来源相同的正反杂交一代之间互交，获得第二代；之后进行封闭繁育及家系选择3～5年成新品系。此法优点：时间短，取材方便，增加了基因重组的机会。此类品系多半不作为长期性的品系加以保存，培育快,淘汰亦快,故称合成品系。

6. 杂交育种　对于杂交育种的步骤必须了如指掌才好,防止片面性和主观性,浪费资金、人力与物力。

(1)**确定育种目标和育种方案**　传统的杂交育种一般不太重视这一步骤,是欠妥的。要考虑杂交用几个品种,选择哪几个品种,杂交的代数,每个参与杂交的品种在新品种血缘中所占的比例等,都应事先充分讨论。在实践中也可根据实际情况进行修订与改进。

(2)**杂交**　品种间杂交使两个品种的基因库的基因重组,杂交后代中会出现各种类型的个体,通过选择理想型的个体组成新的类群进行繁育,就有可能育成新的品系或品种。由于杂交需要进行若干世代,所用杂交方法(如引入杂交、级进杂交等)都需视具体情况而定。即理想个体一旦出现,就应用同样方法生产更多这类个体,在保证符合品种要求的数量条件下,继续育种工作。

(3)**理想个体的自群繁育与理想性状的固定**　按要求停止杂交而进行理想杂种个体群内的自群繁育,以期使目标基因纯合和目标性状稳定遗传。主要利用有突出优点的个体与家系,采用同型交配方法,有选择地采用适度近交,从而建立品系。本阶段以固定优良性状,稳定遗传特性为主要目标。

(4)**扩群提高**　迅速增加其数量和扩大分布地区,培育新品系,建立品种整体结构和提高品种品质,以完成一个品种应具备的条件。待定型工作虽已结束,但是为了加速新品种的培育和提高新品种的质量,还应继续做好选种、选配和培育等一系列工作,保持遗传性状。选配是纯繁性质的,一般杂交和近交是不许可的。

7. 远缘杂交　指不同种、不同属,甚至血缘关系更远的动物之间的交配称为远缘杂交。远缘杂交的杂种优势比种内杂交大,且能创造出生物界中原来没有的杂种,具有重要的理论与实践意义。但远缘杂交时存在杂交不孕和杂种不育的问题,因而具有很大的局限性,但对家禽繁殖的遗传学、生理学和免疫学研究有益。

在人工授精的条件下,将公鹑与产蛋母鸡进行杂交,获得受精率较低的种蛋,平均种蛋受精率为 17%～25%,受精蛋的孵化率则几乎为零。用公鸡的精液给母鹌鹑输精 0.02 毫升,得到受精率不高(15%～21.5%)且孵化率很低的杂种(Lake,1964)。

(七)配合力与配合力测定

配合力又称结合力、组合力。在育种与制种过程中,配合力测定是一个不可缺少的检测手段。

1. 配合力的定义　两个杂交亲本的结合能力,即杂交后代在各有益经济性状方面的表现程度。表现良好的称为高配合力,表现差的为低配合力。

配合力有两种:①一般配合力,指某一个品系与其他若干品系杂交时,全部杂交组合所表现的平均值;②特殊配合力,指某一个品系与其他一些品系中的一个品系杂交效果表现得良好。

2. 配合力测定的重要意义　在育种工作中,必须测定配合力,经测定结果才能决定配套最佳杂交组合,在纯系与制作商品代配套系,经正式通过配合力测定站(国家的、民间的)鉴定,便可投入产业化。

配合力的测定不仅在配套杂交体系确立之前,在配套杂交过程中也是必需的手段。原因是:①新的配套系不断出现,要求寻找更好的配套组合;②参与配套杂交的配套系不断选优提纯,配合力测定可以提供新的信息;③若用正反交反复选择,也需要进行配合力测定。

因此,在良种繁育体系中配合力测定是不可缺少的强制性的制度。测定站一般由国家畜牧主管部门委托指定,或由民间团体协商指定某一单位(教学、科研、生产单位等)承担配合力测定事宜。测定站要贯彻公开、公平、公正的原则,诚信可靠。

3. 配合力测定站的工作方法

第一,同时间去不同供测单位随意抽取同一日龄种蛋(每个品种与品系数量不相同),同一时间称重、消毒、入孵、出雏,统计好相关指标,并计算育雏、育成与成鹑的相关指标。

第二,供试鹑舍、笼方位、笼层次、饲料配方、饲养管理方式与工艺都应该相当,并且供试鹑类的免疫程序亦同。

第三,除测定站的科技人员外,还应邀请非供试单位的有关专家驻场监督,以贯彻公平、公开和公正的原则。所有原始记录表、统计报表和正式测定与鉴定文件,专家共同签名,以示负责。经主管部门与有关权威进行审查答疑后,排列名次与优劣,定期公开报道。为业者引种提供可靠、权威性引导信息,不致被所谓"广告"所误导。避免了人为的假广告战和价格战等弊端。

第四,每年测定与鉴定一次,公告一次,废除名次"终身制"。

第五,测定的育种技术指标与计算方法,可参考农业部与标准化局所颁布的《家禽生产性能技术指标及其计算方法》。因为鹌鹑很多方面尚缺国家标准,多为商业传统指标,计算方法也欠一致。只能以地区的(或协商的企业标准)为临时统一测定与鉴定标准。

第六,坚持优胜劣汰与优质优价的方针。经测定与鉴定过的配套系、合成系、近交系的高产品系,自然赢得业界的认同;而那些质量差的场家,将丧失竞争力。

第七,供试鹑类种蛋或雏数量,应参照国家规定确定,据不同品种(系)而异。

4. 种鹑性能测定程序

(1)建立测定站 测定站要做到公平、公开与公正,定期公布。

抽样时,供测定的种鹌鹑场应派 2 名取样员突击下场,从当日所产的种蛋中随机取样,回测定站孵化。取样数(建议量):蛋鹑,从每个父母代场取种蛋 900 个,到站剔除 30 个,入孵 870 个;肉鹑,从每个祖代场取父系种蛋 150 个,母系种蛋 720 个,到站后剔除不合格者,入孵父系 110 个,母系 680 个。出雏后,蛋鹑取健母雏 240 只;肉雏取父系健公雏 45 只,母系健母雏 240 只,供测定用。

(2)测定项目

①蛋鹑 包括入孵蛋的受精率、受精蛋孵化率、弱雏数、健雏率。0~2 周龄死亡数和死亡率,3~5 周龄死亡数和死亡率,总耗料数(千克/只)及平均体重。测定 50% 产蛋率日龄、初生蛋重、平均蛋重、总蛋重(入舍母鹑数、饲养母鹑天数)、平均产蛋率、产蛋高峰期产蛋率。36~500 天耗料量、平均只日耗料量、料蛋比。产蛋期死亡数和死亡率。蛋品质:蛋壳破裂强度(N)、破裂蛋(%)、软皮蛋(%)、哈夫单位。死亡原因分类。

②肉鹑 包括入孵蛋的受精率、受精蛋孵化率、入孵蛋孵化率、弱雏数、健雏率。0~6 周龄死亡数和死亡率。5% 产蛋日龄、50% 产蛋日龄、6~30 周龄产蛋数(入舍母鹑数、饲养母鹑天数)、平均产蛋率、种蛋合格数和合格率、料蛋比、平均每只健雏耗料量。

从 10 周龄、15 周龄和 20 周龄种蛋孵出的雏鹑中,每周随机抽取 300 只雏鹑饲养,记录每周体重、饲料消耗、料肉比、死亡数和死亡率。到 3 周龄(或 4 周龄、40 日龄)全部屠宰,进行屠宰测定,主要有活重、屠体重、胸肉重、腿肉重;计算胴体率、胸肉率、腿肉率。进行统计、总结、分析,必要时公布。

(3)系谱孵化

系谱孵化是育种工作中的重要手段,是确保建立系谱的必需手段。

①种蛋编号 用英文字母代表系谱号,用阿拉伯数字代表母鹑号与个体序号。用色笔写在蛋的钝端,以便于码蛋。须将同一个母鹑产的蛋排列在一处。

②系谱出雏袋(笼) 至 15 胚龄下午即进行落盘,须将同号鹑胚蛋放在细尼龙袋(或金属笼、方格板)内,再用小卡片写上蛋号放

入袋中。可确保家系的正确。出雏后进行编脚号与登记编册。

（4）编号 育种场与种鹑场的种鹑必须编号。以供鉴定、选配、编制系谱等用。

①初生雏鹑脚号和翼号 国外多用铝制脚圈（有号），用尖嘴钳夹实铆头固定于右胫部，不易失落。国内因无脚圈供应，为此笔者在培育北京白羽鹌鹑时，采取白色透明或各种彩色（表示不同品系或家系）的塑料胶管，壁厚 0.5～0.8 毫米，管孔直径 4～5 毫米，脚号长 5 毫米，应套于鹑右胫部。用不褪色墨水或颜料写上号码，这种脚号适用于 10 日龄内的雏鹑，10 日龄后要及时换为翼号，否则影响胫部发育。如用直径为 8 毫米的塑料吸管，写上编号，包以透明胶带更好。

雏鹑翼号可采用雏鸡用翼号（因无鹑专用翼号）。可用剪刀剪短、剪窄，按雏鸡编号法编于右翼。但由于雏鹑翼膜欠发达，穿刺、固定时务必小心。对于国外良种，可以编双翼，以确保系谱号不丢失，并使其成为永久号。

② 仔鹑 编脚号。脚号牌用熟铝片制成，可打印上代号（品系、家系、个体号），号码朝上，固定于右胫部。

③种鹑 同仔鹑。

（八）人工授精技术

鹌鹑在人工饲养条件下，如果为检验公鹑精液质量，或用于种间远缘杂交，可采用人工授精技术来提高种蛋的受精率。

1. 人工授精技术

（1）工具 对鹌鹑进行人工授精，需要集精杯、尼龙注射器、无毒塑料导管和温度计等工具。

集精杯由无毒塑料制成，开口端较硬，底端软而有弹性。这样收集精液就可用拿集精杯的手挤压底端，当集精杯开口移动至公鹑的阴茎头上时放松对集精杯底端的挤压，形成一个负压以利于精液吸入。

尼龙注射器可采用医用毫升注射器。塑料导管用无毒塑料制成，与注射器配合使用，作为输精导管，按要求可以更换，使管口能与注射器头吻合。

温度计可采用普通水银温度计。

(2)采精　准备用于采精的公鹑应与母鹑分开饲养。

采精需要 2 个人配合操作。1 人是操作者，负责把公鹑的精液采出来；另 1 人是助手，负责公鹑的保定和收集精液。

采精前先用剪刀把公鹑肛门周围的羽毛剪掉，然后用 65％的酒精棉球擦拭，以免妨碍操作和污染精液。采精时，操作者坐在椅子上，左手握住公鹑的双翅，右手握住其双腿放在自己的大腿上；助手右手拿集精杯准备收集精液，左手替换下操作者保定着公鹑双腿的手。这时操作者就可用右手的整个掌面自公鹑背部顺尾羽方向抚摩数次，以减轻其惊恐并引起性欲。当公鹑引起性反射时（表现出尾羽上翘、生殖突起有节奏地用力外翻），操作者松开双翅，用左手替换右手，用左手掌向上抚摩公鹑的尾部，拇指和其余 4 指分开放在泄殖腔的两侧，而右手以迅速敏捷的手法频频按摩泄殖腔周围 5～7 秒钟，使公鹑性欲增强，操作者随即用左手拇指和食指挤压泄殖腔两上侧，在左、右手共同的挤压、按摩作用下，生殖突起翻出达到充分勃起，即开始排出乳白色精液。与此同时，助手用集精杯承接精液。因公鹑排精量少，助手与操作者的密切配合至关重要。

采精时，动作要轻，迅速而准确，使公鹑感到舒适，这对公鹑排精是十分有利的。如按摩过重，可引起粪便和尿的排泄，甚至使生殖突起内部毛细血管破裂，造成出血，从而污染精液。

(3)输精　采出的精液应立即用 30℃～40℃的温热稀释液稀释 2 倍左右。最好是用按以下配方配制的稀释液：蔗糖 4.0 克、葡萄糖 1.0 克、醋酸钠（分析纯）1.0 克、碳酸氢钠（化学纯）0.15 克、磷酸醋酸钾 0.2 毫升,pH 调至 7.1,加蒸馏水定容至 100 毫升。稀释液也可用 0.9%的生理盐水,稀释后的精液应在 18℃～23℃ 条件下保存,30 分钟内输完,否则会严重影响受精率。

输精工作由 2 个人配合完成,1 人负责固定母鹑;另 1 人负责输精。操作时,负责固定母鹑的人用右手抓住母鹑的双腿倒提,用右肢窝夹住母鹑的双翅,左手拿住其头部;负责输精的人用塑料注射器吸取精液后,往注射器头插上输精导管,用右手的食指插入母鹑的肛门内,将输精导管插入其泄殖腔内 1～2 厘米深的地方,并用手指不停地按摩其泄殖腔外侧,将精液徐徐注入。为增加输精效果,输精者也可用右手掌压迫母鹑的尾部,并用拇指和食指把母鹑的肛门翻开,使输卵管口翻出(输卵管口位于泄殖腔的左侧上方,右侧为直肠开口),输精者将输精导管斜向插入输卵管内约 1 厘米,将精液输入,然后使肛门复原,即完成输精工作。

输精时注意不要将空气或气泡输入,否则影响受精率。为防止相互感染,最好每输 1 只母鹑换 1 根输精导管。由于普通的水、酒精和消毒剂对精子都是有害的,输精操作过程中所有与精液接触的器械都不得接触这些物质,如果需要清洗,应用稀释液(配方如前所述)清洗。

(4)**输精时间** 输精的适宜时间是在大部分母鹑已产完蛋后进行。一般每 5～7 天输精 1 次。初次进行人工授精,每 3 天输精 1 次,输精 3～4 次以后,改为每周输精 1 次;在产蛋盛期,为减少对产蛋量的影响,可间隔 10 天输精 1 次;产蛋末期要增加输精次数,可 5 天输精 1 次。

(5)**注意事项**

第一,加强对种用公鹑的饲养管理,饲料的营养要全面,应适当补充蛋白质和维生素。

第二,公鹑在头 1～2 次采精训练时,会出现一些生殖突起不明显、排精量少、精子密度小、精子活力差的劣质公鹑,要对其做标记,如果以后仍然如此,应予淘汰。

第三,采精过程中要保持安静,动作要轻,否则会使公鹑因受惊而排出色淡或稀薄的精液。采精时注意不要对公鹑按摩时间过长或挤压泄殖腔用力过大,以免损伤黏膜,导致出血和排出粪尿。

第四,注意精液质量。收集精液时,只取纯白色、浓度大的精液,不要取黄色、褐色或太稀的精液。为减少尿、粪便及血对精液的污染,采精要在公鹑排粪后进行,采精动作要轻,切忌用力过大。

第五,精液处置要适当。不能用一般的水来稀释精液,稀释精液要用专门配制的稀释液。所有与精液接触的器械不能附有酒精和消毒剂。公鹑精子在10℃～40℃范围内能够保持较好的受精能力,尤以35℃左右的温度最理想。冷季节要注意精液保温,精液的温度应达到35℃(在稀释精液时用35℃～40℃的稀释液即可达到),所有与精液接触的器械在采精和输精之前都要用35℃～40℃的稀释液或生理盐水冲洗,使之预热。

第六,输精要及时。精子应在采精后的半小时内输完,否则,精子活力会很快丧失,严重影响受精率。

第七,输精时间。一般选在下午,待大部分母鹌鹑产完蛋后进行,以傍晚最好。

第八,输精深度。一般在输卵管口内1～2厘米。

第九,坚持卫生制度。集精杯、注射器和输精导管等器械,必须经过严格消毒才能使用。这些器械如果是用酒精或消毒剂消毒,则要洗净,确保不含这些消毒剂,然后晾干备用;如急用则用精液稀释剂涮一遍。输精导管每给1只母鹌鹑输1次精,就应换1只,用过的输精导管集中起来进行消毒处理后再用。

2. 电刺激采精法

东北农业大学张宏伟教授等试验成功公鹑电刺激采精法,为人工授精创造了条件。这对进行远缘杂交,或进行科学研究,都有重要作用。

(1)试验仪器

①电刺激采精器(DCT型)　其参数:工作电压220伏,交流电;输出频率为20～50赫兹;输出电压为0～20伏;输出波为正弦波型。

②泄殖腔极棒(自行设计)　长43毫米,直径3毫米,环间距3毫米,电极宽2.5毫米,金属环2个。

(2)采精操作技术　由2人进行,1人左手握鹑体,尾端朝上,右手用剪刀剪去泄殖腔四周的羽毛,再蘸清水擦拭;用右手拇指和食指轻轻按摩其泄殖腔腺,使泡沫状腺全部排出,再用70％酒精棉球消毒;待片刻,右手持极棒缓慢插入其泄殖腔。另1人拨动电刺激采精仪的电压开关,通电后用极棒先刺激泄殖腔内散在的神经,当公鹑假阴茎外翻时,再用极棒刺激泄殖腔输精管乳头体;拨动电压开关的人员随时准备用事先消毒过的刻度吸管吸取精液。电压从3伏开始,进行有节奏的通电,每档刺激3次,每次通电2秒,断电2秒,直至精液采出为止。采精全过程仅需1.5分钟。每隔2天采精1次。据统计,采精成功率为90.9％。因个体不同,输出电压有差异,输出电压为3伏的成功率占87.32％,6伏的占12.68％。

鹌鹑精液常规生理指标为:精子活力0.816,精液量0.01毫升左右,精子畸形率0.09％,每毫升精子数34.25×10^7个。

(3)输精操作技术　据国外报道,待母鹑刚产蛋后,左手将母鹑固定,右手轻压腹部使泄殖腔口外露,将装好精液的输精器轻轻插入其子宫内1.5厘米处。一般每次输入0.005毫升的精液量即可,两次输精的间隔时间最好不要超过2～3天,可取得较高的受精率(70％～90％)和孵化率(75％～77％)。

(九)育种高新技术一瞥

近年来,DNA分子标记技术与繁殖生物技术的快速发展及其与畜禽育种结合,开创了育种高新技术的先河。尽管这些技术在育种实践中的应用总的来说还处于尝试阶段,但必将得到广泛应用,诸如包括胚胎生物技术、转基因技术,以及 DNA 分子标记技术等高新技术体系等。

实践证明,虽然有了育种高新技术,但在育种工作过程中,还要做好简单的、重复的、枯燥的记录、统计、分析和汇总,直至写出令人信服的试验报告。要抱着平常心、恒心与决心才行。

三、鹌鹑生产性能的测定与计算

鹌鹑生产性能的测定与计算方法是为了进行鹌鹑的育种、生产,以及某项成本的核算。笔者参考原农牧渔业部畜牧局(现农业部畜牧兽医司)组织编写的《畜牧名词术语标准》一书(农业出版社,1987)中的有关规定,江苏省家禽科学研究所陈宽维《国家家禽生产性能的测定方法》(1997)及前全国家禽育种委员会制定的《家禽生产性能技术指标及计算方法》(1983)和养鹑实践,提出下列技术指标及计算方法供参考。

(一)产蛋性能

1. 开产日龄 应用于个体产蛋记录群,以产第一个蛋的平均日龄计算;应用于群体记录群,产蛋鹑按日产蛋率达 50%的日龄计算。

2. 产蛋量 指母鹑于规定产蛋期内的产蛋数。

(1)**入舍母鹑产蛋量统计**

$$入舍母鹑产蛋量(个)=\frac{统计期内总产蛋量}{入舍母鹑数}$$

(2)**母鹑饲养日产蛋量统计**

$$母鹑饲养日产蛋量(个)=\frac{统计期内总产蛋量}{统计期内累加饲养只日数/统计期日数}$$

3. 产蛋率 指母鹑在统计期内的产蛋百分比。计算公式：

$$入舍母鹑产蛋率(\%) = \frac{统计期内的总产蛋量}{入舍母鹑数 \times 统计日数} \times 100\%$$

$$饲养日产蛋率(\%) = \frac{统计期内总产蛋量}{实际饲养日母鹑只数的累加数} \times 100\%$$

4. 蛋重 指蛋的重量,单位以克计。

(1)开产蛋重 个体记录以开产第一个蛋的重量计。

(2)个体平均蛋重 个体记录从10周龄开始连续称取3个蛋的重量求平均值。

(3)群体平均蛋重 群体记录从10周龄开始连续称取3天总产蛋重除以总产蛋数。

(4)大型鹑场平均蛋重 按日产蛋量的5%称测蛋重,求每个蛋的平均重。

5. 产蛋重

(1)日产蛋重计算

$$日产蛋重(克) = 蛋重(克) \times 产蛋量(个)$$

(2)总产蛋重计算

$$总产蛋重(千克) = 〔蛋重(克) \times 产蛋量(个)〕 \div 1\,000$$

6. 产蛋期存活率 指入舍母鹑数于规定产蛋期内(例如52周龄)减去死亡数和淘汰数所余存活数占入舍母鹑数的百分比。计算公式：

$$产蛋期存活率(\%) = \frac{入舍母鹑数 - (死亡数 + 淘汰数)}{入舍母鹑数} \times 100\%$$

7. 产蛋期体重 产蛋期间需称量开产体重和产蛋末期体重。个体记录时个体称量求平均值,群体记录时随机提取只数不少于100只,称重后求平均值。单位以克或千克计。

8. 产蛋期料蛋比 指产蛋期耗料量除以总产蛋重即得每产1 000克蛋所消耗的饲料量。单位均为千克。

$$料蛋比 = \frac{产蛋期耗料量（千克）}{总产蛋量（千克）}$$

（二）产肉性能

包括以下指标。

1. 活重　指在屠宰前鹌鹑停饲 6 小时后的体重。以克为单位（以下同）。

2. 屠体重　指肉鹑屠宰放血拔羽后的重量（湿拔法需沥干水后再称重）。

3. 半净膛重　屠体去气管、食管、嗉囊、肠道、脾脏、胰脏和生殖器官，留心、肝（去胆囊）、腺胃、肌胃（除去内容物及角质膜）、腹脂（包括腹部皮下脂肪和肌胃周围脂肪）和肺、肾脏（肺脏、肾脏因嵌入背椎肋和腰椎之间，不易去除）的重量。

4. 全净膛重　半净膛屠体去心、肝、腺胃、肌胃、腹脂和头、胫、脚的重量（根据合同或科研需要可用机械自动吸去肺和肾）。

5. 半净膛率　为半净膛重占活重的百分比。

$$半净膛率（\%） = \frac{半净膛重}{活　重} \times 100\%$$

6. 全净膛率　为全净膛重占活重的百分比。

$$全净膛率（\%） = \frac{全净膛重}{活　重} \times 100\%$$

7. 胸肌率　为胸肌重占全净膛重的百分比。

$$胸肌率（\%） = \frac{胸肌重}{全净膛重} \times 100\%$$

8. 腿肌率　为双腿净肌肉重占全净膛重的百分比。

$$腿肌率（\%） = \frac{双腿净肌肉重}{全净膛重} \times 100\%$$

9. 料肉比　肉鸽全程耗料量与总活重之比。

$$料肉比 = \frac{肉鸽全程耗料量}{总活重}$$

(三)繁殖性能

包括下列指标。

1. 种蛋合格率 指种母鹑在规定产蛋期内所产的符合本品种、品系要求的种蛋数占产蛋总数的百分比。

$$种蛋合格率(\%)=\frac{合格种蛋数}{总产蛋数}\times100\%$$

2. 种蛋受精率 指孵化第五至第六天照检所得受精蛋数占入孵蛋数的百分比。血圈、血线蛋按受精蛋计算,散黄蛋按无精蛋计算。

$$受精率(\%)=\frac{受精蛋数}{入孵蛋数}\times100\%$$

3. 孵化率 孵化率(或出雏率)分受精蛋的孵化率和入孵蛋的孵化率两种,分别指出雏数占受精蛋数和入孵蛋数的百分比。

$$受精蛋孵化率(\%)=\frac{出雏数}{受精蛋数}\times100\%$$

$$入孵蛋孵化率(\%)=\frac{出雏数}{入孵蛋数}\times100\%$$

4. 健雏率 指健康初生雏数占出雏数的百分比。健雏指适时出壳,绒羽正常,脐部愈合良好,精神活泼,无畸形者。

$$健雏率(\%)=\frac{健雏数}{出雏数}\times100\%$$

5. 种母鹑提供健雏数 指在规定产蛋期内,每只种母鹑提供的健雏数。

6. 育雏率 育雏率指雏鹑2周龄结束时,成活雏鹑数占入舍育雏数的百分比。

$$育雏率(\%)=\frac{育雏期末雏鹑数}{育雏入舍雏鹑数}\times100\%$$

7. 育成率 育成率指育成鹑3～6周龄结束,成活育成鹑数占育成入舍雏鹑数的百分比。

$$育成率(\%)=\frac{育成期末成活的育成鹑数}{育成入舍雏鹑数}\times100\%$$

鉴于鹌鹑尚缺乏具体计算标准，只能参照上述的计算方法。其中有些参数系笔者凭经验自定，仅供参考。

(四)蛋的品质测定

蛋的品质包括外部与内部两部分，一般只进行几项主要的测定项目。每批种蛋应在产出后 24 小时内进行测定，测定的蛋数不少于 50 个。

1. 蛋的外部品质测定法

(1)**蛋形指数**　用游标卡尺测量蛋的纵径与最大横径求其商。以毫米为单位，精确度为 0.1 毫米。

蛋形指数＝蛋的纵径(毫米)/蛋的横径(毫米)

(2)**壳厚**　应用蛋壳厚度测定仪测蛋壳的钝端、中部、锐端三处厚度，求其平均值。应剔除蛋壳膜。以毫米为单位，精确到 0.01 毫米。

(3)**壳质**　看蛋壳是否光滑细致或粗糙、显颗粒。

(4)**壳色**　应为棕褐色或青紫色的斑块或斑点。

(5)**蛋壳强度**　为蛋壳抗破损的程度，有以下两种指标。

①蛋壳变形度测定　用变形仪测定，一般着力点在蛋横径处，使其负载一定重量，变形度愈小，壳愈厚，愈能抗破损。

②蛋壳强度测定　用蛋壳强度测定仪测定。测定每平方厘米蛋壳能承受的压力。

(6)**蛋的比重**　将新鲜蛋放在不同浓度盐液中测比重，主要是观测蛋壳质量，一般比重愈大，蛋壳愈厚，强度愈大。盐液适宜温度应为 34.5℃。

2. 蛋的内部品质测定法

(1)气室 气室大小是蛋新鲜度的一项重要指标。当存放环境相对湿度低时,存放时间愈久,蛋内水分蒸发愈多,气室也愈大。

(2)浓蛋白高度 代表蛋白的浓稠度,是蛋白品质的重要指标。用蛋白高度测定仪测定蛋黄边缘至浓蛋白层外缘中间处的蛋白高度。以哈氏单位表示。

(3)蛋黄 评定蛋黄品质常用以下 3 种方法。

①蛋黄色度 按颜色深浅共分为 1～24 个色泽等级,颜色愈深的色泽等级愈高。这种色泽等级与营养价值无关系,正常颜色深浅取决于饲粮中的叶黄素多少。一般按罗氏比色扇对照定级。

②蛋黄重量 用蛋黄占蛋重的百分比来显示蛋黄重量。

③蛋黄指数 蛋黄高度与宽度之比。

$$蛋黄指数(\%)=\frac{蛋黄高度}{蛋黄宽度}\times100\%$$

④血斑和肉斑率 血斑是卵巢或输卵管小血管出血的凝盐,肉斑为生殖器官中的脱落组织或褪色的血斑。

$$血斑和肉斑率(\%)=\frac{血斑和肉斑总数}{测定总蛋数}\times100\%$$

第五章　提高配合饲料效益技术

众所周知,饲料是发展畜牧业的物质基础,而提高配合饲料效益的技术,又是降低成本、提高养鹑企业(户)经济效益的重要措施。在饲料原料价格不断提高的挑战下,必须了解鹌鹑常用饲料的种类、质量、适口性、营养、货源,并按鹌鹑的品种(系)、生长发育、生产水平、季节等科学配合饲料(含代饲料),合理利用饲料添加剂,为创造研发绿色饲料而努力。

一、鹌鹑的营养需要

鹌鹑具有生长发育快、性早熟、产蛋多等特点,对营养物质需求较高。但其消化道短,消化能力不及其他禽类。因此,需要掌握有关鹌鹑营养需要的知识,才能更好地配合调制饲料。

(一)营养需要量的表示

在饲料配方中的许多饲料成分是以每千克日粮中的含量来表示的,也有用吨(1 000 千克)表示。

1. 能量　常用能量单位过去用卡来表示,现在要求用焦耳来表示。1 卡是使 1 克水的温度升高 1℃所需的热量。1 焦耳＝0.239 卡,或 1 卡＝4.184 焦耳。鹌鹑能量的计算方法是用代谢能。

2. 代谢能　代谢能是饲料中的可利用能量减去粪中和尿中的能量后的部分。其计算单位是千焦或兆焦。

3. 钙磷比　日粮中钙和磷的比例含量非常重要,且两者之间要有一定的比例。用百分比(％)分别表示料中钙和磷的含量,再计算两者的比率,称为钙磷比(Ca：P)。

4. 总磷 计算饲料中磷的总含量时,一般是以钙对总磷的比率来表示。

5. 可利用磷 应当用饲料中可利用磷的含量,一般是用钙对可利用磷量的比率来表示。

6. 能量与蛋白质比率(C/P 比率) 日粮中的代谢能的千焦(千卡)数与平衡能量所必需的蛋白质含量之间有极密切关系。C/P 比率随鹌鹑的日龄和用途而异。该比率是每千克饲料中所含能量的千焦(千卡)数除以蛋白质的百分含量而算得的。

7. 微量饲料成分 维生素 A 最常用每千克中的单位来表示。维生素 D_3 含量也是用每千克中单位来表示。维生素 E 则用每千克所含单位或毫克数来表示。大部分其他维生素用毫克表示。而微量矿物质和氨基酸则以百分率来表示。

(二)能量需要

鹌鹑在生命活动过程中,每天从体表散发的能量为 62.8～66.9 千焦。气温越低,能量散失越多,需要量也越大。加之新陈代谢和采食、行走等活动也需要消耗能量,生长和产蛋所需的能量则更多。据测定,每 100 克鹑肉中约含能量 510 千焦(122 千卡);每 100 克去壳的鹌鹑蛋含能量 695 千焦(166 千卡)。这些能量都来源于饲料中的碳水化合物、脂肪及部分蛋白质。但饲料中所含的能量并不能被鹌鹑全部利用,一部分能量包含在没有消化的饲料中而随粪便排出,另一部分则由体表散失。

据测定,雏鹑从出壳至 42 日龄,每天活动耗能量约为 17.15 千焦(4.1 千卡),每增加 1 克体重,约需消耗代谢能 38.4 千焦(9.2 千卡)。每 1 个鹑蛋约含能量 67 千焦(16 千卡)。

(三)蛋白质需要

蛋白质是鹌鹑生长、繁殖和组织更新的主要原料。鹑蛋中含蛋白质 12.3%,鹌肉中含 22.2%。蛋白质又是鹌鹑体内防卫功能的基础。吞噬病菌的白细胞,消除外来病原的抗体都是由蛋白质组成的。

产蛋鹑每天需要蛋白质 5 克左右(或日粮中含蛋白质 24%左右)。据试验,每天食入代谢能 264 千焦和 4.9 克粗蛋白质的日本鹌鹑,其产蛋率和蛋重分别为 90%和 9.3 克,每日采食量为 20 克左右,赖氨酸和蛋氨酸在日粮中的含量为 1.1%和 0.8%。生长鹌鹑日粮中粗蛋白质含量以 20%～24%为好,但肉用仔鹑应达到24%～29%,赖氨酸和蛋氨酸分别达到 1.4%和 0.75%。

在日粮中,蛋白质和能量应有一定比例,即蛋白能量比(以每1 兆焦代谢能含的蛋白质克数表示),当日粮中含能量高,蛋白质含量相应提高,反之则相应降低。鹌鹑适宜的蛋白能量比为16.7～20.3 克/兆焦。

(四)维生素的需要

维生素为鹌鹑健康、生长、生产、繁殖所必需。维生素分为脂溶性维生素和水溶性维生素两大类。脂溶性维生素在鹌鹑体内有一定贮存,水溶性维生素一般很少贮存,必须在日粮中供给。各种维生素的作用和缺乏症见表 5-1。

表 5-1　维生素的功能和缺乏症

种　类	功　能	缺乏症状	备　注
维生素 A	促进骨骼的生长,保护呼吸道、消化道、泌尿生殖道上皮和皮肤的健康,为眼内视紫质的组分	生长迟缓,干眼病,夜盲,步态不稳,产蛋率、孵化率下降	植物中只有胡萝卜素在动物体内可转化为维生素 A

续表 5-1

种　类	功　能	缺乏症状	备　注
维生素 D	促进钙、磷的吸收利用,为胚胎和鹌鹑骨骼正常发育所必需	佝偻病、骨软症,生长缓慢,腿变形,蛋壳脆弱,孵化率低	皮肤在阳光或紫外光照射下能合成维生素 D
维生素 E	保证正常繁殖所必需;抗氧化(作用似硒)	脑软化,渗出性素质病,孵化率降低	青饲料、种子胚芽中含量丰富。与硒有协同作用
维生素 K	参与凝血过程	全身出血,不易凝固	动物体内能自行合成
维生素 B_1 (硫胺素)	参与能量代谢,与神经、肌肉、胃肠的活动有关	食欲减退、体重减轻,多发性神经炎(头后仰),产蛋减少	
维生素 B_2 (核黄素)	参与能量代谢和蛋白质、脂肪代谢过程;与视觉有关	生长迟缓,曲趾麻痹	容易缺少
烟　酸	在代谢过程中起传递氢的作用;与维持皮肤、消化器官和神经系统的功能正常有关	生长迟缓,食欲减退,羽毛生长不良,痂性皮炎,眼周皮炎	许多谷实中虽有烟酸,但不能被很好利用
生物素	与脂肪、碳水化合物代谢有关	皮炎,滑腱症,孵化率低	
吡哆醇	参与蛋白质代谢,与红细胞形成以及内分泌有关	生长迟缓,羽不正常,抽搐,产蛋少,孵化率低	
维生素 B_{12}	促进红细胞发育成熟;参与动物体内生物素合成;促进胆碱的生成和叶酸的利用	生长迟缓,蛋不能孵化,肌胃黏膜发炎	植物性饲料中没有,存在于动物性饲料和发酵产物中

续表 5-1

种　类	功　能	缺乏症状	备　注
胆　碱	参与脂肪代谢,影响神经传递	脂肪肝、肾出血,滑腱症	日粮蛋白质含量降低时易缺
叶　酸	参与氨基酸代谢,促进红细胞形成	生长不良,贫血,皮炎,脱毛	
泛　酸	参与能量代谢	生长迟缓,皮炎,脱毛,胚胎死亡,眼分泌物多,致眼睑黏合,喙、角、趾结痂	鹌鹑需要量较高,容易缺乏
维生素C(抗坏血酸)	形成胶原纤维所需,影响骨、齿与软组织细胞间质的结构	坏血病	体内能合成;高温、应激时应增加

(五)矿物质的需要

矿物质的主要作用是构成骨骼,是形成动物体的组织器官的重要成分。存在于体液和细胞液中,它能保持动物体内的渗透压和酸碱平衡,保证各种生命活动的正常进行。矿物质分为常量元素和微量元素。

1. 常量元素　指在体内含量大于 0.01% 的元素。有钙、磷、钾、钠、氯、硫、镁。

2. 微量元素　指在体内含量小于 0.01% 的元素。有铁、铜、锌、锰、碘、钴、硒、氟、铬、钼、硅等。

各种矿物质元素的主要作用和缺乏症见表 5-2。

表5-2　各种矿物质的主要作用及缺乏症

元素	主要功能	缺乏症状	备注
钙	形成骨骼、蛋壳,与神经功能、肌肉活动、血液凝固有关	佝偻病,产薄壳蛋,产蛋量和孵化率降低	过多时影响锌和其他元素的利用
磷	形成骨骼,与能量、脂肪的代谢、蛋白质合成有关,为细胞膜的组分	佝偻病,异嗜,产蛋量降低	钙、磷比例:生长鹑宜 1~2:1;产蛋鹑宜 3~3.5:1
钾	保证体内正常渗透压和酸碱平衡,与肌肉活动和碳水化合物代谢有关	生长停滞,消瘦,肌肉软弱	过多时干扰镁的吸收
钠	保证体内正常的渗透压和酸碱平衡,与肌肉收缩、胆汁形成有关	生长停滞、减重,产蛋减少	过多且饮水不足时易引起中毒
氯	保证体内正常的渗透压和酸碱平衡,形成胃液中的盐酸	抑制生长,对噪声过敏	
镁	组成骨骼,降低组织兴奋性,与能量代谢有关	兴奋、过敏、痉挛、食欲下降	
硫	组成蛋氨酸、胱氨酸等,形成羽毛、体组织,组成维生素 B_1 和生物素等,与能量、碳水化合物和脂类代谢有关	生长停滞,羽毛发育不良	
铁	为血红素组分,保证体内氧的运送	贫血,营养不良	铁的正常代谢需要足够的铜,铁过多干扰磷的吸收
铜	为血红素形成所必需,与骨的发育、羽毛生长、色素沉着有关	贫血,骨质脆弱,羽毛褪色,跛足	过量中毒

续表 5-2

元　素	主要功能	缺乏症状	备　注
锌	骨和羽毛发育所必需,与蛋白质合成有关	食欲丧失,生长停滞,羽毛发育不良	锌过多影响铜代谢
锰	为骨的组分;与蛋白质、脂类代谢有关	生长不良,滑腱症,腿短而弯曲,关节肿大	

(六)水的需要

水是动物生长和繁殖必不可少的物质,鹌鹑和鹑蛋的含水量约为70%,体内的代谢活动都需要水,缺水时代谢活动便不能正常进行。体内水分减少10%时就会造成代谢紊乱,减少20%可造成死亡。缺水首先使鹌鹑生长缓慢,产蛋率下降。因此,必须保证充足的清洁饮水。

(七)碳水化合物和脂肪的需要

碳水化合物和脂肪都是鹌鹑所需能量的重要来源。

碳水化合物在饲料中含量最多,是主要的能源。经消化吸收的碳水化合物(主要是葡萄糖)在体内氧化时能释放能量供动物体应用。吸收葡萄糖较多时,一部分转化为肝糖,贮存在肝脏和肌肉中备用。大量多余的碳水化合物在体内可转化为脂肪,积存在脂肪组织中,需要时可提供能量。但碳水化合物在体内的总含量不到1%。碳水化合物中的粗纤维很难消化,在日粮中不应超过5%,粗纤维能刺激消化道的消化作用,缺乏时会引起消化不良。

脂肪含的能量为碳水化合物的2.25倍,是很好的能源。但在一般饲料中含量很少。肉用仔鹑对能量的要求特别高,有时需要添加油脂做能源。脂肪还是脂溶性维生素的溶剂,缺乏脂肪时,这类维生素则不能被动物充分吸收。

二、鹌鹑常用的饲料

鹌鹑的饲料来源很多。可分为能量饲料、蛋白质饲料、矿物质饲料、维生素饲料和添加剂饲料等。

(一)能量饲料

这类饲料的主要成分是碳水化合物,是提供能量的基础饲料。主要有谷实类饲料和糠麸类等粮食副产品饲料。

1. 玉米 是禽类代谢能的主要来源。玉米的能量价值来自富含淀粉的胚乳和胚芽,前者主要由淀粉组成,后者所含主要是油(含3%～8%)。玉米中的蛋白质主要是玉米蛋白,其氨基酸组成(缺乏赖氨酸和蛋氨酸)对禽类欠理想。玉米还含有相当多的黄色和橙色的色素,一般含5毫克/千克叶黄素和0.5毫克/千克胡萝卜素。玉米含纤维素低,适口性强,消化率高。可占日粮的55%～60%以上。饲用玉米国家质量指标见表5-3。

表5-3 饲用玉米国家标准质量指标

成　分	一　级	二　级	三　级
粗蛋白质(%)	≥9.0	≥8.0	≥7.0
粗纤维(%)	<1.5	<2.0	<2.5
粗灰分(%)	<2.3	<2.6	<3.0

2. 小麦 小麦常作为家禽日粮的主要能量来源。但小麦的成分因产地不同差别很大,蛋白质含量的变化范围可从10%～18%。由于小麦含有5%～8%的戊糖,可能引起消化物黏稠度偏大,导致总体的日粮消化率下降和粪便湿度增大。过细的小麦粉也会招致幼禽"糊喙"问题。小麦的一个优点是可以整粒饲喂10～

14 日龄以后的家禽,但其氨基酸结构不佳(赖氨酸等含量低),喂量受限制。日粮限制的用量为 15%～25%,如添加合成木聚糖酶,用量可占日粮的 40%～60%。饲用小麦国家标准质量指标见表 5-4。

表 5-4　饲用小麦国家标准质量指标

成　分	一　级	二　级	三　级
粗蛋白质(%)	≥11.0	≥10.0	≥9.0
粗纤维(%)	<5.0	<5.5	<6.0
粗灰分(%)	<3.0	<3.0	<3.0

3. 碎米　养分含量变异很大。粗蛋白质含量为 5%～11%,粗纤维最低含量仅为 0.2%,最高可达 2.7% 以上。碎米价格低廉,但缺乏维生素 A,B 族维生素及钙和黄色素。在日粮中可占 10%～20%。饲用碎米质量指标及分级标准见表 5-5。

表 5-5　饲用碎米质量指标及分级标准

成　分	一　级	二　级	三　级
粗蛋白质(%)	≥7.0	≥6.0	≥5.0
粗纤维(%)	<1.0	<2.0	<3.0
粗灰分(%)	<1.5	<2.5	<3.5

4. 小麦麸　主要特征是高纤维、低容重和低代谢能。粗蛋白质含量高(16%),氨基酸组成可与整粒小麦相比。麦麸具有促进家禽生长的作用。简单的蒸汽制粒可使麦麸的能值改善达 10%,磷的有效性提高达 20%。

日粮限制 4 周龄以上上限为 10%。饲用小麦麸国家标准质量指标见表 5-6。

表5-6　饲用小麦麸国家标准质量指标

成　分	一　级	二　级	三　级
粗蛋白质(%)	≥15.0	≥13.0	≥11.0
粗纤维(%)	<9.0	<10.0	<11.0
粗灰分(%)	<6.0	<6.0	<6.0

5. 米糠　生产白米过程中产生的副产品称米糠,其重量约30%是细米糠,70%是真正的糠,其混合物有时亦称为米糠。细米糠含大量脂肪和少量纤维,米糠则含有少量脂肪和大量纤维。米糠的含油量达 6%～10%,故容易氧化酸败(变成游离脂肪酸)。米糠可添加乙氧喹(250 毫克/千克)等抗氧化剂来稳化。也可以通过热处理来稳化,即在 130℃制粒可大大降低酸败和产生游离脂肪酸的可能性。

饲喂生米糠用量大于 40%时常致生长受抑和饲料效率下降,这与米糠中有胰蛋白酶抑制因子和植酸含量较高有关。

日粮限制量 0～4 周龄上限为 10%,4～8 周龄为 20%,成年鹑为 25%。饲用米糠国家标准质量指标见表5-7。

表5-7　饲用米糠国家标准质量指标

成　分	一　级	二　级	三　级
粗蛋白质(%)	≥13.0	≥12.0	≥11.0
粗纤维(%)	<6.0	<7.0	<8.0
粗灰分(%)	<8.0	<9.0	<10.0

6. 油脂　脂肪为浓缩的能源,多数油脂是以液体状态进行处理,含有相当数量的饱和脂肪酸。所有的油脂都必须用抗氧化剂如乙氧喹处理,最好在加工点上加抗氧化剂。脂肪也提供不同数量的必需营养素亚油酸。

7. 家禽脂肪　按脂肪酸组成表明,家禽脂肪可能是最适合于多数种类和年龄的家禽的脂肪来源。由于其消化率高、质量稳定和残留的气味少,曾被大量用于宠物饲料。

8. 植物油　多种植物油可以用作能源,每千克能提供 36.4 兆焦能量,是幼禽理想饲料原料。

(二)蛋白质饲料

该类饲料含大量的蛋白质。凡是干物质中粗蛋白质含量在 20% 以上、粗纤维在 18% 以下的饲料都属于蛋白质饲料。按其来源可分为动物性蛋白质饲料和植物性蛋白质饲料。

1. 动物性蛋白质饲料

(1) 鱼粉　是蛋白质含量高而被广泛采用的动物性蛋白质饲料。油鲱和鳀鱼是生产鱼粉的主要鱼种,大部分鱼粉氨基酸的含量平衡,为优质蛋白质重要来源。但其质量与成分因鱼体和加工方法不同而异,故消化率也不同。一般蛋白质含量 40%～60% (高者达 65%),且含大量维生素 A、维生素 D,B 族维生素和钙、磷等矿物质,在供给蛋氨酸和赖氨酸等方面有特别价值。

对国外进口的鱼粉必须注意新鲜度和贮运质量,观察封口质量与使用效果。对国产鱼粉,必须检验其含蛋白质量、盐量和灰分,防止掺杂。

在鱼类资源丰富地区,可利用碎杂鱼代替鱼粉,4 千克鲜鱼可当 1 千克鱼粉使用。

所有的鱼粉都应该用抗氧化剂如乙氧喹来稳化。饲喂鱼粉可能引起肉和蛋的鱼腥味以及幼龄家禽的肌胃糜烂,热处理不当的鱼粉也可能有硫胺素酶活性过高的问题。

日粮限制量 0～4 周龄上限为 8%,4～8 周龄为 10%,8 周龄以上为 10%。因进口鱼粉价格昂贵,商品鹑宜少用。

农业部颁布的鱼粉质量标准见表 5-8。

表 5-8 鱼粉质量标准 （％）

来源		粗蛋白质	粗脂肪	水分	盐	沙	色泽	备 注
国产	一级	≥55	<10	<12	<4	<4	黄棕色	要求颗粒的 98％通过 2.8 毫米筛孔
	二级	≥50	<12	<12	<4	<4	黄棕色	
	三级	≥45	<14	<12	<4	<5	黄褐色	
进口	智利鱼粉	67	12	10	3	2	—	要求具有鱼粉正常气味，无异臭及焦灼味
	秘鲁鱼粉	65	10	10	6	2	—	
	秘鲁鱼粉（加抗氧化剂）	65	13	10	6	2	—	

(2)肉骨粉 大多是加工牛肉和猪肉的副产品，成分不一，它取决于原料种类、成分、加工方法、脱脂程度及贮藏期。蛋白质含量约 50％，钙、磷含量分别为 8％和 4％，钙、磷比例平衡。必须防止污染沙门氏杆菌，很多研究表明，采用有机酸处理新加工肉粉，是降低微生物含量的有效措施。鹑类日粮中限饲量为 6％以下。肉骨粉一般营养成分见表 5-9。

表 5-9 肉骨粉的营养成分 （％）

成 分	典型含量	变化幅度
粗蛋白质	50	48～53
脂 肪	10	8～12
灰 分	30	22～35
水 分	5	3～8
钙	10	8～12
磷	5	3～6
有效磷	5	3～6
钠	0.5	0.4～0.6

（3）**水解羽毛粉**　饲用羽毛粉是将家禽羽毛经过蒸煮、酶水解、粉碎或膨化成粉状，作为一种动物性蛋白质补充饲料。

羽毛粉蛋白质含量为 77％以上，氨基酸中的胱氨酸含量为 2.93％，缬氨酸、亮氨酸、异亮氨酸的含量分别约为 7.23％，6.78％，4.21％，高于其他动物性蛋白质。赖氨酸、蛋氨酸和色氨酸的含量相对缺乏。由于胱氨酸在代谢中可代替 50％蛋氨酸，可补充蛋氨酸的不足。而且羽毛粉还具有平衡其他氨基酸的功能。但羽毛粉的利用仍受到严格限制，在日粮中 0～4 周龄为 2％，4～8 周龄为 3％，8 周龄以上为 3％。饲用羽毛粉质量标准见表 5-10。

表 5-10　**饲用羽毛粉质量标准**　（％）

成　　分	质量指标
粗蛋白质	≥80.0
粗灰分	<4.0
胃蛋白酶消化率	≥90.0

（4）**血粉**　是以畜、禽血液为原料，经脱水加工（喷雾干燥、蒸煮或发酵）而成的粉状动物性蛋白质补充饲料。血粉粗蛋白质含量一般在 80％以上。赖氨酸含量高达 6％～9％，色氨酸、亮氨酸、缬氨酸含量也高，但缺乏异亮氨酸、蛋氨酸。总的氨基酸组成非常不平衡。血粉含钙、磷少，含铁多。日粮中血粉用量不应超过 4％。饲用血粉质量指标及分级标准见表 5-11。

表 5-11　**饲用血粉质量指标及分级标准**　（％）

成　　分	一　级	二　级
粗蛋白质	≥80	≥70
粗纤维	<1	<1
水　分	≤10	≤10
灰　分	≤4	≤6

(5) **饲料酵母** 是利用工业废水、废渣等为原料的单细胞蛋白饲料,其原料接种酵母菌,经发酵干燥而成为蛋白质饲料。蛋白质含量高,脂肪低,纤维和灰分含量取决于酵母原料。赖氨酸含量高,蛋氨酸低。B族维生素含量丰富,钙少而磷、钾含量多。饲料酵母主要养分见表5-12。

表 5-12 饲料酵母主要养分含量 (%)

成　分	啤酒酵母	石油酵母	纸浆废液酵母
水　分	9.3	4.5	6.0
粗蛋白质	51.4	60.0	46.0
粗脂肪	0.6	9.0	2.3
粗纤维	2.0	—	4.6
粗灰分	8.4	6.0	5.7

酵母在禽类日粮中的用量为 2%～3%。在生产中常在无鱼粉日粮中广泛应用饲料酵母。

(6) **蚕蛹** 是蚕丝工业副产品。蚕蛹含脂高,不易保存,一般多经压榨或浸提出油、干燥、粉碎而制得蚕蛹粉。据测定,蚕蛹含有 60% 以上的粗蛋白质,必需氨基酸组成可与鱼粉相当。其中赖氨酸和硫氨基酸含量高,色氨酸比鱼粉高出 1 倍,鲜蚕蛹的有效能值与鱼粉近似。蚕蛹的营养成分见表 5-13。饲料用蚕蛹粉质量标准见表 5-14。

蚕蛹的主要缺点是具有异味,过量饲喂会影响蛋、肉品质,一般禽类日粮中宜控制在 2%～2.5%。

表 5-13　蚕蛹的营养成分及营养价值

名　称		含　量		名　称		含　量	
		蚕蛹	脱脂			蚕蛹	脱脂
常规成分	干物质(%)	92.3	90.6	氨基酸	精氨酸(%)	2.79	3.36
	粗蛋白质(%)	51.5	71.7		缬氨酸(%)	2.47	3.50
	粗脂肪(%)	26.7	3.2		组氨酸(%)	1.57	1.68
	粗纤维(%)	3.7	4.9		酪氨酸(%)	3.67	4.26
	无氮浸出物(%)	6.8	5.5		苯丙氨酸(%)	2.66	3.32
	粗灰分(%)	4.0	5.3		色氨酸(%)	1.17	1.30
有效能	消化能(猪,兆焦/千克)	19.33	12.80	矿物质及微量元素	钙(%)	0.17	0.18
	代谢能(鸡,兆焦/千克)	—	11.67		磷(%)	0.76	0.62
					钾(%)	—	0.85
氨基酸	赖氨酸(%)	3.33	4.27		钠(%)	—	0.02
	蛋氨酸(%)	1.47	2.01		铜(毫克/千克)	—	20.6
	胱氨酸(%)	0.60	0.63		锰(毫克/千克)	—	39.9
	苏氨酸(%)	2.24	2.94		锌(毫克/千克)	—	209.3
	异亮氨酸(%)	2.19	2.98		氯(%)	—	0.02
	亮氨酸(%)	3.44	4.62		镁(%)	—	0.28

引自张子仪主编．《中国饲料学》．2000

表 5-14　饲料用桑蚕蛹粉质量标准　(%)

成　分	一　级	二　级	三　级
粗蛋白质	≥50	≥45	≥40
粗纤维	<4.0	<5.0	<6.0
粗灰分	<4.0	<5.0	<5.0

(7)昆虫粉　是以可作为饲料的昆虫类为原料,经人工养殖、杀灭、干燥、粉碎等加工而成的一种蛋白质补充饲料。

在我国已形成产业且具有一定应用规模的有:蚯蚓、蝇蛆、黄粉虫等。据测定,其干粉产品的粗蛋白质含量都在 60％左右,氨基酸组成与鱼粉相似,且富含微量元素,确为优质蛋白质饲料。但缺乏钙、磷两种常量元素。

2. 植物性蛋白质饲料 植物性蛋白质饲料包括豆类子实、饼粕类和其他植物性蛋白质饲料。它们不仅富含蛋白质,而且各种必需氨基酸均较谷类为多,所以其蛋白质品质优良。无氮浸出物含量低,占干物质的 27.9％～62.8％,粗纤维含量低,维生素含量与谷实类近似。有些豆类子实中含脂肪比谷实类突出得多,达15％～24.7％。但不少植物性蛋白质饲料中存在蛋白酶抑制剂,阻止蛋白酶消化蛋白质。所以,要经适当加工调制,破坏其蛋白酶抑制剂,当可提高其蛋白质利用率。

(1) 大豆饼粕 是以大豆为原料取油后的副产物。浸出法取油后的产品称为大豆粕,压榨法取油后的产品称为大豆饼。大豆含有多种对家禽有害的物质,最易造成问题的是胰蛋白酶抑制因子,会破坏蛋白质的消化,引起胰腺的补偿性增长达 50％～100％,招致生长率和产蛋率下降。为此,大豆必须按常规热处理以破坏掉胰蛋白酶抑制因子。

在鹌鹑日粮中,大豆饼(粕)的用量上限为 30％。饲料用大豆饼、大豆粕的质量标准见表 5-15 和表 5-16。

表 5-15　饲料用大豆饼质量标准

成　　分	一　级	二　级	三　级
粗蛋白质	≥41.0	≥39.0	≥37.0
粗脂肪	<8.0	<8.0	<8.0
粗纤维	<5.0	<6.0	<0.7
粗灰分	<6.0	<7.0	<8.0

表 5-16 饲料用大豆粕质量标准 （％）

成 分	一 级	二 级	三 级
粗蛋白质	≥44.0	≥42.0	≥40.0
粗纤维	<5.0	<6.0	<7.0
粗灰分	<6.0	<7.0	<8.0

（2）菜籽饼（粕） 是油菜籽榨油后的副产品。是一种良好的蛋白质饲料，但因其含有毒物质，因而应用受到限制。菜籽饼粕均含有较高的粗蛋白质，为 34％～38％，氨基酸组成平衡，含硫氨基酸较多，精氨酸含量低，粗纤维含量较高，为 12％～13％。钙、磷含量均高，富含铁、锰、锌、硒，尤以硒含量远高于豆饼。胆碱、叶酸、烟酸、核黄素、硫胺素均比豆饼高。菜籽饼含有硫葡萄糖苷、芥子碱、植酸、单宁等抗营养因子，并且影响其适口性与采食量，还可引起甲状腺肿大，生产性能下降。故使用前最好做脱毒处理。日粮中限制用量为 3％～7％。只要配料精细化，对蛋重、料蛋比、料肉比均无影响。饲料用菜籽饼的国家质量标准见表 5-17。

表 5-17 饲料用菜籽饼质量标准 （％）

成 分	一 级	二 级	三 级
粗蛋白质	≥37.0	≥34.0	≥30.0
粗脂肪	<10.0	<10.0	<10.0
粗纤维	<14.0	<14.0	<14.0
粗灰分	<12.0	<12.0	<12.0

（3）花生饼（粕） 是花生脱壳后，经机械压榨或溶剂浸提油后的副产品。花生饼的粗蛋白质含量约 44％，花生粕的粗蛋白质含量约 47％。氨基酸组成不平衡，赖氨酸、蛋氨酸含量偏低，但精氨酸含量在植物性饲料中最高。花生饼（粕）的有效能值在饼粕类饲

料中为最高。脂肪酸中以亚油酸为主,不饱和脂肪酸占 53%～78%。钙、磷含量低,铁含量略高,其他矿物质元素较少。胡萝卜素、维生素 D、维生素 C 含量低,B 族维生素较丰富,尤以烟酸含量高,但核黄素含量低。饲料用花生粕质量标准见表 5-18。

表 5-18　饲料用花生粕质量标准　(%)

成 分	一 级	二 级	三 级
粗蛋白质	≥51.0	≥42.0	≥37.0
粗纤维	<7.0	<9.0	<11.0
粗灰分	<6.0	<7.0	<8.0

花生饼(粕)中含有胰蛋白酶抑制因子,它是提油过程中被加热所破坏。花生饼(粕)的主要问题是容易受黄曲霉毒素污染。利用氨化处理,可以脱去高达 95% 的毒素;或在污染毒素的花生粕日粮中添加铝硅酸钠钙,以吸附黄曲霉毒素使其不被吸收。我国饲料卫生标准中规定,花生饼(粕)的黄曲霉 B_1 含量不得大于0.05 毫克/千克。为避免雏鹑黄曲霉素中毒,花生饼(粕)只应用于成年家禽日粮。育成期日粮中可占 6%,产蛋期日粮可占 9%。在饲料中添加蛋氨酸、硒、胡萝卜素、维生素或提高饲粮蛋白质水平,都可降低黄曲霉毒素的毒性。

(4)植物蛋白粉　包括玉米蛋白粉、粉浆蛋白粉等。其主要养分含量见表 5-19。

表 5-19　几种植物蛋白粉养分含量

饲料名称	干物质(%)	代谢能(兆焦/千克)	粗蛋白质(%)	钙(%)	磷(%)
玉米蛋白粉(优)	90.1	16.23	63.5	0.07	0.44
玉米蛋白粉(中)	91.2	14.36	51.3	0.06	0.42
粉浆蛋白粉	88.0		66.3	—	0.59

玉米蛋白粉中赖氨酸少,但蛋氨酸多,并含丰富的黄色素。

(5)**浓缩叶蛋白**　是从新鲜植物叶汁中提取的一种优质蛋白质补充饲料。市售的浓缩苜蓿叶蛋白,其粗蛋白质含量为 38%～61% 之间,蛋白质消化率比苜蓿草粉高得多。使用效果仅次于鱼粉而优于大豆饼。叶黄素含量相当突出,产品着色效果比玉米蛋白粉更佳。但因含有皂苷,要控制使用量,否则会影响生长速度和料重比。

(三) 矿物质饲料

矿物质饲料是补充动物矿物质需要的饲料。它包括人工合成的、天然单一的和多种混合的矿物质饲料,以及配合有载体或赋形剂的痕量、微量、常量元素补充料。

1. 食盐　主要成分为氯化钠,饲料用食盐含氯化钠 95%。氯化钠中氯占 60%,钠占 39%。饲料用食盐尚含少量的钙、镁、硫等杂质。食盐具有维持体液渗透压和酸碱平衡、刺激唾液分泌、提高饲料适口性和增强食欲等作用。食盐在日粮中要限制使用,在鹌饲料中用量为 0.25%～0.5%。如过量常致食盐中毒。配料时如用使含盐量高的鱼粉与虾糠等饲料,应酌减食盐的添加量。

2. 石粉　主要成分为碳酸钙,含钙量因成矿条件不同介于 33%～38%,还含有少量的镁(0.2%～0.4%)、钾(0.1%～0.3%)、钠(0.1%～0.3%),锰较高(200～1 000 毫克/千克),锌次之(20～40 毫克/千克)。铜和钴含量少,还有微量有害元素(铅、汞、砷、氟),但未超过饲料卫生标准,饲用仍是安全的。石粉来源广,且价廉,利用率也较高,确是补充钙质最简单的原料。在鹌鹑日粮中用量为 0.5%～2%,蛋鹑和种鹑料可达 7%～7.5%。石粉添加过量会降低有机养分的消化率,使育成禽泌尿系统尿酸盐过多,沉积并发生炎症,甚至形成肾结石。蛋鹑则使蛋壳上附着一层薄薄的细粒,影响蛋的合格率。

3. 贝壳粉 是各种贝类外壳(蚌壳、牡蛎壳、蛤蜊壳、螺蛳壳等)经加工粉碎而成的粉状或粒状产品。主要成分为碳酸钙,含钙量不低于 33%。贝壳粉按干物质计,水分 0.4%,钙 36%,磷 0.07%,镁 0.3%,钾 0.1%,钠 0.21%,氯 0.01%,铁 0.29%,锰 0.01%。

4. 蛋壳粉 禽蛋加工厂或孵化厂废弃的蛋壳,经干燥灭菌、粉碎后即得到蛋壳粉。含钙量 34% 左右,还含 7% 的粗蛋白质及 0.09% 的磷。实践证明,蛋壳粉是理想的钙源,利用率甚佳,用于蛋鹑饲料中,具有提高蛋壳硬度的效果,其蛋壳硬度优于石粉。

5. 骨粉 骨粉是以畜禽骨骼经干燥、脱脂、粉碎制成。其主要成分是钙和磷,比例为 2:1 左右,符合动物机体的需要,同时还富含多种微量元素。在鹌鹑饲料中添加量为 1%～3%。不同加工方法的几种骨粉成分和质量标准见表 5-20 和表 5-21。

表 5-20 各种骨粉的营养成分 (%)

类 别	干物质	粗蛋白质	粗纤维	粗灰分	粗脂肪	无氮浸出物	钙	磷
煮骨粉	75.0	36.0	3.0	49.0	4.0	8.0	22.0	10.0
蒸制骨粉	93.0	10.0	2.0	78.0	3.0	7.0	32.0	15.0
脱胶骨粉	92.0	6.0	0	92.0	1.0	1.0	32.0	15.0
焙制骨粉	94.0	0	0	98.0	1.0	1.0	34.0	16.0

表 5-21 饲用骨粉质量标准 (%)

类 别	水 分	粗蛋白质	粗脂肪	粗灰分	钙	磷	钙磷比
一 级	≤10	>20	<4	≤60	≤25	≥13	2:1 以下
二 级	≤10	≥15	≤15	≤60	≤22	≥11	2:1 以下
三 级	≤10	≤14	>15	>60	>25	<11	2.3:1 或>2:1

6. 沙砾 可增强鹌鹑肌胃对饲料的研磨力,提高饲料消化率。

1～30 日龄日粮中可加 0.2%～0.5%细沙砾,30 日龄后可加 1%。

(四)饲料添加剂

饲料添加剂的作用主要是完善饲料营养价值,提高饲料利用率,促进鹌鹑生长和疾病防治,减少饲料在贮存期间营养物质的损失,提高适口性,增加食欲,改进产品质量等。

饲料添加剂分为营养性和非营养性两大类。

1. 营养性添加剂　营养性添加剂的使用原则是缺什么,补什么;缺多少,补多少。主要有微量元素、氨基酸和维生素添加剂等。

(1)微量元素添加剂　有铁、铜、锌、锰、碘、硒、钴的化合物。这些微量元素缺了不行,太多则有害。故要严格按照营养需要与厂家产品说明书正确使用。微量元素含量见表 5-22。

表 5-22　常用微量元素添加剂原料的元素含量

原　料	化学分子式	元素含量
硫酸亚铁(结晶水 7)	$FeSO_4 \cdot 7H_2O$	铁 20.1%
碳酸亚铁(结晶水 1)	$FeCO_3 \cdot H_2O$	铁 41.7%
氯化亚铁(结晶水 4)	$FeCl_2 \cdot 4H_2O$	铁 28.1%
硫酸铜(结晶水 5)	$CuSO_4 \cdot 5H_2O$	铜 25.5%
碳酸铜·孔雀石	$CuCO_3 \cdot Cu(OH)_2$	铜 57.5%
硫酸锌(结晶水 7)	$ZnSO_4 \cdot 7H_2O$	锌 22.7%
碳酸锌	$ZnCO_3$	锌 52.1%
氧化锌	ZnO	锌 80.3%
硫酸锰(结晶水 5)	$MnSO_4 \cdot 5H_2O$	锰 22.8%
氧化锰	MnO	锰 77.4%
碘化钾	KI	碘 76.4%
亚硒酸钠(结晶水 5)	$Na_2SeO_3 \cdot 5H_2O$	硒 30.0%

(2)氨基酸添加剂　主要有赖氨酸、蛋氨酸和色氨酸添加剂,

又称蛋白质强化剂。

①赖氨酸添加剂　我国制定的饲料级 L-赖氨酸盐酸盐国家标准(以干物质计)≥98.5%。其中实含 L-赖氨酸为 80%,而产品中含有的 L-赖氨酸仅为 78.8%。

②蛋氨酸添加剂　天然存在的 L-蛋氨酸与人工合成的 DL-蛋氨酸的生物利用率完全相同,营养价值相等。一般添加量为 0.05%~0.20%,即 500~2 000 克/吨。DL-蛋氨酸在家禽饲料中使用较为普遍。

③DL-色氨酸添加剂　产品外观为白色至淡黄色粉末,难溶于水。在低蛋白质饲料中一般添加量为 0.02%~0.06%。有利于动物增重,改善饲料效率。

(3)维生素添加剂　维生素添加剂种类很多,最好选用鹌鹑专用的维生素,如市场缺货,可选用鸡用的多种维生素一类的添加剂代替。

2. 非营养性添加剂　非营养性添加剂种类很多,现介绍以下几种。

(1)抗生素　抗生素作为促生长饲料添加剂长期使用,会导致微生物产生耐药性,易造成畜禽内源性或二重性感染,使动物体内微生物体系失衡,免疫功能下降,抵抗力降低。而超量使用会在畜禽产品中残留等弊端。目前多用无(低)药残、无(低)污染而能代替抗生素的促生长物质。目前,我国还允许作为饲料添加剂的抗生素有:杆菌肽锌、硫酸黏杆菌素、北里霉素、恩拉霉素、维吉尼亚霉素、泰乐菌素、土霉素、盐霉素和拉沙里菌素钠等。

(2)益生素　益生素是一类有益的活菌制剂。主要有乳酸杆菌制剂、枯草杆菌制剂、双歧杆菌制剂、链球菌制剂和曲霉菌类制剂。活菌益生素功能除可抑制肠道有害微生物繁殖等作用外,其活菌体还含有多种酶及维生素,对刺激动物生长、降低小动物腹泻均有效。目前已有灭活益生素产品,从而克服了活菌益生素不耐高温、对抗生素敏感和不耐酸性环境等缺点。

（3）**抗球虫剂**　抗球虫剂是最主要的驱虫保健添加剂。由于在抗球虫药剂上存在着耐药虫株问题，实践中必须交替使用。目前多使用磺胺喹噁啉、磺胺二甲氧嘧啶、氨丙啉、氯苯胍等。新型的合成类抗球虫药有地克珠利、氢溴酸常山酮等。

（4）**饲料保存剂**　包括抗氧化剂、防霉剂和着色剂等。

①抗氧化剂　主要用于脂肪含量高的饲料，以防止脂肪氧化酸败变质。也常用于含维生素的预混料中。乙氧基喹啉是目前应用最广泛的一种抗氧化剂，还有二丁基羟基甲苯和丁基羟基茴香醚等。

②防霉剂　种类繁多，包括丙酸盐及丙酸、山梨酸及山梨酸钾、甲酸、富马酸及富马酸二甲酯等。其中丙酸及丙酸盐是公认的经济而有效的防霉剂。

（5）**生物活性制剂**　包括酶制剂、复合酶制剂和植酸酶等。

①酶制剂　酶是一类具有生物催化性的蛋白质。饲用酶制剂采用微生物发酵技术或从动植物体内提取，主要分成两大类，一类为外源性消化酶，包括蛋白酶、脂肪酶和淀粉酶等；另一类是外源性降解酶，包括纤维素酶，半纤维素酶，β-葡聚糖酶、木聚糖酶和植酸酶等。其主要功能是降解动物难以消化或完全不能消化的物质或抗营养物质。从而提高饲料营养物质的利用率。饲用酶制剂无毒害、无残留、可降解，保护生态环境。

②复合酶制剂　是由两种或两种以上的酶复合而成，包括蛋白酶、脂肪酶、淀粉酶和纤维素酶等。可使饲粮代谢能提高5％以上，蛋白质消化率提高10％左右，能有效地改善饲料转化率。

③植酸酶　是生产中用量最多的单一酶制剂。可替代部分或全部无机磷，可降低饲料总磷含量，降低饲料成本，提高经济效益，防止磷对环境的污染。

(6)其他添加剂

①着色剂 家禽饲料中的各种类胡萝卜素,不仅控制着家禽脂肪组织的颜色,而且控制着蛋黄、脚和喙的颜色,并对皮肤颜色也有影响。着色剂分为天然着色剂和人工合成着色剂。天然着色剂有类胡萝卜素类、叶黄素类(苜蓿粉、玉米蛋白粉和万寿菊花瓣、辣椒粉、槐叶粉、松针粉、橘皮粉等)。某些原料的叶黄素含量见表5-23。人工合成的着色剂有胭脂红、苋菜红、柠檬黄和 β-阿朴-胡萝卜酸、β-胡萝卜素等。

表 5-23　某些原料的叶黄素含量 （毫克/千克）

原料名称	叶黄素含量	原料名称	叶黄素含量
玉 米	20	苜蓿粉	175
小 麦	4	玉米面筋粉	275
高 粱	1	万寿菊花瓣	7000

引用沈慧乐等译 . 实用家禽营养 . 2010

②饲料风味剂 主要有香料(调整饲料气味)与调味剂(调整饲料滋味)两大类。它不仅可以改善饲料适口性,增进动物采食量,而且可促进动物消化吸收,提高饲料利用率。

香料有人工合成品,如香草醛、丁香醛和茴香醛等。常用的调味剂有甜味剂(甘草、甘草酸二钠等天然甜味剂,糖精、糖山梨醇和甘素等人工合成品)和酸味剂(主要有柠檬酸和乳酸)。

三、饲养标准

为使鹌鹑饲养有一个科学的准则,很多国家通过长期试验,探索鹌鹑对各种营养物质的需要,制定了鹌鹑的饲养标准。我国多是参考国外资料和实践经验。但由于品种、饲料、环境等很多因素都能影响鹌鹑对养分的吸收利用效率,因而标准只是一种适合于一般情况下的平均值。在应用时应根据具体条件和实际效果,进行适当地修正。

下面援引有关鹌鹑的营养需要标准(表 5-24 至表 5-30)以供参考。

表 5-24　中国白羽鹌鹑营养需要建议量

项　　目	0～3 周龄	4～5 周龄	种鹌鹑
代谢能(兆焦/千克)	11.92	11.72	11.72
粗蛋白质(%)	24	19	20
蛋氨酸(%)	0.55	0.45	0.50
蛋氨酸+胱氨酸(%)	0.85	0.70	0.90
赖氨酸(%)	1.30	0.95	1.20
钙(%)	0.90	0.70	3.00
有效磷(%)	0.50	0.45	0.55
钾(%)	0.40	0.40	0.40
钠(%)	0.15	0.15	0.15
氯(%)	0.20	0.15	0.15
镁(毫克/千克)	300	300	500
锰(毫克/千克)	90	80	70
锌(毫克/千克)	100	90	60
铜(毫克/千克)	7	7	7
碘(毫克/千克)	0.30	0.30	0.30
硒(毫克/千克)	0.20	0.20	0.20
维生素 A(单位)	5000	5000	5000
维生素 D(单位)	1200	1200	2400
维生素 E(单位)	12	12	15
维生素 K(单位)	1	1	1
核黄素(毫克/千克)	4	4	4

三、饲养标准

续表 5-24

项　目	0～3周龄	4～5周龄	种鹌鹑
烟酸(毫克/千克)	40	30	20
维生素 B_{12}(微克/千克)	3	3	3
胆碱(毫克/千克)	2000	1800	1500
生物素(毫克/千克)	0.30	0.30	0.30
叶酸(毫克/千克)	1	1	1
硫胺素(毫克/千克)	2	2	2
吡哆醇(毫克/千克)	3	3	3
泛酸(毫克/千克)	10	12	15

引自北京市种鹌鹑场《白羽鹌鹑鉴定技术文件》. 1990

表 5-25　鹌鹑的营养需要

成　分	育　雏	生　长	种　用
	0～2周龄	3～6周龄	产蛋期
粗蛋白质(%)	28	17	18
代谢能(兆焦/千克)	12.13	12.13	12.34
钙(%)	1.3	1.1	3.1
有效磷(%)	0.6	0.48	0.45
钠(%)	0.18	0.18	0.18
蛋氨酸(%)	0.60	0.51	0.52
蛋氨酸+胱氨酸(%)	1.10	0.80	0.82
赖氨酸(%)	1.30	0.90	0.85
苏氨酸(%)	1.10	0.85	0.78
色氨酸(%)	0.24	0.22	0.22

引自沈慧乐等译[美]《实用家禽营养》. 2010

表 5-26　鹌鹑对氨基酸的最低需要量

氨基酸	最低需要量（占饲料%）
蛋氨酸	0.49
胱氨酸	0.32
赖氨酸	1.27
色氨酸	0.24
精氨酸	1.37
苏氨酸	1.12
缬氨酸	1.05
异亮氨酸	1.00
亮氨酸	1.86
苯丙氨酸	1.06
酪氨酸	0.91
组氨酸	0.40

引自前德意志联邦共和国迪高沙公司来华代表团赠送资料. 1981.11

表 5-27　日本鹌鹑日粮中营养物质需要量　（干物质 90%）

营养物质	单　位	雏和生长鹌鹑	种鹌鹑
代谢能	兆焦/千克	12.13	12.13
粗蛋白质	%	24.0	20.0
精氨酸	%	1.25	1.26
甘＋丝氨酸	%	1.15	1.17
组氨酸	%	0.36	0.42
异亮氨酸	%	0.98	0.90
亮氨酸	%	1.69	1.42
赖氨酸	%	1.30	1.00
蛋氨酸	%	0.50	0.45
蛋＋胱氨酸	%	0.75	0.70

续表 5-27

营养物质	单 位	雏和生长鹌鹑	种鹌鹑
苯丙氨酸	%	0.96	0.78
苯丙＋酪氨酸	%	1.80	1.40
苏氨酸	%	1.02	0.74
色氨酸	%	0.22	0.19
缬氨酸	%	0.95	0.92
亚油酸	%	1.0	1.0
钙	%	0.8	2.5
氯	%	0.14	0.14
镁	毫克/千克	300	500
非植酸磷	%	0.30	0.35
钾	%	0.4	0.4
钠	%	0.15	0.15
铜	毫克/千克	5	5
碘	毫克/千克	0.3	0.3
铁	毫克/千克	120	60
锰	毫克/千克	60	60
硒	毫克/千克	0.2	0.2
锌	毫克/千克	25	50
维生素 A	单位/千克	1650	3300
维生素 D_3	单位/千克	750	900
维生素 E	单位/千克	12	25
维生素 K	毫克/千克	1	1
维生素 B_{12}	毫克/千克	0.003	0.008
生物素	毫克/千克	0.3	0.15

续表 5-27

营养物质	单　位	雏和生长鹌鹑	种鹌鹑
胆碱	毫克/千克	2000	1500
叶酸	毫克/千克	1	1
烟酸	毫克/千克	40	20
泛酸	毫克/千克	10	15
吡哆醇	毫克/千克	3	3
核黄素	毫克/千克	4	4
硫胺素	毫克/千克	2	2

引自美国 NRC 鹌鹑营养需要量标准. 1994

表 5-28　鹌鹑的维生素与微量元素的需要

营养成分	最低需要量	营养成分	最低需要量
维生素 A(单位)	7000	烟酸(毫克)	40
维生素 D_3(单位)	2500	胆碱(毫克)	200
维生素 E(单位)	40	维生素 B_{12}(微克)	10
维生素 K(单位)	2	锰(毫克)	70
硫胺素(毫克)	1	铁(毫克)	40
核黄素(毫克)	6	铜(毫克)	10
吡哆醇(毫克)	3	锌(毫克)	80
泛酸(毫克)	5	碘(毫克)	0.4
叶酸(毫克)	1	硒(毫克)	0.3
生物素(微克)	100		

引自. 沈慧乐等译[美]《实用家禽营养》. 2010

三、饲养标准

表 5-29 小型黄羽蛋用鹌鹑营养水平

饲养阶段	代谢能（兆焦/千克）	蛋白质（%）	蛋能比（克/兆焦）	赖氨酸（%）	蛋氨酸（%）	钙（%）	有效磷（%）
育雏育成期	11.43	21.1	1.85	1.19	0.44	0.75	0.5
产蛋期	10.81	20.1	1.86	1.13	0.42	3.25	0.44

引自湖北神丹集团鸟王种禽有限责任公司资料.2010

表 5-30 神丹小型鹌鹑各期营养需要

营养成分	育雏期 0～20 日龄	育成期 21～40 日龄	产蛋期 41～400 日龄		
			产蛋率 80%以上	产蛋率 70%～80%	产蛋率 70%以下
代谢能（兆焦/千克）	12.55	11.72	12.34	11.97	11.72
粗蛋白质（%）	24	22	24	23	22
钙（%）	1.0	2.5	3	3	2.5
磷（%）	0.8	0.8	1	1	0.9
食盐（%）	0.3	0.3	0.3	0.3	0.3
碘（毫克）	0.3	0.3	0.3	0.3	0.3
锰（毫克）	90	90	80	80	70
锌（毫克）	25	25	60	60	50
维生素 A（单位）	5000	5000	5000	5000	5000
维生素 D（单位）	480	480	1200	1200	1200
核黄素（毫克）	0.4	0.4	0.2	0.2	0.2
泛酸（毫克）	10	10	20	20	20
烟酸（毫克）	40	40	20	20	20
胆碱（毫克）	2000	2000	1500	1500	1500
蛋＋胱氨酸（%）	0.75	0.70	0.75	0.75	0.65
赖氨酸（%）	1.4	0.90	1.4	1.4	1.0
色氨酸（%）	0.33	0.28	0.3	0.3	0.25

续表 5-30

营养成分	育雏期 0～20 日龄	育成期 21～40 日龄	产蛋期 41～400 日龄		
			产蛋率 80%以上	产蛋率 70%～80%	产蛋率 70%以下
精氨酸(%)	0.93	0.82	0.85	0.85	0.80
亮氨酸(%)	1.0	0.80	0.90	0.90	0.78
异亮氨酸(%)	0.6	0.6	0.55	0.55	0.50
苯丙氨酸(%)	0.9	0.85	0.87	0.87	0.83
苏氨酸(%)	0.7	0.6	0.63	0.63	0.58
缬氨酸(%)	0.3	0.25	0.28	0.28	0.25
甘+丝氨酸(%)	1.7	1.4	1.4	1.4	0.9
蛋氨酸(%)	0.5	0.4	0.5	0.5	0.4

引自湖北神丹健康食品有限公司资料.2010

四、鹌用配合饲料的种类和组成

配合饲料按营养成分和用途可分为全价配合饲料、混合饲料、浓缩饲料和添加剂预混料等。配合饲料类型和组成见表 5-31。

表 5-31　配合饲料类型和组成

配合饲料类型	所含饲料原料	备　　注
全价配合饲料	能量饲料＋蛋白质饲料＋矿物质饲料＋维生素饲料＋添加剂＋载体或稀释剂	用量 100%
混合饲料	青饲料＋能量饲料＋蛋白质饲料＋矿物质饲料	用量 100%

四、鹌用配合饲料的种类和组成

配合饲料类型	所含饲料原料	备　注
浓缩饲料	蛋白质饲料＋矿物质饲料＋维生素饲料＋添加剂＋载体或稀释剂	用量 20%～40%
基础预混料	矿物质饲料＋维生素饲料＋添加剂＋氨基酸＋载体或稀释剂	用量 2%～6%
添加剂预混料	微量矿物元素＋维生素饲料＋添加剂＋载体或稀释剂	单一或复合,用量≤1%

(一)全价配合饲料

又称完全配合饲料、全日粮配合饲料。一般可根据鹌鹑的品种(系)及其配套系、年龄、生产用途划分为各种型号。此型饲料可以全面满足饲喂对象的营养需要,用户可不必另外添加其他任何物质而直接饲喂鹑类。按料型又可分为粉状饲料与颗粒饲料。

(二)混合饲料

由某些饲料经过简单加工混合而成,为初级配合饲料。主要考虑其能量、蛋白质、钙、磷等营养指标。混合饲料可直接用于饲喂鹑类,但饲养效果欠理想。

(三)浓缩饲料

又称平衡用配合料。浓缩饲料主要由三部分原料构成,即蛋白质饲料、常量矿物质饲料(钙、磷、食盐)和添加剂预混合饲料,通常为全价饲料中除去能量饲料的剩余部分。其一般占全价配合饲料的 20%～40%。这种饲料加入一定量的能量饲料后组成全价饲料喂鹌类。

(四)预混合饲料

又称添加剂预混料或预混料。指由一种或多种添加剂原料（或单位)与载体或稀释剂搅拌均匀的混合物。目的是有利于微量的原料均匀分散于大量的配合饲料中。预混合料不能直接饲喂动物。

预混料可减少微量成分的不理想的性状(如不稳定性、静电荷、吸潮性等)。其优点还在于配料时免除称量单个微量成分。目前某些微量成分由于添加量甚微而以预混料的形式购买。一般来说,预混料可分为下列几类。

1. 商用预混料　由维生素和药物生产厂商制备。直接加入饲料或在进一步稀释后加入。

2. 客户用预混料　由搅拌预混料的厂商用纯微量成分或用商用预混料为客户生产的一种中间型预混料。

3. 场内用预混料　为使预混料在饲料中很好地分布,饲料厂最好使用由预混料厂商制备的场内用预混料。

五、鹌鹑饲粮的配合技术

配合饲粮(又称日粮)首先要了解鹌鹑的营养需要和各种饲料的营养成分。饲粮是根据鹌鹑的饲养标准由各种饲料配合而成。根据国家规定,配合饲料必须在包装上标明生产厂家、生产日期、使用对象、主要原料、保质期、净重、产品标准编号、产品主要成分等。"饲料标签"的主要内容,在选购时应予以充分注意。

(一)配制饲粮的原则

1. 根据鹌鹑饲养标准,并结合当地实践　要按照品种、品系、周龄、体重、生长发育、产蛋率和季节的营养需要进行配合。

2. 根据饲料种类,确定使用比例 各类饲料大致比例如下:谷实类 50％～75％,糠麸类 5％～8％,饼粕类15％～30％,动物性蛋白质饲料 5％～15％,矿物质饲料生长期1％～2％,产蛋期4％～6％,叶(草)粉 1％～4％,食盐 0.3％。

3. 注意适口性 高粱适口性差,且易引起便秘;小麦麸喂多易腹泻;菜籽饼、棉籽饼适口性差,多喂易引起中毒,用量不宜超过5％。用鱼粉时,应注意鱼粉的质量和含盐量。

4. 注意粗纤维含量 日粮中粗纤维含量不宜超过 3％。

5. 配合饲粮时必须充分搅拌 机器搅拌 5～10 分钟,手工搅拌 20 分钟。矿物质、微量元素和维生素等,要预先和辅料混合。如需配制 1 吨饲料,辅料用量至少为 5 千克,然后加入饲料中进行搅拌,以保证均匀。

6. 饲料来源要稳定 尽量使用当地饲料,减少运输,降低成本。

7. 掌握营养成分 对每批饲料种类原料应采样先做营养成分分析,作为配料依据。成品也应做成分检测。

8. 借鉴典型配方,但不可生搬硬套 典型饲粮配方受到广大养鹑户的欢迎,在于实用性强,可根据饲养阶段查配方,照方配料,一不用计算原料配比多少,二不用核算营养指标余缺,为饲养户提供方便。但是,典型饲粮配方是在特定的饲养方式和饲养管理条件下产生的,原料来源比较稳定,质量比较有保障。因此,配方中所提示的营养指标和饲养效果对不同情况的饲养户来说肯定有一定的差异,借鉴时不能生搬硬套。

(二)饲粮的料型

饲粮的形态,可分为粉状、颗粒状和粗屑状饲料。国外还采用液态饲粮。

1. 粉料 由多种饲料经机械磨碎后配合成粉料。特点是较易配合，营养全面，易消化吸收。但切忌磨得太细，影响采食量和适口性，其均匀度也较差。

2. 颗粒料 由配合好的粉料经颗粒机压制成不同大小的颗粒料，较坚实。因在制粒过程中破坏一部分维生素 A 及生长抑制因子，应在制粒时补足维生素 A。

鹌鹑对颗粒料有嗜食性，可增加采食量，减少饲粮浪费。同时易于贮存和运输，但制粒成本高。另外，会增加鹌鹑啄羽癖的发生率。

3. 粗屑料 即颗粒料经粗磨或经特制的压粒机，制出的一种颗粒大小介于粉料和颗粒料之间的产品，很适合于雏鹑和仔鹑采食，且在一定程度上可防止啄羽癖。

（三）试差法配制饲粮

配合饲粮的方法很多，有试差法、四角法、线形规划法等，有条件的还采用电脑配料。这里仅介绍被广泛使用的试差法。例如，用玉米、麸皮、豆饼、鱼粉、骨粉为种鹑配饲粮，可按下列步骤进行。

首先列出饲料养分含量和鹌鹑的营养需要，见表 5-32。

表 5-32 各饲料养分含量和鹌鹑的营养需要

饲 料	代谢能（兆焦/千克）	粗蛋白质（%）	钙（%）	磷（%）	赖氨酸（%）	蛋氨酸＋胱氨酸（%）	粗纤维（%）
玉 米	14.06	8.6	0.04	0.21	0.27	0.31	2.0
麸 皮	6.57	14.4	0.18	0.78	0.47	0.48	9.2
豆 饼	11.05	43.0	0.32	0.5	2.45	1.08	5.7
鱼 粉	12.13	62.0	3.91	2.9	4.35	2.21	—
骨 粉			36.4	16.4			—
种鹑饲养标准	11.7	24	2.5	0.8	1.1	0.8	<5

然后根据经验试定配方并计算与标准相差量。留 5％待补矿物质饲料,若为生长鹑可留 2％(表 5-33)。

表 5-33　配方预算结果

饲　料	试用数量(%)	代谢能(兆焦/千克)	粗蛋白质(%)	赖氨酸(%)	蛋氨酸＋胱氨酸(%)
玉　米	50	7.03	4.3	0.14	0.15
麸　皮	10	0.66	1.4	0.05	0.05
豆　饼	20	2.22	8.6	0.49	0.22
鱼　粉	15	1.82	9.3	0.65	0.33
合　计	95	11.73	23.6	1.33	0.75
与标准相差	−5	＋0.03	−0.4	＋0.23	−0.05

下一步是调整饲料用量,使养分符合要求,并计算矿物质需要量。

上述试定配方代谢能和赖氨酸已能满足需要,但粗蛋白质和蛋氨酸＋胱氨酸含量不足,尤其是蛋氨酸＋胱氨酸缺得较多,故可以用蛋白质和蛋氨酸＋胱氨酸含量都较高的鱼粉或豆饼取代部分含量较低的麸皮。由于鱼粉和麸皮的蛋氨酸＋胱氨酸含量分别为 2.21％和 0.48％,因此每增加 1 份鱼粉取代 1 份麸皮,可增加蛋氨酸＋胱氨酸 0.017％,现尚差 0.05％,可用 3％鱼粉以取代 3％麸皮就能满足需要。调整后的配方见表 5-34。

表 5-34　调整后的配方

饲料名称	用量(%)	代谢能(兆焦/千克)	粗蛋白质(%)	钙(%)	磷(%)	赖氨酸(%)	蛋氨酸＋胱氨酸(%)	粗纤维(%)
玉　米	50	7.03	4.3	0.02	0.11	0.14	0.15	1
麸　皮	7	0.46	1.01	0.01	0.05	0.03	0.03	0.64
豆　饼	20	2.22	8.6	0.06	0.10	0.49	0.22	1.14
鱼　粉	18	2.18	11.16	0.70	0.52	0.78	0.40	0

续表 5-34

饲料名称	用量(%)	代谢能(兆焦/千克)	粗蛋白质(%)	钙(%)	磷(%)	赖氨酸(%)	蛋氨酸+胱氨酸(%)	粗纤维(%)
合　计	95	11.89	25.07	0.79	0.78	1.44	0.80	2.78
与标准比	5	+0.19	+1.07	-1.71	-0.02	+0.34	0	—

　　调整后配方所含各种有机成分均已符合要求。但钙还缺 1.71%，需用 4.7% 骨粉补充(1.71÷0.364＝4.7)。而 4.7% 骨粉中还含磷 0.77，足以补充原来饲粮中磷的不足。再加 0.3% 食盐，其总量正好达 100%。

（四）常用饲粮配方实例

1. 蛋用型鹌鹑饲粮配方　见表 5-35。

表 5-35　蛋用型鹌鹑饲粮配方 （%）

饲料名称	雏鹑			仔鹑				产蛋鹑			
	配方1	配方2	配方3	配方1	配方2	配方3	配方4	配方1	配方2	配方3	配方4
玉　米	54	59	62	65	63	52	57	50.2	47	50	45
豆　饼	25	27	25	20	16	27	24	22	33	21	25
鱼　粉	15	8	7	8	10	10	12	14	10	17	18
小麦麸	3.5	3.5	3.5	5	10	5	3.8	3.8	4	8	5
草　粉	1.5	1.0	1.0	1.5	1.5	5	1.7	4.2	5	—	2
骨　粉	1.0	1.5	1.5	1.5	1.5	1.0	1.5	2	1	4	2
石　粉	—	—	—	—	—	—	—	3.8	—	—	3

注：雏鹑配方 1、仔鹑配方 4、产蛋鹑配方 1 来自北京市种鹌鹑场；仔鹑配方 3、产蛋鹑配方 2 来自北京市莲花池鹌鹑场；产蛋鹑配方 4 来自广东白云山鹌鹑场；其余来自南京农业大学

五、鹌鹑饲粮的配合技术

2. 朝鲜鹌鹑饲粮配方　见表 5-36。

表 5-36　朝鲜鹌鹑饲粮配方　（%）

饲料名称	雏鹑			仔鹑			产蛋鹑	
	配方1	配方2	配方3	配方1	配方2	配方3	配方1	配方2
玉　米	40	54	56	47	59	60	50	51
小　麦	10	—	—	10	—	—	10	—
脱水苜蓿粉	3	—	—	3	—	—	3	—
肉　粉	6	—	—	6	—	—	4	—
鱼　粉	8	15	8.5	2	8	5.5	4	13
熟豆饼	32	—	—	31	—	—	25	—
豆　饼	—	25	28	—	28	25.5	—	25
麸　皮	—	4.5	2.88	—	3.5	3.25	—	2
骨　粉	—	1.5	0.5	—	0.2	0.5	—	1
肉骨粉	—	—	4	—	—	5	—	—
向日葵饼	—	—	—	—	—	—	—	3
碳酸钙	0.5	—	—	0.5	—	—	3.5	—
食　盐	0.5	—	—	0.5	—	0.1	0.5	—
石　粉	—	—	—	—	1.3	—	—	5
蛋氨酸	—	—	0.12	—	—	0.15	—	—

注：①可据饲料品质做适当调整；②引自北京市种鹌鹑场内部资料

3. 黄羽鹌鹑饲粮配方　见表 5-37。

表 5-37　黄羽鹌鹑饲粮配方　（%）

饲料名称	1～7周龄	7周龄以上
玉　米	54.0	55.0
豆　饼	25.0	27.0
鱼　粉	15.0	8.0

续表 5-37

饲料名称	1～7周龄	7周龄以上
麸　皮	4.0	7.0
骨　粉	1.0	1.0
贝壳粉	1.0	2.0

注：①本表引自宋东亮，庞有志，等资料.1996；②1～7周龄雏鹌料每100千克另加
　　禽用多维10克；③7周龄以上鹌鹑饲料，每100千克另加禽用多维20克，干河
　　沙2.5千克

4. 南京农业大学种鹌鹑场鹌鹑饲粮配方　见表5-38。

表 5-38　南京农业大学种鹌鹑场鹌鹑饲粮配方　（％）

饲料名称	雏蛋鹑（0～3周龄）	商品蛋鹑	种　鹑	肉鹑（周龄）	
				0～3	4～5
玉　米	60.2	62.2	61.6	51.1	62.5
小麦麸	2.5	3.0	3.0	3.0	3.0
豆　粕	19.0	7.9	13.8	24.0	20.3
菜籽粕	5.5	4.1	—	4.2	—
进口鱼粉	10.0	15.0	13.6	15.0	11.4
骨　粉	0.5	—	—	0.4	0.4
贝壳粉	0.3	3.7	3.9	0.43	0.37
石　粉	0.19	2.0	2.0	0.2	0.2
赖氨酸	0.16	—	—	—	0.17
蛋氨酸	—	—	—	0.07	0.06
食　盐	0.15	0.1	0.1	0.1	0.1
预混料	1.0	1.0	1.0	1.0	1.0
细沙砾	0.5	1.0	1.0	0.5	0.5

注：夏季，玉米减5％，加鱼粉1％、豆粕2.5％、矿物质0.5％、预混料1％；冬季，加
　　5％～7％玉米粉；南京农业大学饲料添加剂厂专供鹑用预混料

5. 蛋鹑三阶段饲养配套饲粮配方 见表5-39。

表 5-39 蛋鹑三阶段饲养配套饲粮配方 （%）

饲料名称		日　龄		
		1～20	21～40	41～400
玉　米		40	40	45
谷　子		7	8	5
小　麦		5	8	5
麸　皮		6	10	4
豆　饼		25	20	25
鱼　粉		14	11	11
食　盐		0.5	0.5	0.5
生长用矿物质		2.5	2.5	—
产蛋用矿物质		—	—	4.5
多维（另加）		0.010	0.010	0.010
硫酸锰（另加）		0.040	0.040	0.040
硫酸锌（另加）		0.015	0.015	0.015
营养水平	代谢能（兆焦/千克）	11.93	11.10	11.30
	粗蛋白质	22.6	19.0	20.9

引自刘文奎,等．实用五禽饲养新技术．中国林业出版社,1993

6. 蛋鹑四阶段饲养配套饲粮配方 见表5-40。

表 5-40 蛋鹑四阶段饲养配套饲粮配方 （%）

饲料名称	1～21日龄	22～35日龄	36日龄至开产前	产蛋鹑
玉　米	51.4	56	51.8	51.4
麸　皮	3.9	3.9	3.9	3.9
豆　饼	25.7	24.3	22.2	25.7

续表 5-40

饲料名称	1～21 日龄	22～35 日龄	36 日龄至开产前	产蛋鹑
鱼　粉	16.4	13	12	16.4
草　粉	0.9	1	4.2	0.9
骨　粉	1.4	1.5	2.8	1.4
贝壳粉	—	—	2.8	3（另加）
食　盐	0.3	0.3	0.3	0.3
禽用维生素预混料	—	—	—	0.02（另加）

引自罗伯英，等．饲料配方手册．世界图书出版公司，1989

7. 雏、蛋鹌鹑饲粮配方及其营养水平　见表 5-41，表 5-42。

表 5-41　雏鹑饲粮配方及其营养水平　（％）

饲料组成	1 号配方	2 号配方	3 号配方
玉　米	42.83	47.86	49.58
高　粱	10.00	10.00	10.00
豆　粕	22.00	15.00	22.00
白鱼粉	9.00	8.00	10.00
鱼浸膏	2.00	2.00	2.00
麸　皮	11.00	12.00	—
苜蓿粉	2.00	2.00	2.00
饲料酵母	—	1.00	1.00
动物脂肪	—	—	1.80
食　盐	0.25	0.25	0.25
碳酸钙	0.20	0.70	0.40
磷酸氢钙	0.30	0.50	0.50
赖氨酸	0.10	0.27	0.10
蛋氨酸		0.10	0.05

续表 5-41

饲料组成		1号配方	2号配方	3号配方
维生素预混料		0.10	0.10	0.10
	氯化胆碱(50%)	0.12	0.12	0.12
	矿物质预混料	0.10	0.10	0.10
营养水平	代谢能(兆焦/千克)	11.72	11.80	12.55
	粗蛋白质	24.1	21.3	24.1
	粗纤维	3.6	3.5	2.9
	钙	0.91	0.94	0.93
	总 磷	0.70	0.71	0.71
	赖氨酸	1.40	1.40	1.45
	蛋氨酸+胱氨酸	0.74	0.75	0.78

引自安捷,等.饲料——原料·添加剂·配方·标准.农业出版社,1990

表 5-42 蛋鹑饲粮配方及其营养水平 (%)

饲料名称	生长期配方*	产蛋期配方			
		1号**	2号**	3号*	4号*
玉 米	48.00	42.00	56.00	53.00	45.00
小 麦	—	—	—	4.00	—
麸 皮	5.50	6.00	—	—	5.00
豆 饼	27.25	22.00	10.00	21.00	26.00
玉米胚芽饼	—	12.00	—	—	—
菜籽饼	5.00	—	8.00	—	7.00
花生饼	—	—	—	3.00	—
糠 饼	4.00	—	—	—	3.75
鱼 粉	5.00	15.00	12.00	13.00	4.00
血 粉	2.00	—	—	—	2.00

续表 5-42

饲料名称	生长期配方*	产蛋期配方			
		1号**	2号**	3号*	4号*
蚕　蛹	—	—	10.00	—	—
骨　粉	1.00	2.50	4.00	3.00	2.00
贝　粉	—	—		3.00	3.00
食　盐	0.25	0.49		另加	0.25
添加剂	2.00	0.01	—	另加	2.00
营养水平 代谢能（兆焦/千克）	11.76	11.92	11.55	12.22	11.21
粗蛋白质	21.5	23.8	22.7	23.3	22.1
钙	0.72	1.6	2.0	2.70	2.06
磷	0.72	1.3	0.85	1.02	0.85

＊引自刘纯洁编译．配合饲料设计，科学技术文献出版社重庆分社

＊＊引自安捷，等．饲料—原料·添加剂·配方·标准，农业出版社，1990

8. 种鹌、产蛋鹌的饲料配方及其营养水平　见表 5-43。

表 5-43　种鹌、产蛋鹌的饲料配方及其营养水平　（％）

饲料组成	1号配方	2号配方
玉　米	42	51
豆　饼	10	22
花生饼	—	12
棉仁饼	5	—
麦　粉	15	—
玉米胚芽饼	10	—
鱼　粉	5	4
大　麦	3	—

续表 5-43

饲料组成	1 号配方	2 号配方
麸　皮	5	6
叶　粉	2	—
骨　粉	3	2
石　粉	—	1
贝壳粉	—	2
营养水平 代谢能(兆焦/千克)	11.92	12.09
粗蛋白质	22.77	23.60
钙	3.12	2.50
磷	1.02	0.78
赖氨酸	1.00	1.16
蛋氨酸	0.28	0.32

引自安捷,等．饲料—原料·添加剂·配方·标准．农业出版社,1990

9. 鹌鹑产蛋和停产的饲料配方　见表 5-44。

表 5-44　鹌鹑产蛋和停产的饲粮配方　（%）

饲料组成	产蛋配方	停产配方
玉　米	45	60
谷　糠	8	15
麸　皮	—	20
豆　饼	20	—
鱼　粉	17	—
贝壳粉	4	5
骨　粉	4	—
畜禽生长素	1	0.5(另加)
畜用土霉素	1	0.5(另加)

续表 5-44

饲料组成	产蛋配方	停产配方
多种维生素(另加)	0.3	0.25
细沙(另加)	1	1

注:①本配方可控制鹌鹑产蛋。使用产蛋配方,要把干粉料拌成稀米饭样,不可干喂;冬季要注意保温;一般用料2~3天母鹑即可产蛋,年产蛋300个以上。使用停产配方,饲料也要拌湿,但不要拌稀,一般用料2~3天即停止产蛋。
②配方引自王峰,等.《鹌鹑生产技术》.农业出版社,1990

10. 南京农业大学种鹌鹑场鹌鹑代饲粮配方　见表 5-45。

表 5-45　南京农业大学种鹌鹑场鹌鹑代饲粮配方　(%)

饲料名称	雏鹑 (0~3 周龄)	种仔鹑 (4~ 5周)	种鹑 (开产至 淘汰)	商品 蛋鹑	肉用仔鹑	
					(0~2周龄)	(3~4周龄)
蛋鸡料(产蛋率> 60%)	—	97.2	—	—	—	—
蛋鸡料(产蛋率> 80%)			96.2	97.0		
肉鸡前期料	96.9	—	—	—	95.8	
肉鸡后期料						97.4
鹑用预混料	0.6	0.6	0.6	0.6	0.6	0.6
进口鱼粉	0.6	0.3	0.6	0.4	0.6	—
豆　粕	1.2	1.2	1.8	1.2	2.4	1.2
脂肪粉	0.1	—	0.1	0.1	0.1	0.35
细沙砾	0.5	0.6	0.6	0.6	0.3	0.35
喂大快(不加鱼粉时)	0.1	0.1	0.1	0.1	0.2	0.1

注:夏季酌减玉米5%,增加蛋白质料、矿物质料、预混料;冬季酌加5%玉米。蛋鸡料及鹑用预混料购自南京饲料厂

11. 鹌鹑无鱼粉饲粮配方　见表 5-46。

表 5-46　鹌鹑无鱼粉饲粮配方　（%）

项　目		0～2 周龄	3～4 周龄	5 周龄
饲料配合比例	玉　米	48	51	57
	豆　饼	39	35	29
	麸　皮	4.15	4.44	4.64
	菜籽饼	5	5	4.7
	鱼　粉	—	—	—
	大豆油	1.5	1.8	1.7
	磷酸氢钙	1.2	1.6	1.8
	碳酸钙	0.5	0.5	0.5
	蛋氨酸	0.14	0.15	0.15
	禽用多维素	0.01	0.01	0.01
	微量元素	0.15	0.15	0.15
	氯化胆碱	0.05	0.05	0.05
	食　盐	0.3	0.3	0.3
	合　计	100	100	100
营养成分	代谢能(兆焦/千克)	12.30	12.46	12.57
	粗蛋白质	25.32	23.82	21.60
	粗脂肪	5.82	6.01	5.80
	粗纤维	4.09	4.02	3.74
	钙	0.89	0.86	0.84
	磷	0.60	0.61	0.60
	赖氨酸	1.25	1.08	0.95
	蛋＋胱氨酸	0.78	0.77	0.73

引自无锡市畜牧兽医站试验资料

12. 肉用仔鹑饲粮配方 见表 5-47，表 5-48。

表 5-47 肉用仔鹑饲粮配方之一 （%）

饲料名称		前期(0～2周龄)			中期(3～4周龄)			后期(5周龄)		
		A	B	C	A	B	C	A	B	C
饲料配合比例	玉 米	55	50	48	58	55	51	64	60	57
	豆 饼	34	36	39	29	32	35	22	26	29
	麸 皮	3.15	4.79	4.15	2.99	3.54	4.44	4.09	4.64	4.64
	菜籽饼	—	3.0	5.0	2.0	3.0	5.0	2.0	3.0	4.7
	鱼 粉	6	3	—	6	3	—	6	3	—
	大豆油	—	1.0	1.5	—	1.0	1.8	—	0.9	1.7
	磷酸氢钙	1.0	1.3	1.2	1.2	1.5	1.6	1.1	1.5	1.8
	碳酸钙	0.54	0.50	0.50	0.50	0.50	0.50	0.50	0.50	0.50
	蛋氨酸	0.10	0.10	0.14	0.10	0.15	0.15	0.10	0.15	0.15
	禽用多维素	0.01	0.01	0.01	0.01	0.01	0.01	0.01	0.01	0.01
	微量元素	0.15	0.15	0.15	0.15	0.15	0.15	0.15	0.15	0.15
	氯化胆碱	0.05	0.05	0.05	0.05	0.05	0.05	0.05	0.05	0.05
	食 盐	—	0.1	0.3	—	0.1	0.3	—	0.1	0.3
	合 计	100	100	100	100	100	100	100	100	100
营养成分	代谢能(兆焦/千克)	12.42	12.30	12.30	12.46	12.47	12.46	12.59	12.57	12.57
	粗蛋白质	25.40	25.36	25.32	23.52	23.77	23.82	21.60	21.62	21.60
	粗脂肪	4.46	5.39	5.82	4.44	5.29	6.01	4.31	5.09	5.80
	粗纤维	3.32	3.81	4.09	3.31	3.56	4.02	3.13	3.46	3.74
	钙	0.86	0.84	0.89	0.87	0.86	0.86	0.84	0.84	0.84
	磷	0.63	0.63	0.60	0.64	0.64	0.64	0.60	0.62	0.60
	赖氨酸（克/千克）	1.25	1.20	1.25	1.16	1.11	1.08	1.01	0.99	0.95
	蛋＋胱氨酸（克/千克）	0.77	0.76	0.78	0.76	0.78	0.77	0.71	0.72	0.73

引自南京农业大学畜牧系论文资料．林其骙．1993

五、鹌鹑饲粮的配合技术

表 5-48　肉用仔鹑饲粮配方之二　（%）

项　目		0～2 周龄			2 周龄以上		
		配方1	配方2	配方3	配方1	配方2	配方3
饲料配合比例	玉　米	59.1	46.5	49	64.4	51.1	55.2
	豆　粕	26.3	35.7	24.7	21	30.2	20.7
	鱼粉(进口)	12	8	9.5	12	8.0	10
	石粉/贝壳粉	1.47	1.45	1.46	1.47	1.49	1.51
	磷酸氢钙		0.4	0.13		0.45	0.2
	DL蛋氨酸		0.06	0.05		0.04	0.03
	预混料	1	1	1	1	1	1
	食　盐	0.13	0.19	0.16	0.13	0.22	0.16
	菜籽饼		4	4		4	
	植物油		2.7			3.5	
	膨化大豆			10			11.2
营养成分	粗蛋白质	24	26	26	22	24	24
	钙	1.05	1.05	1.05	1.05	1.05	1.05
	磷	0.52	0.5	0.5	0.5	0.5	0.5
	钠	0.15	0.15	0.15	0.15	0.15	0.15
	赖氨酸	1.37	1.4	1.46	1.24	1.3	1.38
	蛋+胱氨酸	0.86	0.8	0.95	0.8	0.88	0.87
	蛋氨酸	0.5	0.54	0.54	0.47	0.5	0.5

13. 肉用仔鹑饲料配方及其营养水平 见表 5-49。

表 5-49 肉用仔鹑饲料配方及其营养水平 （％）

饲料组成		22～35 日龄	35 日龄至开产前
饲料配合比例	玉 米	56.00	51.85
	豆 饼	24.00	22.20
	鱼 粉	13.00	12.00
	麸 皮	3.90	3.55
	干草粉	1.00	4.20
	骨 粉	1.50	2.80
	贝壳粉	—	2.80
	食 盐	0.30	0.30
	添加剂	0.30	0.30
营养水平	代谢能（兆焦/千克）	12.22	11.51
	粗蛋白质	23.71	22.25

引自安捷,等. 饲料—原料·添加剂·配方·标准. 农业出版社,1990

14. 北美鹌鹑的饲粮配方 见表 5-50。

表 5-50 北美鹌鹑的饲粮配方 （％）

成 分	0～4 周	4～6 周	6～12 周	12 周～成鹑	种 鹑
玉 米	44.15	55.85	71.85	65.40	59.00
麦 麸	—	—	—	5.00	4.35
豆粕(48％蛋白质)	43.50	34.80	18.70	24.00	24.5
苜蓿粉(17％蛋白质)	2.50	2.50	2.00	2.65	—
鱼粉(60％蛋白质)	5.00	4.00	—	—	—
肉骨粉	—	—	5.00	—	5.00
动物脂肪	1.70	—	—	—	—

续表 5-50

成　　分	0～4 周	4～6 周	6～12 周	12 周～成鹑	种鹑
DL-蛋氨酸	0.18	0.10	0.15	0.13	0.10
赖氨酸	—	—	0.41	0.07	—
磷酸氢钙	1.60	1.30	0.70	1.50	0.60
石　粉	0.90	1.00	0.74	0.80	6.00
食盐	0.25	0.25	0.25	0.25	0.25
维生素-矿物质组合	0.20	0.20	0.20	0.20	0.20
氨丙啉	0.25	0.25	—	—	—
杆菌肽	0.20	0.20	—	—	—
营养水平　蛋白质(%)	28	24	18	18	20
代谢能(兆焦/千克)	12.00	12.18	12.73	12.20	11.76
钙(%)	1.10	1.00	0.95	0.75	2.95
有效磷(%)	0.60	0.50	0.45	0.40	0.45
赖氨酸(%)	1.70	1.40	1.20	1.00	1.00
蛋氨酸＋胱氨酸(%)	1.10	0.90	0.70	0.75	0.75

15. 法国肉用鹌鹑饲粮配方　见表 5-51 至表 5-54。

表 5-51　法国肉用鹌鹑饲粮配方　(%)

饲料名称	0～2 周龄	3～5 周龄
玉　米	46.0	55.4
豆　饼	35.0	33.5
葵花籽饼	3.5	—
骨肉粉	2.5	—
羽毛粉	5.0	2.4
鱼　粉	5.0	5.0
骨　粉	0.3	0.8

续表 5-51

饲料名称	0～2周龄	3～5周龄
麸 皮	2.5	2.5
石 粉	—	0.3
赖氨酸	0.2	0.1

表 5-52 法国肉用种鹑饲粮配方

<table>
<tr><td rowspan="2" colspan="2">饲　料</td><td>育雏期</td><td>育成期</td><td>种鹑期</td></tr>
<tr><td>1～20 日龄</td><td>21～40 日龄</td><td>41 日龄以上</td></tr>
<tr><td colspan="2">玉米粉(%)</td><td>56</td><td>60.5</td><td>54</td></tr>
<tr><td colspan="2">豆饼粉(%)</td><td>26</td><td>20</td><td>23</td></tr>
<tr><td colspan="2">鱼 粉(%)</td><td>3</td><td>3</td><td>3</td></tr>
<tr><td colspan="2">蚕蛹粉(%)</td><td>5</td><td>5</td><td>5</td></tr>
<tr><td colspan="2">麸皮和米糠(%)</td><td>3</td><td>5</td><td>5</td></tr>
<tr><td colspan="2">槐叶粉(%)</td><td>5</td><td>5</td><td>5</td></tr>
<tr><td colspan="2">骨 粉(%)</td><td>2</td><td>1.5</td><td>2</td></tr>
<tr><td colspan="2">蛎壳粉或石粉(%)</td><td>—</td><td>—</td><td>5</td></tr>
<tr><td rowspan="5">添

加</td><td>蛋氨酸(%)</td><td>0.15</td><td>0.10</td><td>0.10</td></tr>
<tr><td>硫酸锰(毫克/千克)</td><td>180</td><td>180</td><td>180</td></tr>
<tr><td>硫酸锌(毫克/千克)</td><td>160</td><td>160</td><td>160</td></tr>
<tr><td>禽用多维素(毫克/千克)</td><td>120</td><td>80</td><td>100</td></tr>
<tr><td>食 盐(%)</td><td>0.2</td><td>0.2</td><td>0.2</td></tr>
</table>

引自北京市种鹌鹑场(1986)内部资料

表 5-53 法国肉用仔鹑饲粮配方 （%）

饲料名称	0～2周龄	3～5周龄
玉 米	46	55.4
豆 饼	35	33.5

续表 5-53

饲料名称	0～2 周龄	3～5 周龄
向日葵饼	3.5	—
肉骨粉	2.5	—
羽毛粉	5	2.4
鱼 粉	5	5
骨 粉	0.3	0.8
小麦麸	2.5	2.5
石 粉	—	0.3
赖氨酸	0.2	0.1

说明：①添加剂外加；②引自北京市种鹌鹑场(1986)内部资料

表 5-54　法国仔鹑肥育期典型饲粮　（%）

饲料名称	配比	饲料名称	配比
玉 米	47	鱼粉(70%)	2
小 麦	10	豆饼(44%)	31
苜蓿粉	3	碳酸钙	0.5
肉粉(50%)	6	食 盐	0.5

注：括号内数字为粗蛋白质含量

16. 肥育鹌鹑饲粮配方　见表 5-55。

表 5-55　肥育鹌鹑饲粮配方　（%）

饲料名称	配方 1	配方 2	配方 3	配方 4
米 糠	43	31	53	20
糙 米	14	—	10	38
玉 米	—	25	21	14
谷 子	—	19	—	—
大豆粉	14	—	11	—

续表 5-55

饲料名称	配方1	配方2	配方3	配方4
鱼　粉	22	19	—	20
蚝壳粉	7	6	5	8
另加青菜	适量	适量	适量	适量

（五）饲料的近似等价替换法

在生产实践中自行配制饲粮时,常由于原料的变动或供应的变化或因饲料原料价格调整等,必须对原来配方做适当的修正,增加或减少某些饲料的用量,在不影响饲喂效果的前提下,可能用一些农副产品来代替昂贵的或来源少的蛋白质、维生素和矿物质饲料,部分饲料与豆粕、玉米和麸皮的等价代换值见表 5-56。

表 5-56　家禽饲料的近似等价变换值　（%）

饲料名称	每增加1%应增减的豆粕、玉米、麸皮			饲料名称	每增加1%应增减的豆粕、玉米、麸皮		
	豆粕	玉米	麸皮		豆粕	玉米	麸皮
小　麦	−0.09	−0.84	−0.07	米　糠	−0.10	−0.61	−0.29
大　麦	−0.01	−0.65	−0.34	米糠粕	−0.07	−0.19	−0.74
裸大麦	−0.03	−0.65	−0.32	玉米蛋白饲料	−0.14	−0.18	−0.68
高　粱	+0.04	−0.83	−0.21	玉米胚芽饼	−0.09	−0.08	−0.83
稻　谷	+0.07	−0.65	−0.42	麦芽根	−0.33	+0.27	−0.94
糙　米	−0.03	−1.06	+0.09	熟大豆	−0.86	−0.64	+0.50
碎　米	−0.08	−1.07	+0.15	熟蚕豆	−0.38	−0.43	−0.19
燕　麦	−0.03	−0.65	−0.32	大豆饼	−0.96	−0.17	+0.13
次　粉	−0.09	−0.81	−0.10	玉米蛋白粉（粗）蛋白质50%	−1.02	−0.68	+0.70

续表 5-56

饲料名称	每增加1%应增减的豆粕、玉米、麸皮			饲料名称	每增加1%应增减的豆粕、玉米、麸皮		
	豆粕	玉米	麸皮		豆粕	玉米	麸皮
向日葵饼	−0.39	+0.19	−0.80	亚麻仁饼	−0.40	−0.27	−0.33
向日葵粕	−0.56	−0.02	−0.42	亚麻仁粕	−0.53	+0.05	−0.52
花生饼	−0.73	−0.41	+0.14	芝麻饼	−0.53	−0.10	0.37
花生粕	−0.79	−0.27	+0.06	秘鲁鱼粉	−2.06	+0.14	+0.92
菜籽饼	−0.54	+0.30	−0.09	国产鱼粉	−1.37	−0.12	+0.49
菜籽粕	−0.62	+0.17	−0.55	血粉(喷雾)	−2.7	+0.51	+0.96
棉籽饼	−0.40	−0.03	−0.57	肉骨粉	−1.02	+0.22	−0.20
棉籽粕	−0.51	0.10	−0.59	水解羽毛粉	−1.27	−0.15	+0.42
米糠饼	−0.09	−0.46	−0.45	苜蓿草粉	+0.50	+0.45	−0.50

(六)自配成鹑饲料

养鹑户如果自行配制饲料,根据诸多配料实践,可参考自配成鹑饲料各类饲料大致比例(表5-57),同时考虑货源、价格、代饲料等因素,再结合自己配料体会,使鹌鹑达到高产、优质、低耗料、高效益的指标。

表 5-57　自配成鹑饲料各类饲料大致比例

饲料种类	所占比例(%)
谷物	40~55
糠麸	3~8
植物性蛋白质饲料	20~30
动物性蛋白质饲料	10~20
根茎(薯类代替谷物饲料)	15~30

续表 5-57

饲料种类	所占比例(%)
青饲料	10～15
矿物质饲料	2～3
维生素添加剂	100～200 毫克/千克饲料
食　盐	0.3～0.5

引自康玉珍,等．怎样养鹌鹑．1984

浙江省宁波市鄞州区梅墟镇饲养场朝鲜鹌鹑低鱼粉饲粮配方:玉米 53%,米糠 8%,菜籽饼 15%(添加菜籽饼解毒剂——6107 添加剂),羽毛粉 5%,鱼粉 5%,贝壳粉 8%,血粉 5%,沙子 1%,食盐 0.3%。

蛋鹑产蛋率为 90%左右,经济效益明显。

江西省上饶县沙溪赣东北地质大队养鹑户赵金富养鹑试验,以 20%去毒菜籽饼取代相应的豆饼饲养蛋鹑,产蛋率保持在 90%左右,且饲料成本显著降低。

(七)调整饲粮

即根据产蛋鹑群体状况、产蛋率、饲养环境、气候等各种条件的变化,及时调整日粮的营养浓度,以求节省饲料,而获得较多的产品及较高的经济效益,实不失为一种科学的蛋鹑饲养法。

1. 根据不同产蛋阶段调整日粮　新产母鹑初产阶段产蛋量不是很多,至 8 周龄左右产蛋才进入高峰期。初产蛋鹑如过早开产,会招致脱肛或难产现象,引起 3%的死淘率。反之,如在产蛋高峰期过多供给能量和蛋白质,会使蛋鹑偏肥,招致缩短产蛋高峰期,降低产蛋率。产蛋高峰期过去后,突然大幅度降低营养水平,又将会影响下一个产蛋期水平。所以,有必要按产蛋阶段对营养需要调整日粮。

2. 根据气候和环境条件调整日粮　气候与环境条件对蛋鹑产蛋性能影响极大。鹑舍温度超过 30℃ 或低于 12℃ 时,产蛋鹑的采食量与新陈代谢变化很大,为此必须及时调整日粮营养浓度。

夏季调整日粮配方即提高饲料中蛋白质和钙、磷、维生素的含量,降低饲料中能量水平,特别要注意饲料的多样化、全价化。饲料粗蛋白质含量可提高 2%～3%,使日粮中豆粕(豆饼)含量增至 20%～25%,鱼粉、骨粉料加至 5%～6%。有条件的还应多喂些麦芽、西瓜皮等新鲜青绿饲料。早晚凉爽时多喂料,午间可加喂青绿多汁饲料,以促进食欲,使蛋鹑保持正常的食欲,才能达到正常的产蛋率。

冬季,气温降低,蛋鹑采食量增多,要减少粗料和青饲料,增加鱼粉和玉米饲料用量。

3. 根据蛋的质量调整日粮　当鹑蛋的蛋壳太薄,强度低,或产沙壳蛋、软壳蛋等,就要调整日粮中的钙、磷比例,钙磷比例甚至可增大至 5～2∶1,每只蛋鹑每天补充维生素 D_3 100～150 单位。

(八)生态环保饲料的研制

生态环保饲料,也称生态饲料或称环保饲料。即指具有解决畜产品公害和减轻畜禽粪便对环境污染功能的饲料。它要求从饲料原料的选购、配方设计,到加工饲喂等过程进行严格控制,从而消除或控制可能发生的畜禽公害和对环境的污染。生态环境饲料已面市,而且符合 A 级绿色食品生产要求。可见,环保优势必成为饲料开发的新趋向。

坚持饲料安全即食品安全的准则,但这是一项系统工程。具体研制生态环保型饲料,应做到以下几点。

第一,选择符合生产绿色畜产品要求和消化率高的饲料原料。这样至少可减少 5% 的粪氮排出量。

第二,要求准确估测动物对营养的需要量和营养物质的利用率,选择优质的原料。

第三,要按理想蛋白质模式,以可消化氨基酸含量为基础配制符合动物生理需要的平衡日粮,以提高蛋白质的利用率,减少氮的排出。

第四,采用酶制剂、益生素等添加剂,以提高饲料的利用率。可减少氮排出量 2.9%～25%。

第五,使用除臭剂,减少动物粪便臭气的产生。当日粮中添加活性炭、沙皂素等除臭剂可明显减少粪中氨及硫化氢等臭气产生,粪中的氨气量可减少 40%～50%。

第六,采用膨化和颗粒化加工技术,破坏或抑制饲料中的抗营养因子、有毒有害物质和微生物,以改善饲料卫生,提高养分消化率,减少排出量。

第七,不使用高铜、高锌日粮。长期使用高剂量的铜和锌,将使这些元素大量排出体外,对生态环境造成污染。

第六章　提高种鹌蛋合格率与受精率技术

鹌鹑的蛋重小、蛋壳较薄，鹌鹑择偶性强、喜啄斗等，常影响到鹑蛋合格率与受精率。为此，必须采取综合性的技术措施。

一、提高种鹑蛋合格率技术

(一)选养蛋壳品质良好的鹌鹑品系

蛋壳质量直接关系到种蛋破损率、孵化率，值得重视。蛋壳薄又脆除与饲料有关外，也与遗传有关。故在选种时应注意选购良种品系，特别是选养蛋壳良好的品系，可防止蛋壳破损率增加。

(二)选择符合品种(系)及配套系标准的蛋重

据遗传力分析，鹑蛋重与鹑出壳初生重的遗传相关系数达0.75，属于强相关。如蛋重为12.5克，则孵出的雏鹑初生重为8.5克(按初生雏重为蛋重的68%计算)。因此，种蛋的重量直接关系到种蛋的合格率与初生雏鹑的生长发育。例如，初产蛋重与开产后6周蛋重的表型相关系数为0.78，遗传相关系数为0.97，可见初产蛋重之重要。又如，蛋重与受精蛋孵化率的遗传相关系数为0.53，属中等程度相关，也绝不可忽视。

(三)选择合适体重的种鹑

根据测定，5周龄体重与种蛋重的表型相关系数为0.28，遗传相关系数为 0.61,可见其重要。为此,确定留种时间应在 5 周龄时,对每只母鹑称测体重(在标准体重范围内),并结合外貌而选定,然后带上种鹑标志的脚号。

(四)限制饲喂技术的应用

在 22～35 日龄期间,仔鹑一方面在快速生长,同时也在继续换羽,所以对蛋白质的需求量较高;另一方面,其性成熟期愈来愈近,如不进行饲料的限制(饲粮的量或质),极有可能造成性早熟,在 5 周龄左右即见蛋,从而影响初产蛋重及日后的蛋重,甚至影响产蛋量。其种蛋合格率必然下降,也势必影响到孵化率。

(五)选择合适的种鹑笼

其中特别要选好底网、集蛋网的规格和倾角。既可保证不沾鹑粪,又大大减少种蛋的破损率。

二、提高种鹑蛋受精率技术

(一)鹌鹑生殖系统

种蛋的受精率直接关系到孵化率与健雏率。而受精率的高低在很大程度上取决于配偶比例与方式。为此,应先熟悉一下鹌鹑的生殖生理特点。

公鹑生殖器官(图 6-1)有睾丸 1 对,左侧比右侧大,呈椭圆状,包膜淡黄色或灰白色,睾丸实体呈豆腐样。鹌鹑睾丸相对较鸡的为大,成年公鹑睾丸重量约为其体重的 3%,而公鸡睾丸仅为 1%。退化的交尾器呈舌状。每次排出的精液量极少(仅 0.01 毫升)。

母鹑生殖器官(图 6-2)由卵巢与输卵管构成。成年母鹑的生殖器官约占体重的 10%。卵巢左侧发达,右侧退化。卵巢是产生卵细胞(卵黄)的器官,卵细胞呈不规则的粒状体,每个都被一层薄的卵泡膜所包围。成熟的卵黄由裂线处落入输卵管的漏斗部,经蛋白分泌部、峡部在子宫部形成蛋壳,并在蛋壳上染上褐色或青紫色的斑块或斑点,经阴道部产出鹌蛋。

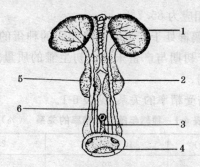

图 6-1　雄鹌鹑的生殖系统示意图

1. 睾丸　2. 输精管　3. 直肠　4. 泄殖腔
5. 肾脏　6. 输尿管

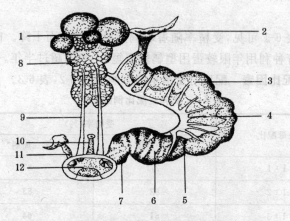

图 6-2　雌鹌鹑的生殖系统示意图

1. 卵巢　2. 漏斗部　3. 蛋白分泌部　4. 回管　5. 峡部
6. 子宫　7. 阴道　8. 肾脏　9. 输尿管　10. 直肠
11. 退化的右输卵管　12. 泄殖腔

（二）影响种鹌蛋受精率的因素

1. 年龄因素　迪法克肉鹌，按 1∶3 配比，随机抽取 45～65 日龄组的种蛋受精率平均为 88.2%，3～6 月龄组相应为 97.5%，11～14 月龄组相应为 85.7%。

统计表明，鹌群处于产蛋率高峰期间的种蛋的受精率与孵化率明显高出开产初期与产蛋末期。初生雏的质量亦然。故 3～6 月龄为采种佳期。

种鹌年龄与受精率的关系，见表 6-1。

表 6-1　种鹌年龄与受精率的关系　（%）

母鹌年龄(周龄)	10 周龄公鹌	25 周龄公鹌
10	79	77
25	68	60

引自《家禽科学》

由表 6-1 可见，受精率随着鹌鹑周龄的增加而下降。肉用型鹌鹑的育种利用年限较蛋用型鹌鹑更短，一般不超过半年。

2. 配比因素　配比对受精率的影响见表 6-2，表 6-3。

表 6-2　鹌鹑交配比例的影响

公母配比	受精率(%)	
	第一周期	第二周期*
1∶1	77	87
1∶2	82	83
1∶3	61	64
1∶4	44	52

＊用新选的年轻公鹌代替第一周期的公鹌

表 6-3　朝鲜鹌鹑公母配比与受精率

公母配比	1：2	1：5	3：20	1：10
受精率(%)	89	85	83	75

引自王天林．鹌鹑主要数量性状的遗传分析．1985

在英国，在垫圈里用 1：4 和笼养里用 1：5 的交配比率，得到了令人满意的受精率，从而使每只种母鹑提供更多的雏鹑。在澳大利亚，常用交配比率为 1：2，即一组饲养 3 只。

3. 甲状腺活性因素　甲状腺活性与受精率的关系，见表 6-4。

表 6-4　甲状腺素(硫脲嘧啶)对鹌鹑受精率与孵化率的影响

项　　目	对照群(组)	甲状腺素处理群(组)
受精率(%)	70	93
孵化率(%)	65	78

4. 断配天数因素　据王天林关于断配天数与受精率的试验，表明精子在母鹑生殖道内最多能存活 10 天(配比为 1 公比 2 母)。因此，最好利用断配 5 天内种鹑产的鹑蛋入孵，可使受精率达到 81％～88％。断配期越长，其种蛋受精率越低，如断配天数达 11 天时，受精率为 0(表 6-5)。

表 6-5　鹌鹑断配天数与受精率

断配天数	1	2	3	4	5	6	7	8	9	10	11
受精率(%)	88	88	86	83	81	77	63	33	6	2	0

5. 影响种鹑蛋受精率的其他因素　①选择交配(择偶习性)。②在一个饲养群中干扰交配和啄斗。③在低温(15℃以下)时，公鹑不爱活动。④体重较大的母鹑趋向产大蛋，这样的蛋使受精率和孵化率变低。⑤近亲交配，一个 10％的近交水平可使受精率降

低 11%。

6. 预测种蛋受精率的方法

(1)剖检破损的种蛋　将培养皿放在黑布(或黑纸)上,用剪刀从鹌蛋钝端处剪开气室部位,剔除壳膜,将蛋的内容物倾倒在培养皿中,如在蛋黄表面中央部位看到一小粒实心白点,为无精蛋,称为胚珠;如为一小同心圆状,直径 2～3 毫米,则为受精蛋,称为胚盘。如见不到胚珠或胚盘,则是蛋黄翻转到了底背面,可重新翻倒入另一培养皿中观察。

统计剖检蛋中的受精蛋数,即可了解受精百分率。剖检数量不宜过少,如实在破蛋率低,可将小蛋或被粪、泥、垫料污染的种蛋进行剖检,因为它们已丧失了入孵种蛋条件。

(2)照蛋器检查种蛋　将 6～7 日龄胚蛋在照蛋器灯光下检查,若为无精蛋,则通体透亮,仅见蛋黄阴影;如为活胚蛋,由于卵黄囊血管网的分布,蛋体泛红色,且可见黑色素沉积的眼珠(黑点)。采用上述检查法可计算出种蛋受精率情况。

实践中只需抽几盘蛋照检即可。

(3)观察种鹌交配频率与分泌物密度　凡交配频率高,以及观察到承粪盘内泄殖腔腺分泌的泡沫状物的密度高,可预期种蛋受精率亦高。

(三)提高种鹌蛋受精率的方法

1. 小群配种　采用 2 公比 5～6 母(或 7 母)的小笼自然交配法。按笔者经验,这种比例较为合适,特别适用于育种场,受精率较高。

2. 中群配种　采用 5 公比 15(或 16)母,或 10(或 11)公比 30母的自然交配法。此法可在公鹌间建立比较稳定的优势等级,受精率也高。适宜于一般种鹌场。

3. 定期更换种公鹌　除有公鹌等级范围之分外,似乎配偶选择与被选择的习性已淡化了,另与公鹑一心沉醉于交配欲也有关。在配种期,每隔1~3个月将原配种公鹑淘汰,补充已经具有交配能力的新的年轻公鹑,这样可保持较高的受精率。但公鹑必须是原来同笼饲养的,可免除剧烈的啄斗。这样做成本稍高,但不少单位仍乐意采用此法。对于提高肉用鹑的受精率尤为有效。交换公鹑须夜间进行,以免引起应激。

4. 树立种公鹑的优势地位　在选种和选配后,转入种鹑笼时,应先放入种公鹑,数日后再将母鹑放入,以免母鹑欺负公鹑,有利于交配受精。实践证明,公鹑间也经常啄斗以确立优势顺序地位,在中群配种时,宜增加1只公鹑,以弥补最弱势地位的那只公鹑失配空缺,从而保持正常配比。

5. 饲粮中加入少量大蒜　采用在饲粮中加入少量大蒜粉的方法,将使种公鹑性欲旺盛,精液品质好,母鹑受精率明显提高。此法简便易行,但添加量宜控制在1%以下,加量要由少到多,逐步添加。

6. 雏鹑断翼术　据南京农业大学林其骒、刘必龙等1984年对鹌鹑的断翼试验,断翼组母鹑在开产至80日龄时的种蛋受精率为89.69%,而对照组仅为72.94%,断翼组高出对照组16.75个百分点。

第七章　提高种鹌蛋孵化率与
　　　　健雏率技术

　　鹌鹑属卵生动物,其胚胎期是在母鹑体外通过孵化来完成发育阶段的。但鉴于长期的定向选育,家鹑都丧失了就巢性,甚至连恋蛋和护蛋行为也消失了。故家鹑的孵化都依赖于人工孵化法。

　　鹑蛋的孵化率与健雏率是养鹑业的重要技术指标和经济指标。而孵化率的高低又与种鹑的健康状况、饲粮的质量、种蛋的贮存时间、孵化设备的质量、孵化工艺的完善程度、孵化厅(室)的结构与操作人员的素质等有关。

　　在生产实践中,孵化设备是养鹑业中的重要技术设备,它是根据鹌鹑孵化的生物学原理,利用经济合理的工程手段,创造孵化及出雏的人工控制生态环境的一种仿生设备。而孵化工艺则是确保种蛋获得高孵化率和健雏率的重要技术措施。这两个技术指标同样具有重要的育种价值。

　　人工孵化是人为地控制、提供鹑蛋的孵化条件,为鹌鹑胚胎发育创造良好的环境,使之顺利地孵化与出雏,从而为商品化、产业化养鹑生产奠定基础。

一、孵化设备的分类

　　现代孵化设备的特点是,设计科学化、机型多样化、规格标准化、部件通用化、控制电脑化,其辅助仪器、设备、工具系列化,而且用材考究,制造工艺精湛,操作简便精确,安全可靠,运作程序完善,其装潢与质量深受市场欢迎。我国当前的孵化设备功能已接近或达到国际水平,并有鹌鹑专用的各型孵化机,孵化效果良好。

我国市场上的孵化设备种类多,型号杂,机型分类目前尚缺统一标准。笔者拟按照孵化设备的结构分别介绍如下,供选购时参考。

按孵化机的通风方式可分为自然通风式与动力通风式两大类。自然通风式系借助于热空气上升而造成空气对流的原理进行自然通风,多应用于小型平面孵化器。动力式通风则采用电动机带动鼓风叶片强制搅动空气而进行通风,多用于柜式、房间式大型或超大型孵化机。

按孵化机的容蛋量可分为小、中、大和超大型。如容鸡蛋量从孵化机的标牌上即可识别。一般小型为 50～1 000 个蛋,中型为 1 000～10 000 个蛋,大型为 1 万个蛋以上,超大型为 10 万个蛋以上。而孵化鹌鹑蛋时,一个鸡蛋的孵化位置(空间)可容纳 4 个鹌鹑蛋。如 16800 型孵化机可入孵鹌鹑蛋 53 400 个(改专用鹌鹑蛋孵化盘,调整蛋架车孵化盘间距)。

按孵化机箱体形状可分为平面式、平面分层式、柜式、房间式和巷道式。

按箱壁结构可分为整装式与组合式两大类。前者孵化机箱体制成一个整体结构,其装运与进入孵化厅(室)不方便;后者将箱体预制分装成多个片状构件,既便于生产、贮存,也便于运输、安装,不必要拆孵化厅(室)墙壁。但一般小型平面式与柜式孵化机,仍多为整装式。

按热源可分为电气、煤油、油电两用、煤、煤电两用、煤气、沼气、太阳能、远红外线、半导体远红外线、地热(温泉)等类型。

按翻蛋结构方式可分为平翻式、平栅条滚翻式、八角架式、滚筒式、跷板式、蛋架车式等。

按操作程序可分为孵化机、出雏机、全进全出式孵化—出雏两用机、旁出式联合孵化机、上孵—下出式联合孵化机。

二、优质孵化设备应具备的性能

拥有了优质孵化设备,将可确保正常的种蛋孵化率与健雏率。优质的孵化设备应具有以下性能。

(一)灵敏精确

孵化设备的温度、湿度、翻蛋、通风等控制系统的仪表、器械部件和元件的质量必须符合国家检验合格标准,必须具有最佳参数,具备高度的灵敏性和法定的精确性。装配要合理,以免影响正确运作。

(二)安全耐用

由于孵化设备是电气、机械设备,安全(对人、对种蛋、对雏鹌)是重要技术指标。孵化设备的骨架、载重或承压、耐磨部分,其构件必须经各种仪表测试,有耐压、强力试验参数,以保证能长期稳定地工作。对薄壁结构还应有良好的绝缘保温性能,因为节能也是重要的技术指标和经济指标。同时,箱体内壁要具有耐腐蚀、耐高湿的良好性能,各种调节开关均要有安全、有效的绝缘。

(三)维修方便

孵化设备的结构与线路要布局合理。一旦发生故障或定期维修时,要求拆装简便。这就要求各厂家的说明书要实事求是、有指导性,线路设施的颜色、编号要与说明书吻合。接头处均改为插座式,便于应急时更换。要做好保养与维修记录,备足易耗品。

(四)美观实惠

孵化机机体外观的色彩要柔和悦目,切忌灰色和具刺激性的色调。商标图案要新颖醒目。孵化设备的售价要合理,零部件与配件的来源要有保证。厂家要有良好的信誉与售后服务体系。

(五)便于消毒

孵化设备要具有密闭性和通风性,便于冲洗与消毒,以防控各种病原体。内外箱壁要耐高温和耐腐蚀。

三、孵化厅(室)设施要求

孵化厅(室)是养鹑企业的重要组成部分。其规模、结构、形式与面积,应与生产规模相适应。一般专业户可因陋就简利用住宅房,以节省基建投资。而在有相当规模的种鹑场或商品养鹑场,在经济条件许可的情况下,应按照现代养鹑业的要求,对孵化厅(室)进行布局和配置,力求做到方便生产操作和防疫。

为确保孵化厅(室)内的卫生要求,切断疾病传播途径,除对种蛋及其用具严密消毒外,还要求孵化厅(室)与外界环境之间设有保护性隔离设施,以杜绝昆虫、鼠类窜入。工作人员及衣、物、鞋类均应按规定消毒。

孵化厅(室)应有良好的环境调节设备,以确保相对稳定的温度、湿度和通风量,这样才能使孵化机与出雏机处于正常的运作状态。一般室内温度应保持在 20℃~24℃,相对湿度保持在 60% 左右。

孵化厅(室)应设天花板。地面应为水泥地,平整光滑。孵化机前应设排水沟道,便于冲洗。墙壁距地面 1 米以下水泥墙应涂上防酸、防碱和防水漆。孵化厅(室)应配备消防设备。

从防疫与孵化工艺程序出发,自验收种蛋、贮存、预热至孵化、落盘、出雏、分级、装雏、待运,应是单向循序前进,不得倒退或交叉作业,以防止污染。

孵化种蛋的生产工艺流程见图 7-1。从接收种蛋到雏鹑运出厂，只有 1 个进口和 1 个出口。即一边运进种蛋，另一边运出雏鹑。合理的流程作业一条线，操作方便，工作效率高，有利于预防疾病。不少单位的作业过程已日趋机械化、电气自动化。

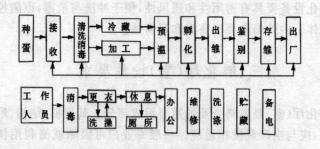

图 7-1 种蛋孵化生产工艺流程示意图

四、孵化设备的选择

应根据鹑场经营方向、规格、经济和技术条件选购孵化设备。

(一)代用或专用孵化设备

凡是能孵化鸡蛋的孵化设备，除孵化盘外，均可用作特禽蛋孵化之用。孵化盘要适合各种特禽种蛋，比如鹌鹑的孵化盘与出雏盘，都应另行设计。此外，孵化盘之间的距离，也要可以调整。

(二)查询广告及使用说明书

查阅有关厂商的广告和说明书，也可走访有关单位了解生产厂家、机型、结构、性能、容量、技术指标和参数、价格及行业使用评价。应选购经部、省、市鉴定的产品。

（三）机　体

除了解其体积、形状、色彩、结构、板材、重量、运输、安装等情况外，要求保温性能好，不变形，坚固耐用。

（四）机　门

应开关灵活、轻便，闭合严实、不漏气，机内门表或电子温度显示能如实反映机内各点的平均温度。

（五）电　路

机内电路设计简明、安全，易于操作和维修。各种电器既有组合开关又有单独开关，以便于检查和运转。

（六）通　风

为现代孵化设备重要技术指标。进、出气孔设置与机内气流流向正确，通风量与通风速度符合或大于要求。

（七）电　机

应不超过额定的升温限度，运转平稳，噪声小。

（八）翻蛋系统

各翻蛋部件衔接吻合。翻蛋最大幅度不小于90°。翻蛋系统须灵活、轻便、平稳，无异响。

（九）警报系统

应包括温度、湿度、翻蛋、通风等控制系统与设置，要求在不符合设定指标时，能立即显示报警。

（十）蛋架车与出雏车

运转轻便灵活，坚固性与强度高。孵化盘符合品种（系）种蛋要求。

（十一）出 雏 机

出雏机应设置观察孔（遮暗），并应配置吸除绒毛装置，废气应直接排出室外。

五、孵化厂（场）的环境要求

（一）孵化厂（场）内部结构平面分布图

见图 7-2。

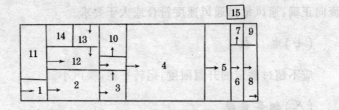

图 7-2 孵化厂平面图

1. 种蛋消毒室 2. 种蛋处理室 3. 种蛋冷藏室 4. 孵化室
5. 出雏机室 6. 雏禽分级及雌雄鉴别室 7. 洗涤室 8. 雏禽待运室 9. 备用发电机室 10. 维修及贮藏室 11. 办公室
12. 休息室 13. 洗澡更衣室 14. 厕所 15. 垃圾堆放室

(二)孵化厂各室的环境条件要求

参见表 7-1。

表 7-1　孵化厂各室的环境条件

（每 5 000 个鹌蛋或 5 000 只雏鹌）

室　别	温度(℃)	相对湿度(%)	通风量(米³/小时)	
			冬季	夏季
种蛋保存室	19～20	75	3.5	3.5
孵化室	24～27	50	13.6	85.6
出雏室	24～27	50	37.8	195.4
雏鹌存放室	22～24	50	42.5	258.2

六、种蛋的处理

(一)种蛋的选择

1. 种蛋的新鲜度　新鲜度是种蛋孵化品质的重要指标。一般应选择 5 天以内的新鲜种蛋入孵,才能保证正常的孵化率与健雏率。

2. 种蛋的蛋重　应根据不同品种和品系、配套系的标准蛋重,加以严格选择。因蛋重与初生雏鹌重成正比,直接关系到其生产力。但蛋重过大或偏小均不宜列为种蛋。

3. 种蛋的形状　正常鹌蛋应呈纺锤形或卵圆形,其蛋形指数平均为 1.4。应剔除各种畸形蛋。

4. 种蛋的蛋壳　鹌蛋壳既薄又松脆,极易破损。因此,要求种蛋蛋壳要坚实,蛋壳强度要好。可采取敲蛋法和照蛋法剔除破壳蛋和裂纹蛋。

5. 种蛋的壳色 鹌鹑缺乏每个品种的标准壳色,其壳色随个体而异,但却相当稳定。选蛋时应剔除白壳蛋和茶褐色蛋,前者为早产蛋(蛋壳在子宫内未染色),后者为病鹌所产的异色蛋。

另外,种鹌鹑最佳留种年龄为开产后 4～8 个月间,此期间的种蛋孵化品质最佳。

(二)种蛋的贮存

作为种鹌场或相当规模的养鹌场(户),应建贮蛋库,并配置空调设备。贮存保鲜种蛋的温度为 15℃～18℃,相对湿度为 75%。种蛋应放置在鹌鹑专用的孵化盘内,钝端朝上;如贮存期超过 5 天,则应将鹌蛋的锐端朝上。每天应翻蛋 1～2 次。

(三)种蛋的包装

由于鹌蛋小而壳薄脆,承受外界压力的能力小,应特别注意鹌蛋的包装规格。目前多采用纸盒(厚纸格栅)或塑料盒盛装,每蛋一格,然后再置于纸箱或塑料瓦楞箱内,可增强防震性能。国外有的场家采用泡沫塑料打洞,两面一合拢,用透明塑胶带固定,装鹌蛋极为安全与简单。切忌整箱或整篓叠放,以减少破损率。

(四)种蛋的运输

各种平稳的交通运输工具均可,路途较远时当以火车、飞机运输为佳。须防止种蛋受日晒雨淋、高温低温变化的影响,切忌颠簸震动。在装卸作业时,一定要轻拿轻放。

(五)种蛋的消毒

为了防止种蛋被污染,控制某些疾病和消灭病原微生物,必须对种蛋严格消毒。目前仍多采用熏蒸消毒法,福尔马林(含甲醛

40％的甲醛溶液)42 毫升/米³ 体积,再加 21 克高锰酸钾,在温度 20℃～24℃、相对湿度为 75％～80％条件下,闭门熏蒸消毒 20 分钟。可杀死蛋壳上 95％～98.5％的病原体。消毒完毕,迅速排出甲醛气体,防止熏蒸气体伤害人的呼吸道与皮肤,以免诱发癌症。然后开始孵化程序。

国外有人将种蛋放在 38℃的季胺化合物或次氯酸盐溶液中浸 3 分钟,消毒效果甚佳。

南京农业大学种鹌场于 1998 年采用南京大学消毒制剂厂生产的"86 消毒王"(含 6％过氧化氢＋稳定剂),稀释 20 倍,用喷雾器消毒鹌鹑种蛋,其孵化率超过福尔马林加高锰酸钾熏蒸消毒法,且无二次感染之虞,对人无毒害。

利用 86 消毒王 20 倍稀释液浸泡种鹌蛋(法国莎维玛特肉用种鹌),浸泡时间分别为 3 分钟、5 分钟和 7 分钟。其试验结果:3 组受精蛋孵化率分别为 90.6％,86.0％,88.1％。其中以浸泡 3 分钟效果最佳。值得注意的是该消毒剂主要原料为无氯消毒剂,并加有稳定剂,具有高效、长效、无毒、无公害、无污染和杀菌谱广等特点。通过有机物接触产生新生氧使微生物蛋白质发生不可逆变性从而达到杀菌效果。它已广泛应用于医疗、食品、防疫等方面的消毒。本试验结果显示,86 消毒王浸泡法可替代经典的甲醛熏蒸法。从而解决了危害工作人员健康的老大难问题。

实践证明,脏蛋无孵化价值。

七、鹌蛋人工孵化的必需条件

掌握并控制协调好温度、湿度、通风、翻蛋、晾蛋等孵化条件,并认真执行孵化制度与有关孵化工艺,不断总结经验教训,才能达到高孵化率与健雏率指标。

（一）温 度

历来有恒温孵化制与变温孵化制两种。恒温制多在大型孵化机上使用，但也有因种蛋数量少而采用分批多次入孵于同一台机内的。变温制在国内多沿袭传统的整批入孵制，或用于中、小型孵化设备。

1. 恒温孵化制 节能效果明显，节省劳力和面积，孵化温度采用 37.8℃，出雏温度 36.7℃。如为立体孵化，平面孵化机出雏，则出雏温度应为 38.9℃。恒温孵化制的温度较易掌握，便于初学孵化者学习应用。在其他条件配合下，仍可获得较高的孵化率及健雏率。

2. 变温孵化制 在当代养禽业（含养鹑业）中也日益推崇，认为它可以依据胚龄的不同发育阶段而相应采用变温孵化，是较为符合胚胎代谢规律的。既可防止超温，又可使胚胎在较低温度下继续正常发育，还可为来自不同周龄鹑群的种蛋提供合适的湿度，为胚胎提供更为洁净的孵化生态环境，减少交叉污染，便于彻底清扫和消毒，同时也能降低生产成本及管理费用。

在孵化厅（室）温度 20℃～22℃条件下，平面孵化机的使用温度为：1～6 天为 39.5℃～39.7℃，7～14 天为 38.9℃～39.1℃，15～17 天为 38.6℃～38.9℃。当室温偏低时或在寒冷夜间，应采用高限温度孵化和出雏，反之用低限温度（下同）。

柜式或房间式的中、大型孵化机的使用温度为：1～5 天为 38.9℃～39.1℃，6～10 天为 38.6℃～38.9℃，11～15 天上午为 38.3℃～38.6℃，15 天下午至 17 天为 36.7℃～37.2℃。

实践证明，采用哪种孵化制度应因地、因场而异，只要正确建立和健全符合本单位实际的施温原则，都可获得好效果。

除温度外，孵化还受到湿度高低和通风量、通风路线、通风速度的综合影响。所用各类型温度计必须先行正式检验合格。

(二)湿　度

均以相对湿度为度量指标。必须始终全面认识湿度在孵化全程中参与水分代谢的重要性,对鹌蛋更不可忽视,尤其对于大型孵化设备,由于其通风量及通风速度远较中、小型孵化设备为甚,因此应根据蛋重、气室大小、尿囊液、羊水、胚重、胚长的测量情况和孵化率、健雏率等情况来检验和修订鹌蛋在该机型条件下的湿度需要。当然,孵化湿度也取决于孵化的温度变化。

鹌蛋在贮存期间,其蛋内水分蒸发速度与蛋库的相对湿度成反比。胚胎开始正常发育前,水分蒸发应处于低水平,才能满足胚胎后期发育水分代谢的要求,因此需要较高湿度。当梅雨季节的空气相对湿度达到 90% 以上时,蛋库温度应比一般库温升高 2℃(即达到 17℃~18℃),将可以明显改善孵化率与健雏率。

孵化前期,部分蛋内水分变为羊水、尿囊液及胚胎体液。因此,孵化的相对湿度要高些,否则影响羊膜囊和尿囊的发育。如空气湿度高,时间长,仅依靠胚胎后期自身调节水分代谢,则要考虑在种蛋入孵后即行控湿,用通风量来调节湿度,并保持温度正常。此阶段保持相对湿度 60% 为宜。

孵化中、后期,由于羊水与尿囊液量已达高限,并逐步减少和排除羊水和尿囊液,相对湿度降为 50% 即可满足胚胎水分代谢需要。如相对湿度仍偏高,可加大通风量。而在非高湿季节,需采取加湿保湿法,慎重调节通风和控制湿度。由于胚蛋自温升高,同样要采用保湿通风降温法。

落盘后的湿度控制,在大部分情况下都应增加湿度,因为高湿与二氧化碳结合,使蛋壳表面呈弱酸性,碳酸钙在酸性状态下变成碳酸氢钙,将有利于鹌鹑破壳,并可防止粘毛现象发生。但应逐步增加湿度,至出雏高峰期可增至 70%~72%,对贮存期超过 10 天的种鹌蛋,可增至 73%~75%,这是提高孵化率和健雏率的关键。

如此期湿度过低,则啄壳死亡雏增加,即使出壳也将导致一定程度的脱水;反之,相对湿度偏高,则雏鹑多大肚,脐部愈合不良,鹑体粘有蛋污的比例剧增。

出雏高峰后(即95%雏鹑出壳),应立即降湿,并加大通风量,促使羽毛干燥,相对湿度可降至55%,否则雏鹑胎毛难干,耽误取雏时间,影响开饮、开食而招致脱水和体力消耗。但在高湿期间,仅靠加大风门仍不能满足降湿要求,除采取停止加湿系统运作外,还应提前取雏,应在出雏盒底部铺垫一层经过消毒的刨花、草纸。

(三)通　风

当代人工孵化工艺已把通风量、通风速度和通风路线作为重要技术参数,这当然要依据鹌鹑胚胎所需的气体代谢水平和孵化机与出雏机的通风工艺。通风条件的良好与否,直接关系到温度和湿度的高低及其均匀度,这三者综合协调到最佳水平,是孵化工艺的关键。不良的通风,使箱内空气含氧量减少,必然导致孵化率剧降,甚至由于二氧化碳含量的上升,而诱发畸形雏。同样,过量的通风不仅散失热能,使机内水气大量散失,也影响到孵化率与健雏率。

对于动力通风式的孵化设备,在停电时,尤其是停电时间超过6小时以上时,常关闭通风口以保温,招致热空气上涌,影响上层胚蛋生存,空气也污浊,故应设应急电路。在出雏期间,尤应保持通风状态良好。

先进的微机控制系统,已经完全解决了温度、湿度与通风三者的有机调控,从而保持了最佳孵化生态环境。

(四)翻　蛋

目前翻蛋多由机械自动运作。翻蛋既可以在孵化早期防止胚胎与蛋内壳膜粘连,在动力通风中它还可破坏温度梯度,对早期胚胎吸收氧和生长有利。此外,翻蛋的生理学作用还关系到:①胚外囊的方位;②胚外膜的生长;③胚胎的水平衡;④胚胎的营养。

翻蛋的间隔时间,平面孵化器每昼夜 4～8 次已能满足需要,次数过多,常因抽盘手工翻蛋时间较长,客观上造成凉蛋,会推迟正常出壳时间。柜式、房间式孵化设备,都配备有手工、机械或自动翻蛋装置系统,目前多为每 1～2 小时翻蛋 1 次。笔者认为,在变温制整批入孵的 1～5 天,最好每 0.5 小时翻蛋 1 次,6～10 天可每 1 小时翻蛋 1 次,11～15 天每 3 小时翻蛋 1 次,这将更符合胚胎的生理要求。

翻蛋的起始时间,自入孵后即可按翻蛋工艺(自动或由微机自控)运作,一直到落盘时即告结束(即于胚龄 15 日的下午落盘。也就是说入孵时间应为当天下午,于第二天起计算胚龄为 1 日龄)。

翻蛋的角度要求为 90°(左右各 45°)。而平面孵化机(平放、散放)则抽出孵化盘,将心蛋区取出部分,再将边蛋区的蛋向中心转移靠拢,最后将心蛋放置于边蛋区四周;孵到中期,宜将孵化盘调转前后方向,以力求孵化温度均匀。非标准的立体型孵化机因控温系统或机体结构欠理想,常导致温差,为弥补此缺陷,也可结合翻蛋工艺,进行上下、里外定期调盘孵化,蛋架车则左右互换位置,尽力使翻蛋受热均匀。先进的孵化设备已不存在这类问题。

值得注意的是,当孵化温度偏高时(尤其是孵化后期胚胎自温散热多时),则宜先行适当晾蛋降温,而不是采取"按时"翻蛋,以免胚蛋血管处于充血膨胀状态,翻蛋时振动引起死伤。一定要待温度趋于正常后才进行翻蛋操作。

八、机器孵化操作程序

机器孵化是当前养鹑业工厂化生产的基本方法。为此必须熟悉孵化设备的结构与孵化工艺,了解各种机型的使用方法。除了在理论上掌握一般的知识外,还要善于从实践中学会总结、分析,以便不断提高孵化率与健雏率。

(一)孵化前的准备工作

孵化前应对孵化厅(室)和孵化设备做好检修、洗涤、消毒和试温工作。对孵化厅(室)的温、湿度控制系统,以及进风与排风系统的排气管道、风机等,均应予以检修。对于孵化厅(室)的地面、墙壁、天花板均应采用高压冲洗、消毒。孵化设备用熏蒸消毒,也可用药液喷雾消毒。孵化盘与出雏盘往往粘连蛋壳和胎粪,应先浸泡、洗刷,然后用药液消毒,或用蒸汽消毒。

对孵化设备的检修,本单位有条件自行检修的,只要备足零部件及有关控制系统插座,可省不少检修费用。自身无此技术的,则应及早与制造厂家联系,预约检修。所有种类的温、湿度计(酒精温度计,水银温、湿度计,水银导电表,传感器等)均应测试校正,电动机应有后备,皮带也应有备件。试温2~3天,如各控制系统操作灵敏,各种参数显示正常,蛋架车运作正规,方可入孵。

同时,要落实好孵化厅(室)的负责人选、工作人员的职责、工作制度、孵化规程、承包协议以及备好有关孵化记录与报表等。

(二)入　孵

由于种蛋在蛋库贮存期间的温度要低得多,为使种蛋能迅速达到孵化所需温度,必须在入孵前实行预热,即在孵前12小时将码好盘的蛋架车推至孵化厅(室)中预热,以蒸发蛋壳表面水分,防止种蛋带水珠入孵(图7-3)。

按照入孵计划,实行分批同机入孵制,或一次性整批入孵制。据此调节好温度、湿度、通风、翻蛋等参数。

鹌蛋专用孵化盘系由塑质材料制成,完全可以与孵化机(每个孵化盘能孵150~440个鹌蛋)配套使用,并确保种蛋钝端朝上而处于竖立状态。

图 7-3　鹑蛋入孵情况

(三)孵化机的管理

先进的孵化机都已采用微机管理,将各种孵化条件的参数逐日输入系统,再根据胚胎发育情况调整有关参数。

值班者应按时检查孵化厅(室)的温、湿度,孵化机的温、湿度,做好记录(有的已配备自动记录仪),并应做好交接班工作。

在变温孵化时,必须密切注意调整后的温、湿度是否适度,注意电动机的声响有无异常,皮带的松紧度是否合适。停电或停水时,必须事先或及时采取相应措施。必须保持孵化厅(室)和孵化设备的清洁卫生。

(四)照 蛋

照蛋是胚胎生物学检查方法之一。一般于入孵第六天、第十五天(落盘时)进行照蛋。照蛋目的是了解鹌鹑胚胎的发育情况,取出无精蛋与死胚蛋。由于鹌鹑蛋壳色彩较深,观察鹌胚发育较困难,所以在中型及大型鹑场只在落盘时按照蛋的阴影很快剔除无精蛋与死胚蛋,其孵化率则多按入孵蛋孵化率统计。笔者以为采取抽盘照检即可,同样可达到照检目的。

1. 鹌鹑胚胎逐日发育的主要特征 鹌鹑胚胎逐日发育的主要特征见表 7-2 及图 7-4。

2. 鹑胚死亡曲线 根据孵化期间鹌鹑胚胎死亡的天数,统计绘制出死亡曲线图(图 7-5),能一目了然地发现一般的死亡规律,即鹑胚死亡有 2 个高峰,第一个死亡高峰在孵化 1～3 日龄;第二个死亡高峰在孵化 15～18 日龄。引起第一个死亡高峰的原因主要应归咎于种鹑方面(健康、营养、种蛋等),第二个死亡高峰的原因应归咎于孵化技术因素(通风、湿度、温度等)。当然也不可忽视中期死亡率。

3. 照蛋器 有手提式照蛋器与整盘照蛋器两种。

照蛋器也可以自制,因为市售的不仅价格昂贵,而且其照蛋口大,不适宜照鹑蛋。可购一个手电筒(用 2 节 1 号干电池),一个经济微型变压器(6～8 伏),自制聚光罩与护蛋橡皮圈即成。聚光罩用薄铝皮,5 厘米长,嵌于电筒头部,或购一只大反光罩反扣在电筒头部。照蛋孔 1.5～2 厘米,其边缘嵌橡皮垫圈(图 7-6)。变压器接上电源(220 伏),再接通手电筒电线,焦点调整集中在照蛋孔外 1.5～2 厘米处,然后固定之。

表 7-2　鹌鹑胚胎发育的主要特征

胚龄(天)	照蛋时看到的特征	胚胎发育主要特征
1	蛋黄上有一大圆点,胚盘区扩大	胚胎发育开始,直径为 0.7～1.1 厘米,器官原基出现
2	圆点继续扩大,出现圆形血丝	原始脑泡形成,卵黄囊血液循环出现,心脏开始跳动
3	卵黄囊血管网发育成蚊虫状	眼球开始着色,四肢、尿囊、羊膜囊形成
4	卵黄囊血管网发育成蜘蛛状	头部增大,眼睛发育明显,胚胎体呈弯曲状
5	血管占蛋面 4/5,整个蛋呈红色,中心点红色较深,眼点黑色清晰	眼睛色素加深,躯体发育,四肢开始发育,尿囊血管迅速向锐端延伸,羊水增多,喙部形成
6	可见胎动	躯干增长,尾部明显,上喙尖端有一白色齿状突
7	血管加粗,胚胎时隐时现	胚胎进一步发育,卵黄囊吸收蛋白中的水分后达到最大值,可见眼睑
8	血管加粗,胚胎下沉	背部长出毛囊和绒毛,呼吸系统发育,趾爪分开
9	尿囊血管在蛋锐端合拢	尿囊膜包围蛋的全部内容物,全身出现绒毛,齿状突、爪角质化,雏型形成
10	除气室外,蛋身不透光	胎毛遍及全身,栗羽鹌出现黑色条纹,胚胎开始大量吸收蛋白
11	气室变大,锐端发亮,部分变小	胚胎进一步发育,喙角质化,爪发白
12～14	除气室外,蛋锐端不透光	躯干增长,蛋黄利用加快,脏器、肢体、绒毛继续发育,卵黄囊部分吸入腹内
15	气室变大,歪斜,可见胎动	喙进入气室,开始用肺呼吸,卵黄囊继续吸入腹内,有的已啄壳
16	大部分已啄壳,开始出雏	羊膜脱落,尿囊萎缩,卵黄囊全部吸入腹内
17	大量出雏	初生雏鹌重为鹌蛋重的 70% 左右

引自南京农业大学实验资料. 林其骡. 1984

　　照蛋时,将孵化盘放在黑布上,右手执照蛋器,按顺序将照蛋孔放在蛋的钝端气室边缘处,逐一照检。凡不清楚者,可取出仔细透视。注意照蛋室气温以 30℃ 为宜。

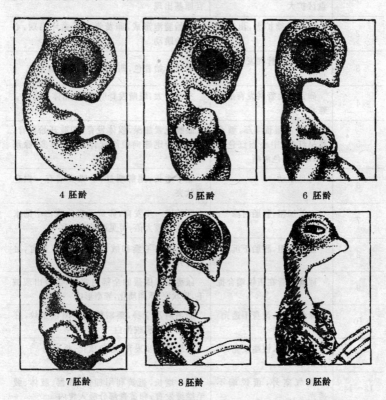

| 4 胚龄 | 5 胚龄 | 6 胚龄 |
| 7 胚龄 | 8 胚龄 | 9 胚龄 |

图 7-4A　栗羽鹌鹑 4～9 胚龄发育图

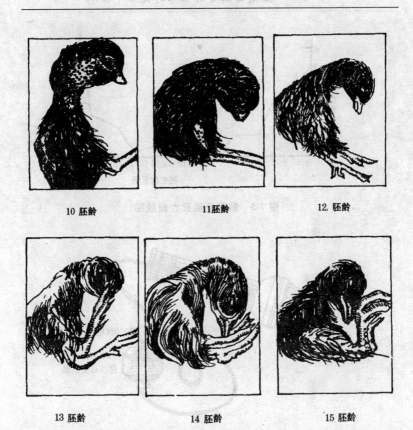

10 胚龄   11 胚龄   12 胚龄

13 胚龄   14 胚龄   15 胚龄

图 7-4B 栗羽鹌鹑 10～15 胚龄发育图

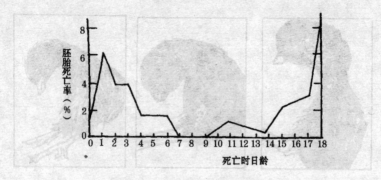

图7-5　鹌鹑胚胎死亡曲线图

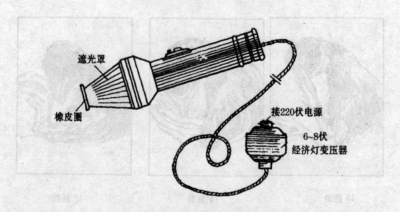

图7-6　简易照蛋器示意图

（五）落　盘

鹌蛋在孵化第十五天下午（最迟第十六天晨最后一次照蛋后），即将孵化机蛋架上的胚蛋移入出雏机的出雏盘中，此后即停止翻蛋。鹌蛋不像鸡蛋等可经过吸蛋机或倒盘机移盘，因为此时蛋壳更加薄脆，吸蛋机或倒盘机均致蛋壳破损率太多。胚蛋应平放。出雏盘应铺垫尼龙窗纱，以减少蛋破损及初生雏鹌腿部劈叉。

此期应提高湿度,降低温度,做好出雏准备工作。在育种场应做系谱孵化记录,即码盘时将每只母鹑种蛋有顺序地装入孵化盘,落盘(移盘)时则将同一母鹑的种蛋移入 1 个种蛋笼(或尼龙网袋)中出雏,以便出雏后进行个体编号。

(六)出雏的管理

发育正常的胚胎,落盘时在蛋壳上已有一啄洞突起,于第十六天开始出雏。此时应关闭机内照明灯,遮住机门观察窗,以免雏鹑骚动影响出雏。视出雏情况,拣出一批绒毛已干的雏鹑和空蛋壳,以利于继续出壳。切忌常开机门探视,影响机内的温度、湿度,不能正常出雏。出雏量大时,应分 2～3 次取雏。操作者应根据出雏情况来调节温、湿度。在正常情况下,满 17 天即全部结束出雏。

采用立体孵化机恒温孵化时,每隔 5 天入孵一批(间隔孵化盘入孵),待第四批入孵之日,即第一批落盘之时。落盘蛋可采用平面孵化器出雏,其出雏时间快而整齐。当然,采用同样大型出雏机也可,更便于管理。

据测定,日本鹌鹑的孵化期间,自入孵至听到壳内雏鹑的叫声,约 380 小时(15.8 天),从听到叫声至出壳,约需 10 小时,从破壳出雏至胎毛干燥约需 5 小时,其总孵化期为 16.5 天。

(七)出雏后的管理

出雏结束以后,应抽出出雏车和水盘,清理出雏机的底部(特别是有轨道的),用高压泵冲洗箱底和箱壁。对出雏盘及水盘要彻底清洗、消毒备用。

1. 雏鹑分级　在出雏室,对自别雌雄配套系的杂交种,则按胎毛色彩予以分拣与分级后装运雏箱待运。注意保暖。

健雏和弱雏的区分标准见表 7-3。

出壳时间未超过 14 小时的雏鹑方能装笼盒运输。坚持淘汰血脐、钉脐、大肚、瞎眼、歪嘴（喙）、行走不稳、过小、弯趾、胶毛等残次畸形雏鹑个体。

表 7-3 健雏和弱雏的区分标准

项 目	健 雏	弱 雏
出壳时间	在正常的孵化期内出壳	过早或最后出壳，或从蛋壳中剥出
绒 毛	绒毛整洁而有光泽，长短合适	绒毛蓬乱污秽，有时短缺，无光泽
体 重	体态匀称，大小均匀一致	大小不一，过重或过轻
脐 部	愈合良好、干燥，其上覆盖绒毛	愈合不好，脐孔大，触摸有硬块，有黏液，或卵黄囊外露，脐部裸露
腹 部	大小适中，柔软	特别膨大
精 神	活泼，反应灵敏，腿干结实	痴呆，闭目，站立不稳，反应迟钝
感 触	抓在手中饱满，挣扎有力	瘦弱，松软，无力挣扎
叫 声	清脆响亮	嘶哑无力

2. 初生雏鹑雌雄鉴别 在生产实践中，无论采取二元杂交或三元杂交，大多利用伴性遗传的原理，通过杂交雏不同胎毛颜色鉴别雌、雄雏。但在纯种中的初生雏，则可采取肛门鉴别。

肛门鉴别时姿势要求正确，轻巧迅速，并应在出雏后 6 小时内空腹进行。鉴别时，在 100 瓦的白炽灯光线下，用左手将雏鹑的头朝下，背紧贴手掌心，以左手拇指、食指和中指捏住鹑体，并轻握固定。用右手食指和拇指将雏鹑的泄殖腔上下轻轻拨开。如泄殖腔黏膜呈黄色，其下壁的中央有一小的舌状生殖突起，即为雄性；否则，如泄殖腔黏膜呈浅黑色，无生殖突起，则为雌性（图 7-7）

根据培训初生雏鸡鉴别师的经验，最好是选择 18～20 岁的女青年，双眼达到最好视力，两手手指长而纤细灵活，经过短期连续性培训，再经严格实际肛检考试后上岗。鉴别率要求达到 98%～100%。最好鉴别后解剖检查，以积累经验。

如果未经培训上岗,由于雏鹑个体太小,不易保定,鉴别时不是用力过猛压破卵黄囊,就是迫使雏鹑窒息死亡,或使鹑体受伤害,影响到成活率与生长发育。

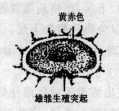
黄赤色

雄雏生殖突起

淡黑色

图7-7 雏鹑雌雄的翻肛鉴别
(中间黑洞是泄殖腔通向直肠的入口,周围为皮肤的皱褶)

(八)停电时的应急措施

为了防止因停电而影响到孵化率与健雏率,应在孵化操作规程中列入停电时的应急措施。

1. 变温孵化制停电对策

第一,当孵化厅(室)在20℃(68℉)上下,胚龄属前期(1～5日龄)时,如停电时间不超过12小时,可将箱门与通气孔关闭。室内生火炉增温(烟筒通室外)。胚龄属中期(6～10日龄)时,只要关箱门,必要时根据蛋温上、下层调盘1次。

第二,当孵化厅(室)在23.9℃以上,胚龄在中后期(11～15日龄)时,停电时将箱门与顶端通气孔打开。

第三,当孵化厅(室)在35℃上下时,只要是尿囊血管合拢后的胚蛋,都需要打开箱门与通气孔,并定时调盘,使胚蛋温度大致均匀,谨防上层胚蛋受热。

第四,当出雏期停电,无论室温高低,切忌将箱门与通气孔紧闭,否则势必引起顶层胚蛋热死或雏鹌闷死事故。

2. 恒温孵化制停电对策

第一,孵化厅(室)内采取增温措施。

第二,将老胚蛋集中置于箱的中、下层,而将新蛋置箱的上层。

第三,停电时开启通气孔散热,以免热气聚集上层。待温度降至 30℃时,如停电时间不超过 12 小时,可将通气孔关闭4/5。结合检温情况,采取散温、保温措施。

第四,出雏期管理同上。也可在出雏盘下放置灌注热水的瓶、橡皮袋、塑料桶等保温。但要控制好保温与通风,谨防超温。

第五,值守人员不得擅自离开工作岗位。

(九)做好孵化记录

每次孵化应将孵化日期、蛋数、种蛋来源、照蛋情况、孵化率、健雏数、孵化温度、湿度、孵化厅(室)的温度、湿度,进行记录与统计,以便总结经验,更好地制定孵化规程与孵化日程表。孵化记录与统计表可参照鸡场现行报表。

(十)做好畸形雏的分析

在孵化实践中,有时会发现少数的畸形雏鹌,这应引起高度重视。目前一般可分为五大类型:即头型(图 7-8)、感觉器官类型、喙型(图 7-9)、体型与四肢型。

引起鹌鹑胚胎畸形的因素很多,有单一因素,也有多方面综合因素的影响。它包括遗传性的、物理性的、化学性的因素在内。

一旦发现,应统计其数量与各种畸形比例,如重复出现,则应更换种鹌群。

此外,鹌鹑胚胎发育死亡原因见表 7-4。

图 7-8　鹌鹑头部畸形

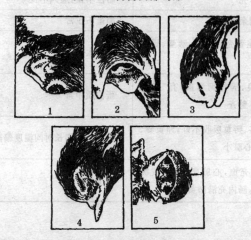

图 7-9　鹌鹑喙部畸形

（1～5 为不同的喙部畸形）

表 7-4 鹌鹑胚胎发育死亡原因

死 亡 现 象	主 要 原 因
死于壳内,气室大	孵化湿度偏低,温度太高
死于壳内,气室小	孵化机内或室内通风不够,湿度较高
死于壳内,气室正常	种鹌鹑情况不良,先天不足
血环	胚胎早期死亡,多数由于种蛋保存不当,胚胎软弱,温度太高或太低
卵黄破裂	先天性、陈蛋,运输时过分冲击,不正确翻蛋
后期死亡或啄壳不出	胚胎弱,湿度偏低
在蛋的锐端啄壳	胎位不正,通风不良
在尿囊外有剩余蛋白	翻蛋不正常
啄壳时喙粘在蛋壳嘌口上,嗉囊、胃和肠充满液体	湿度太高
胚胎营养不良,脚短而弯曲,有"鹦鹉嘴",绒毛基本整齐	蛋白质中毒
破壳时死亡多,孵黄吸收不好,卵黄囊、肠和心充血,心脏小	孵化后半期长时间温度偏高
未啄壳,尿囊充血,心脏肥大,卵黄吸入,但呈绿色,肠内充满卵黄和粪	湿度偏低

九、提高鹌蛋孵化率与健雏率的措施

成功的经验有以下几点:①种鹌应引自有验收合格证的、声誉良好的种鹌场;②种鹌健康,饲粮配方符合营养需要,配比正常;③种蛋合格率高,贮存符合要求;④职工经过专业培训后再上岗;⑤有性能良好的孵化设备及配套的附属用具;⑥建立和健全符合本单位的孵化规程,努力降低胚蛋的破损率;⑦严格执行孵化记录,进行规范统计与分析,总结经验教训;⑧出雏盘及运雏箱的底部严防光滑,可铺垫一层尼龙窗纱或粗布,以免造成出壳雏鹑双腿劈叉而致残废;⑨及时维修孵化设备,注意停电后采取应急措施;⑩清洁卫生与消毒措施应贯彻始终。

十、孵化鹌蛋的经验

(一)鹌鹑蛋简易家用电褥孵化法

采用家庭用的单人或双人电褥和电接点温度计,再利用一个简单的控制电路,即可进行孵化。此法最适合小批量自孵自养,每次可孵鹑蛋 400~500 个,每月可孵化 2 批。按孵化率 50% 计算,可出雏 400 只,雌雄各 200 只。也可取得一定经济效益。自动控制电路如图 7-10。

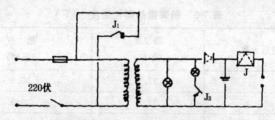

图 7-10 自动控制电路图

1. 自动控制电路原理 接入 220 伏电源,电源指示灯亮,变压器为 220 伏→12 伏、功率为 3 瓦节电变压器,J₁,J₂ 为静电接点,电褥指示灯亮,表示电褥工作;当温度升高到指定值时,控制电路继电器 J 动作,将 J₁,J₂ 断开,指示灯灭,电褥停止工作,保持恒温;当温度降低,温度计接点断开,J 停止工作,J_1、J_2 复原,电褥接通工作,进行加热。这样循序进行,保持所需恒温。

2. 孵化方法 将写字台桌面或单、双人床四周用 15 厘米木板围起来,铺上棉褥,褥上铺电褥,电褥上铺塑料水袋(四周折起,内部充水),水袋上面铺浴巾,将蛋放在上面,再盖上棉被保温,将电接点温度计调至 38℃ 平放在蛋中,接通电源即可。平时每天早、午、晚各翻蛋 1 次,16 天出雏。但要注意用电安全。

(二)美国孵化鹌蛋的经验

鹌蛋可在任何常规的孵化器中孵化。最简单的是在孵鸡蛋的孵化盘中,加上 1.25 厘米×2.5 厘米的焊丝网条即可。孵化器内要有足够的空气流通,应配备自动翻蛋装置。种蛋在孵化盘中要钝端朝上,或平摆在平盘中。种蛋每 2～4 小时翻转 90°。在孵蛋的头几天,翻蛋是很重要的,14 天后要停止翻蛋。在孵化期间,相对湿度应保持在 60%,出雏期相对湿度应保持在 70%。鹌蛋孵化温度见表 7-5。

表 7-5 鹌鹑蛋的孵化温度 (℃)

上蛋后天数	温度 (干球)	温度 (湿球)
0～12	37.5	30.6
13～15	37.2	29.5
16(10 小时)	37.0	27.8
16～17	37.5	32.3

伍德华德(Woodard)等 . 1973

种蛋消毒标准的概要见表7-6。

表7-6　美国的种蛋消毒标准的概要

处　理	福尔马林使用量	熏蒸时间(分)	注意事项
入孵前的熏蒸	熏蒸室每立方米 40毫升	20	使用备有空气循环装置的密闭可靠熏蒸室 温度21℃,湿度70% 以上
在孵化器或出雏器的熏蒸消毒	每立方米 30毫升	20	温、湿度与孵化时相同,熏蒸时关闭换气孔,熏蒸结束后打开换气孔

(三)英国孵化鹌鹑蛋的经验

120型鸡蛋容量的孵化器适合20只种鹌的饲养户,1台2500型鸡蛋容量的孵化机可容纳4200个鹌蛋。应选择1台能容纳7天产蛋量的孵化设备。

孵化间最好与种鹌舍和育雏舍分开。室温20℃～25℃为最理想。良好的卫生条件非常重要,因为灰尘、绒毛和孵化设备内的残留物能传染疾病。

绝大多数种蛋在收集后或上孵时都用熏蒸消毒法。即每立方米体积用福尔马林28毫升、高锰酸钾14克,熏蒸消毒20分钟。

种蛋也应经卫生处理,即在38℃的季胺化合物或次氯酸盐溶液中浸3分钟。脏蛋很少值得孵化。

种蛋可贮存在温度15℃、相对湿度为75%的冷藏室内7天,孵化率降低很少。如要贮存较长时间,必须每天翻蛋2次。

在孵化的头天晚上,种蛋应从冷藏室移到孵化器内预热。

应精确校正温度计。自然通风孵化器的孵化温度(离种蛋顶上水平处)为39℃,出雏温度为38℃。相对湿度0～15天为60%,报警线70%,当出雏接近完成时为60%(以帮助雏鹌烘干绒毛)。动力通风孵化机孵化温度为37.5℃,出雏温度为37.3℃。

从孵化的第三天至第十四天,每天至少要翻蛋3次,翻蛋角度为 90°。为防止出壳雏鹌双腿劈叉,出雏盘表面不能太光滑。出壳 5～6 小时内烘干胎毛,然后转入育雏舍。

种蛋在落盘时,气室大小应占种蛋体积的 30% 左右;种蛋重量约损失原蛋重的 12%。孵化率因种鹌的年龄、蛋龄、营养、近交程度而异。但失败的主要原因是温度的变化或不正确的孵化温度。

(四)朝鲜龙城鹌鹑场孵化鹌蛋的经验

第一,孵化温度采用热源自动蒸发水汽而产生,再用风扇吹入孵化器。

第二,入孵后 3 天检查无精蛋。

第三,翻蛋次数与鸡蛋孵化同,每 2 小时翻 1 次。

第四,孵化室的温、湿度与鸡蛋孵化的温、湿度相同。温度用每小时 2.8 千瓦电热丝自动调节。

第五,孵化器内用喷雾法自动调节湿度,湿度需要见表 7-7。

表 7-7　鹌蛋孵化湿度需要

胚 龄(天)	相对湿度(%)	胚 龄(天)	相对湿度(%)
1～12	59	15～16.5	54
13～14	56	16.5～出雏	70

第六,风扇用 0.7 千瓦电动机驱动。

第七,每月入孵 15 万个蛋。

第八,孵化率达 70%。

第九,28 平方米容 14 台孵量为 10 700 个蛋的孵化机。

第十,孵化室由 1 人管理。

(五)南京农业大学孵化鹌蛋的经验

1. 立体—平面结合孵化　1982～1988 年采取立体孵化机分

批入孵,每隔 5 天入孵 1 批,间隔码盘入孵,采取恒温孵化,温度38℃,相对湿度60%;至第四批入孵时,第一批已是孵化第十五天(指当天下午 4 时入孵,于第二天凌晨起算作第一天),一边经照蛋后落盘至平面孵化器,一边将第四批种蛋入孵,利用老蛋余热孵新蛋。

平面孵化机的孵化出雏温度是 38.9℃,相对湿度为65%~70%。鹌蛋全部放平,出雏盘如嫌光滑,可在其上铺一层塑料窗纱,以防初生雏鹌两腿劈叉受损。

1983 年全年孵化 17 万个种鹌蛋,入孵种蛋数的孵化率为72.6%。1984~1988 年基本上维持这个水平(含停电、机器故障等)。

2. 大型 94FCP-168 型孵化机孵鹌蛋实绩 1992 年由笔者率毕业实习生应邀去山西省北梯鹌鹑场,采用杭州市富阳春江孵化设备厂的 6 台大型 94FCP-168 型孵化机、2 台出雏机和无锡市芦村塑料制品厂研制的鹌鹑蛋专用孵化盘与出雏盘,进行孵化鹌蛋中试。

该孵化机容鸡蛋 16 800 个,计可入孵鹌蛋 53 400 个。采用看胎、剖蛋进行调控变温孵化,在经常停电的情况下,共孵化 11 批次(时间为 3 月 15 日至 5 月 6 日),计孵化 14.03 万个,平均入孵蛋孵化率82.1%,平均健雏率93.4%(注:首批为贮存 1 个月陈蛋,孵化率仅 44%;其他批次鹌鹑蛋孵化率为 80.7%~84.1%;健雏率84.5%~98.2%)。

具体孵化温度与湿度参见"人工孵化的必需条件"中的温度、湿度部分。

(六)提高鹌鹑孵化率的技术措施

在影响孵化率的众多因素中,江苏省姜堰市畜牧兽医站重点完善种鹌质量、种蛋管理、孵化条件三大关键技术,使孵化率由原来的 70％提高至 85％以上。

1. 种鹑质量

（1）种鹑的品种　品种优劣，不仅影响其后代的生产性能，而且还间接影响孵化效果。建议有计划地引进优良品种，诸如日本鹌鹑、朝鲜鹌鹑、法国肉用鹑等，该市引进的是朝鲜蛋用鹌鹑。

（2）种鹑的公母配比　种鹑的公母配比以 1∶2.5～3 为最好。在饲养种鹑过程中，应特别注意对死亡的种鹑要及时补齐。每 2个月全部更换新配种公鹑，并多加 10％的配种公鹑。

（3）种鹑的月龄　一般选择 3～7 月龄的种鹑所产蛋入孵为最佳，在此期间所产种蛋不但孵化率高，而且雏鹑个体强壮，成活率亦高。

（4）种鹑的饲养管理　种鹑有其严格的饲养管理方法，除满足一般产蛋鹌鹑的要求外，环境温度控制在 21℃～28℃，营养标准一般控制代谢能为 11.72 兆焦/千克，粗蛋白质 22％左右。产蛋种鹑饲料配方为：玉米 54％，豆饼 25％，鱼粉 8％，麸皮 4％，骨粉3％，贝壳粉 6％，此外添加足够的对孵化有影响的维生素和微量元素。

2. 种蛋管理

（1）种蛋的选择　优良种鹑所产的蛋，并非是全部合格种蛋，必须严格选择。首先对蛋架上拾下的种蛋进行初选，对过大、过小、畸形及粪便污染的蛋全部剔除，确保合格的种蛋进入孵箱。

（2）种蛋的保存

①温度和湿度　种蛋保存的适宜温度在 15℃左右，一般相对湿度在 78％左右。

②种蛋保存库的要求　保存库里的温度、湿度应相对稳定，库结构隔热性能好，清洁卫生，同时做好防鼠灭蝇工作，杜绝穿堂风直接吹到种蛋上。

③种蛋保存方法　种蛋从蛋盘上拾下来，最好放在纸盒内，全

部隔开,每个种蛋占据一个格子,这样可以避免种蛋与种蛋之间的碰撞。

④种蛋保存时间 一般在 15℃左右保存 2 周左右,否则孵化率下降,保存库温度高,保存期应相应缩短,若温度超过 30℃,应在 3 天内入孵。

⑤种蛋的消毒 种蛋消毒分 2 次进行。第一次在进入保存库前消毒,第二次在孵化器里消毒。一般采用福尔马林熏蒸消毒法(40%的甲醛溶液),第一次消毒每立方米用 42 毫升福尔马林加 21 克高锰酸钾在温度 20℃~24℃、相对湿度 75%~80%的条件下,熏蒸 20 分钟;第二次消毒每立方米用福尔马林 28 毫升、高锰酸钾 14 克,熏蒸 20 分钟。

3. 孵化条件 本场自制的、全自动的柜式孵化机,其所需的孵化条件如下。

(1)**温度** 温度是孵化鹌蛋最重要的外部条件,直接影响孵化率的高低。一般在整批入孵的情况下,采用变温入孵法。笔者总结,在入孵期间温度应掌握"前高、中平、后低",高低温度差为 0.4℃,整个孵化期的平均温度与环境温度有紧密联系。当环境温度大于 20℃时,平均孵化温度为 37.4℃;当大于 10℃而小于 20℃时,平均孵化温度为 37.6℃;当小于 10℃时,平均孵化温度为 37.8℃。

(2)**湿度** 湿度对鹌鹑孵化效果影响较大。笔者总结,在整批入孵时,湿度应掌握"两头高、中间平"的原则,在孵化前期(1~7天),相对湿度为 57%~62%;在孵化中期(7~14 天),相对湿度为 50%左右;在孵化后期(14~17 天),相对湿度可提高到 70%。

(3)**翻蛋** 翻蛋是孵化的重要技术之一,其主要目的在于改变胚胎方位,防止粘壳,促进胚胎运动。孵化前期宜勤翻蛋,一般 2 个小时翻 1 次,到后期可逐步减为 3~4 小时 1 次,到 14 天时应停止翻蛋。翻蛋过程中要注意翻蛋角度不要过大,应以 90°

为宜。

(4) 通风　通风能供应胚胎以充足的新鲜氧气,同时排出二氧化碳。孵化器里新鲜空气含量以氧气 21％、二氧化碳 0.4％,孵化效果最佳,否则孵化率将下降。只要孵化机通风系统设计合理,运转操作正常,保持孵化室空气新鲜、空气流通均匀即可。

总之,孵化实践证明,孵化的全过程操作若不注意清洁卫生,仍可能招致污染。为此,孵化工作人员必须做到手、衣服、孵化室、孵化器及一切孵化用具都能保持清洁。孵化与出雏必须分开进行,每一批蛋孵化结束后,都应对孵化器和出雏器进行彻底冲洗和消毒。

第八章 提高鹌鹑育雏率及生长速度的有效措施

鹌鹑为性早熟、体早熟和经济早熟的特禽,虽然个体娇小,其初生重、成年重、终生重也不起眼,但鹌鹑的生长速度、绝对增重与相对增重却惊人地快。为了有效地利用其生长特性,加速其生长速度,必须了解鹌鹑的消化系统结构、生长规律及其所需最适环境条件,然后采用一些促进生长的有效措施,以期提高生产效率和经济效益。

一、鹌鹑的消化系统

鹌鹑的消化系统构造及其排列,与鸡基本相同(图 8-1),虽在某些方面也有其独特之处,但功能仍相类似。

鹌鹑喙部细小,公鹑的上喙弯度大,尖锐。口腔上腭有 5 行横向排列、尖向后方的角质乳头,其第三行呈"V"形,咽的顶壁有一裂缝,食管弹性大,嗉囊与食管的间距,按其体型而言,较其他禽类为远。胃分为腺胃和肌胃两部分。肠分为小肠和大肠,其小肠长度为身长的 3 倍。大肠包括 2 条盲肠及 1 条直肠,盲肠长 7~10 厘米,直肠很短。泄殖腔为消化道和泌尿生殖道共同开口于体外的管腔。公鹑泄殖腔腺特别发达(母鹑发育呈幼稚型),泄殖腔腺与睾丸有平行发育的相关性。

另外,鹌鹑的法氏囊(腔上囊)的重量与体重的比值比鸡大 4~5 倍。肝脏重 4~6 克,胰呈淡红色,脾呈圆形、暗红色,重约 0.2 克。

由于鹌鹑新陈代谢旺盛,每次采食量虽有限,但消化率强,生产力高,应给予全价营养,少喂勤添,勿使其饥饿与断水。

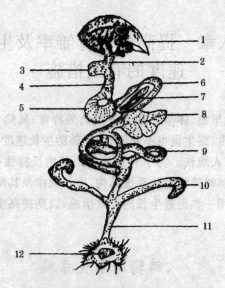

图 8-1 鹌鹑的消化系统示意图

1. 喙 2. 食管 3. 嗉囊 4. 腺胃 5. 肌胃
6. 十二指肠 7. 胰 8. 肝脏 9. 小肠
10. 盲肠 11. 直肠 12. 泄殖腔

二、鹌鹑体重的增长规律

体重是动物生长发育的重要技术指标之一,也是衡量育种价值与商品价值的重要技术指标之一,且事关经济效益,故应予以高度重视。由于品种、性别、年龄等的差异,鹌鹑的体重也不尽相同(表8-1至表8-6),其周生长曲线和周消耗饲料曲线见图8-2,图8-3。

表 8-1 日本鹌鹑生长发育状况 (克)

周　龄	公鹌鹑重	母鹌鹑重
0	7	7
2	43	43

续表 8-1

周　龄	公鹌鹑重	母鹌鹑重
4	91	95
6	111	130
8	116	142
12	121	152

表 8-2　日本鹌鹑生长发育状况

周　龄	只　数		最大体重（克）		最小体重（克）		平均体重（克）	
	公	母	公	母	公	母	公	母
开食时	30		9.5		7.0		8.1	
1	30		25.0		19.0		22.7	
2	30		50.0		34.0		43.3	
3	30		84.0		60.0		74.4	
4	15	15	100.0	103.7	83.0	86.0	84.0	63.0
5	15	15	120.0	130.0	94.0	112.0	107.0	119.0
6	15	15	—	—	—	—	—	—
7	15	15	132.0	142.0	111.0	118.0	117.6	127.3

表 8-3　日本鹌鹑采食量与体重增加数　（克）

项　目	初喂体重	周　龄							
		1	2	3	4	5	6	7	8
平均体重	6.3	16.1	36.5	54.7	76.3	89.1	97.4	107.8	115.3
增加体重		9.8	19.5	19.1	21.6	12.8	12.3	10.4	7.5
每周饲料采食量		24.5	51.0	87.2	91.0	108.5	125.0	140.3	164.5
每日每只平均采食量		3.5	8.0	12.5	12.5	15.5	17.7	20.0	23.5

引自日本《特用畜产手册》.1978

表 8-4　家鹑 0～5 周龄增重情况　（克）

品　种	项　目	出雏	1 周龄	2 周龄	3 周龄	4 周龄	5 周龄
日本鹌鹑	2000 只[①]	6.56	16.72	27.32	51.36	77.00	103.00
朝鲜鹌鹑	120 只[②]	7.50	20.53	37.75	61.96	83.43	104.31
日本鹌鹑	30 只[③]	8.11	22.70	40.30	74.40	33.50	113.00
法国肉鹑[④]		9.11	36.40	62.20	102.40	144.60	192.10
朝鲜鹌鹑	平均日增重[②]	—	1.86	2.46	3.46	3.07	3.05
朝鲜鹌鹑	相对增长率[②]（%）	—	173.70	119.20	64.10	34.70	25.60

注：①日本（榎本善次郎）；②南京农业大学（林其騄）；③日本（横仓辉）；

④《巨型肉鹌鹑饲养技术问答》（胡仁良）

表 8-5　各品系鹌鹑的相对增重率　（%）

品　系	性别	周　　　　龄									
		0	1	2	3	4	5	6	7	8	9
迪法克 FM 系	♂	22.45	14.34	9.16	5.85	3.72	2.39	1.52	0.97	0.62	0.40
	♀	22.86	14.71	9.47	6.09	3.92	2.52	1.62	1.05	0.67	0.43
朝鲜体大系	♂	18.83	12.45	8.23	5.44	3.59	2.38	1.57	1.04	0.69	0.45
	♀	28.41	12.50	8.48	5.76	3.91	2.65	1.80	1.22	0.83	0.56
北京白羽系	♂	19.99	13.57	9.21	6.25	4.24	2.88	1.95	1.33	0.90	0.61
	♀	19.79	13.55	9.29	6.36	4.36	2.99	2.05	1.40	0.96	0.66
朝鲜栗羽系	♂	19.76	12.85	8.36	5.44	3.54	2.30	1.50	0.97	0.63	0.41
	♀	16.97	11.75	8.14	5.64	3.91	2.71	1.88	1.30	0.90	0.62

引自《中国家禽》. 第一期,1990. 稍作调整

二、鹌鹑体重的增长规律

表 8-6　法国肉鹑 FM 系和 SA 系生长情况

周龄	平均体重(克)		平均增重(克)		耗料量(克)		料　肉　比	
	SA	FM	SA	FM	SA	FM	SA	FM
1	30.50	31.61	21.84	23.17	29.50	30.37	1.35	1.31
2	70.45	70.70	39.95	39.09	78.40	75.30	1.96	1.93
3	125.34	110.00	54.89	39.30	125.30	116.47	2.28	2.96
4	180.37	159.39	55.03	49.39	166.85	157.44	3.03	3.19
5	226.11	199.60	45.74	40.21	208.60	217.84	4.56	5.42

注：SA 系即莎维玛特肉鹑，FM 系即迪法克肉鹑

引自无锡市郊区畜禽良种场鹌鹑分场资料．1993

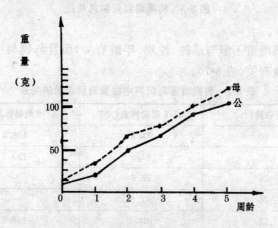

图 8-2　鹌鹑的周生长曲线

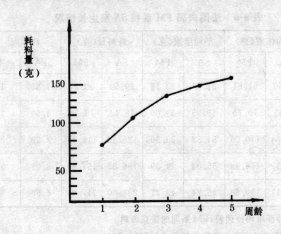

图 8-3 鹌鹑饲料周消耗曲线

鹌鹑增重不但与品种、性别、年龄有关,而且与饲料中粗蛋白质的含量有关(表 8-7)。

表 8-7 鹌鹑增重与饲料中粗蛋白质含量的关系

粗蛋白质(%)	0～6 周龄体重(克)	6～9 周龄体重(克)
20	77.2	136.9
22	87.0	138.3
24	93.5	—
26	91.6	—
28	104.1	136.2
30	102.2	—

可见,0～6 周龄时,粗蛋白质水平为 28% 是合适的,同样 6～9 周龄时粗蛋白质水平为 22% 亦是合适的。

三、鹌鹑羽毛的生长规律

羽毛是皮肤的衍生物，具有多种功能，也是衡量鹌鹑生长发育状况的一个重要技术指标。羽毛不仅用于保护体温、飞翔、交配时公鹑平衡躯体等，而且其生长状况也显示鹌鹑生长发育情况，反映其饲粮营养水平优劣。羽毛伴随着日龄和体重增长而生长、更换。据笔者观察，鹌鹑由胎毛换成初级羽的顺序为：先换尾羽、翼羽和胸羽，而背羽、头顶羽毛等第二次换羽才能换。家鹑羽毛的脱换着生速度极快，1周龄时的主翼羽就长达3.3厘米，一般至15日龄时胎毛逐步变成初级羽（个别仅需13天），至1月龄时就能换好永久羽了。而不同性别与各品系间的同一部位羽毛的长度，经生物统计方差分析表明，其差异并不显著（P＞0.05）（表8-8）。但脸部与下颌部的羽毛要至6～7周龄时才能换好。

鹌鹑羽毛脱换的方式也很特殊，经常是新羽和旧羽同时并存一段时间后，旧羽方脱落。其换羽顺序也欠规则。

表 8-8　朝鲜鹌鹑逐周羽毛生长统计表　（只·厘米）

羽　别	1　周　龄						2　周　龄					
	雄			雌			雄			雌		
	n	$\overline{X}$	$S\overline{x}$	n	$\overline{X}$	$S\overline{x}$	n	$\overline{X}$	$S\overline{x}$	n	$\overline{X}$	$S\overline{x}$
主翼羽	66	3.3	0.04	73	3.16	0.04	63	5.2	0.04	70	5.15	0.03
副主翼羽	66	2.7	0.03	73	2.55	0.04	64	4.5	0.03	70	4.43	0.03
尾　羽	66	0.97	0.02	73	0.90	0.02	59	2.4	0.05	56	2.29	0.04
主翼羽	66	5.74	0.05	74	5.65	0.05	66	6.08	0.04	74	6.04	0.03
副主翼羽	66	4.96	0.04	74	4.90	0.04	65	5.11	0.04	74	5.09	0.03
尾　羽	51	3.27	0.04	52	3.18	0.05	64	3.07	0.06	68	2.96	0.06

注：①n为样本数量，$\overline{X}$为样本平均数，$S\overline{x}$为样本平均数标准误差

②引自南京农业大学种鹑场试验资料．林其骡．1981

四、快速生长的技术措施

(一)鹑舍的环境要求

除专业场应建育雏舍外,一般专业户可以利用空闲的房舍养鹑。

鉴于我国尚无标准型育雏舍,加之饲养制度各异(有雏鹑—仔鹑—成鹑、雏鹑—肥育鹑和雏鹑—成鹑的分阶段饲养制度),但对建造鹑舍的基本要求应该是相同的。

第一,专业养鹑场和副业养鹑户都应有单独的鹑舍和相关的饲养设施。

第二,应选择阳光充沛的地方建舍或利用旧房宅,南向或东南向,舍内既明亮,又冬暖夏凉。

第三,鹑舍要有防范狗、猫、鼠等侵袭的设施。周围墙以砖墙为好。窗户镶玻璃,外罩铁丝网(1.5厘米网眼)以防兽害;天热时加设铁丝纱窗,既通风,又防蚊蝇滋扰。

第四,屋顶形式多样。如鹑舍进深为3.6～4.5米,可用单坡式;如进深大,则可选取其他式样。屋顶最好铺瓦,并设吊顶天花板,以保暖防寒,防暑降温。顶棚高度以2～2.7米为宜。若过低,则夏季炎热,笼层叠放降低,单位面积的饲养量减少;若过高,则会增加建筑投资,且不利于冬季保温。在顶棚的适当处设置通风窗,窗的上部装上1.5厘米孔眼的铁丝网,下部安装木板拉门,夏季全打开,寒冷季节适度打开,以调节舍内空气、温度和湿度。

第五,地面以水泥地为好,既便于冲洗、清扫、消毒,又防止寄生虫、鼠类等侵袭。还应注意排水沟和排水道的合理设置。

鹌鹑生长期最适宜的饲养环境条件见表8-9。

表 8-9 鹌鹑生长期最适宜的饲养环境条件

培育目的	环境因素	生长期	适宜水平、条件	理　由
产蛋用及种用	温度（恒温状态）	1 周	36℃	生长率、饲料转化率最高，死亡率最低
		2 周	33℃	生长率、饲料转化率最高
		3 周	28℃	生长率、饲料转化率最高
		4～5 周	17℃～30℃	17℃～35℃间生长率、产蛋结果差异明显，饲料转化率在高温时稍高
	光色	全期	白色或红色	生长率、性成熟良好，在两光色间无明显差异。绿、蓝色对生长、性成熟延迟，尤以蓝色显著
	照度	全期	5 勒	5～85 勒的照度，生长率、性成熟、饲料转化率等无明显差异。5 勒（每 18 平方米安装 15 瓦灯泡）可节约用电
	照明时间	1 周	24 小时	防止死亡事故
		2～5 周	16～24 小时	生长率、性成熟、总计产蛋率等无明显差异。缩短时间（8 小时）上述成绩降低

（二）鹌舍的设计

1. 小型鹌舍　可设计成为正面宽 3.6 米，进深 1.8 米，面积 6.5 平方米。前高 2.4 米，后高 2.1 米。屋顶为单坡式，单墙。室内隔成 2 间，门口 0.9 米×1.8 米为饲料及工具间，里面 2.7 米× 1.8 米为饲养间。顶棚距水泥地面 2.1 米高，开有 2 个排气孔，为 0.6 米×0.3 米的长方形，上边罩有 0.5 厘米网眼的铁丝网，下边安有开关的拉门以调节空气。鹌舍的前后左右都设有窗户，外侧罩有 1.5 厘米网眼的铁丝网，内侧安玻璃拉窗，再配备铁丝纱窗

（图 8-4）。也应设置电扇。顶棚排气孔中央装有电灯，供照明用。

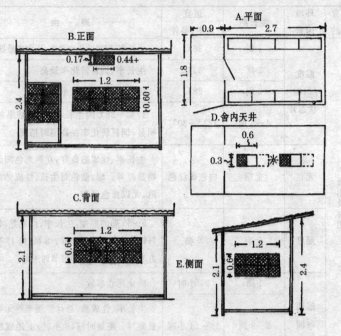

图 8-4　小型鹑舍设计示意图　（单位：米）

　　鹑笼排列舍内两侧，上下 5～6 层，左右 4 排，中央留通道。每舍可养成鹑 600～700 只。

　　2. 中型鹑舍　如建设成正面宽 5.4 米，进深 3.6 米，面积约 19.8 平方米的鹑舍，可供专业养鹑户养成鹑 2 000～3 000 只。其中 6.6 平方米为饲料及工具贮藏间，有时也可用作育雏间，其余 13.2 平方米是饲养间。饲养间正面有宽 0.9 米的通道，出入口设铁丝网门，天冷时可在门上贴塑料布。如饲养笼宽 0.9 米，进深 0.3 米，可放 8～9 层、16 排。两侧笼间留 1.2 米的通道。顶棚中央设电灯照明。墙上均设窗、铁丝网、纱窗。余同小型鹑舍配置

（图 8-5）。

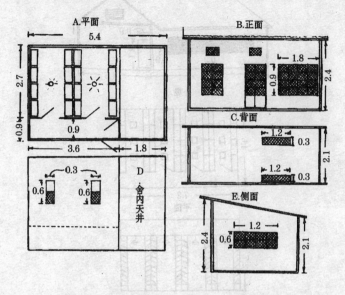

图 8-5　中型鹌舍设计示意图　（单位：米）

3. 中大型鹌舍　正面宽 7.2 米，进深 4.5 米，高 2.7 米，面积约 32.4 平方米。可养成鹌 5 000～6 000 只。屋顶为双坡式。地面铺水泥。饲养笼可放 5 排 8 列（边排为单列），上下 8 层，各排之间留 1.2 米的间隔，靠窗一侧留有 0.9 米的通道。可用饲料车送料、送水和集蛋，以提高工效。出入口都装上铁丝网门，冷时覆盖塑料布。各排笼的上方都有 3 个换气口，共 12 个，根据气温调节并排出污浊气体。各排顶棚上需装 1～2 盏灯泡（图 8-6）。

4. 大型鹌舍　在大型鹌舍中的鹌笼排列方式不一，有的采用横向排列式（图 8-7A），长通道与鹌舍长轴平行，短通道与山墙平行。也有的采用纵向式（图 8-7B）。通道均为长通道。

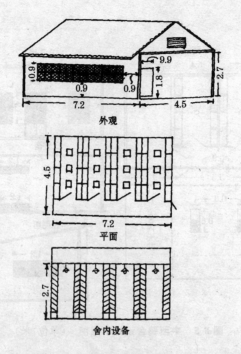

图 8-6　中大型鹑舍设计示意图　（单位:米）

5. 朝鲜龙城鹌鹑鹑场简介　朝鲜龙城鹌鹑场建在山坡上,自上而下,按孵化—幼雏—种鹑—产蛋—肥育等舍顺序排列。这对采光、供水、排水、防疫等均有利。生产区与饲料库、蛋库、托儿所、办公室等相隔 200 米。运料、运蛋的车辆不进生产区。建筑物墙壁刷黑,用火焰和药液消毒。用锅炉热水供暖。幼雏舍加局部电热暖气。屋顶棚一律用多孔板,设排气孔。上面加 20 厘米双层的稻壳窗。以自然通风为主,每栋设有 2 台电风扇,每部可换气4 000米³/小时。舍内换气量以鹌鹑每千克体重计,夏季每小时3～4 立方米,冬季为 1 立方米,要求有保险系数。

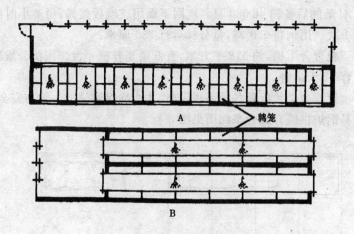

图 8-7　鹌鹑舍内鹌笼排列形式图

A. 横向排列式　B. 纵向排列式

产蛋鹑舍长度依场地而定，宽 10 米，高 3 米，共 7 栋，计 4 007 平方米。有 6 层笼养机 64 台。每台长 24.5 米×宽 1.47 米×高 2.14 米，中间设饮水器。每小间长 70 厘米×宽 40 厘米×高 27 厘米。笼底倾斜度为 5°。笼底网孔为 1.6 厘米×1.6 厘米，铁门网眼的间距为 2.5 厘米×2.5 厘米。每笼饲养 14 只。

育雏舍规格为 584 平方米，一层网箱饲养。计有网箱 88 个，每个网箱规格为长 140 厘米×宽 200 厘米×高 90 厘米。每箱又分为 4 间，每间养雏鹑 120 只，即每箱为 480 只。一批共养 42 240 只。箱底和围网是 10 毫米×10 毫米网孔的金属编织网，顶棚高 220 厘米。舍温保持 23℃～25℃。

后备舍 2 栋，分别为 584 平方米和 318 平方米，共 902 平方米。有 4 层笼养机 18 台。每台长 23 米×宽 1 米×高 2 米，分为 120 个小间。每小间长 70 厘米×宽 54 厘米，3 小间为一单元，放 1 个电热装置，饲养 64 只。笼门铁栅宽 2.2 厘米，笼底为 1.4 厘米×1.4 厘米网眼的铁丝网。每台装 2 560 只，全舍 1 批可养11～

30 日龄的后备鹑 46 080 只。底网下面用玻璃板接粪,每 2 小时清粪 1 次。用饲料车送料,每分钟运行 730 厘米。

　　肥育舍 1 栋,约 318 平方米,有 6 层笼养机 4 台。淘汰公雏鹑肥育 12 天出售。

　　育雏舍必须配置各种保暖设施,才能确保雏鹑的生活与安全。简易锅炉供暖育雏舍平面图见图 8-8。

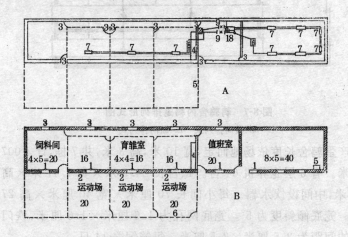

图 8-8　简易锅炉供暖育雏舍

A. 雏鹑舍暖气装置图

1. 暖气炉　2. 备用暖气炉　3. 门　4. 火墙　5. 隔网
6. 循环水泵　7. 暖气片　8. 加水孔　9. 水管截门

B. 育雏舍平面图

1. 前窗　2. 出口　3. 后窗　4. 火墙　5. 水池　6. 隔网

(三)育雏笼及仔鹑笼的笼具制作

　　1. 育雏笼　笼育雏鹑可节省建筑投资,控制雏鹑定向发育,防止疾病,提高增重,减少耗料,操作时可以实行半机械化,从而大大提高了劳动生产率和成活率。毫无疑问,育雏笼对于改善育雏条件,促进雏鹑的生长发育确有好处,是集约化饲养的必需设备。

育雏笼由 2 层或多层构成,以 4～5 层较为实用。建材可采用木材、金属编织网、角铁等结构(图 8-9 至图 8-11)。

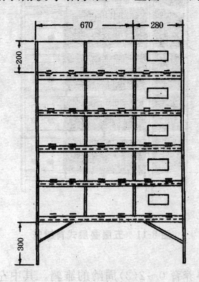

图 8-9　五层式育雏笼架正面示意图

(单位:毫米)

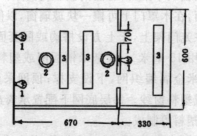

图 8-10　五层式育雏笼架单层剖面

示意图 (单位:毫米)

1. 白炽灯　2. 饮水器　3. 食槽

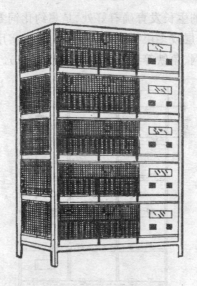

图 8-11　五层叠层式育雏笼

雏鹑笼主要养育 0～2(3) 周龄的雏鹑。其中左 2/3 处为运动场,供雏鹑采食、饮水、活动和休息用;右 1/3 处为保温舍,用木板或纤维板制成一箱罩,其顶与两侧均留有通风孔,供雏鹑休息、取暖用。中间设隔板或布帘,留有洞门供雏鹑出入。

笼门位正面,在木罩门上可镶一块玻璃窗,以便于观察。用合页将门框焊接在笼门架上,于上方设搭钩或圈套固定笼门。其侧网、后壁网可采用 15 毫米 ×10 毫米钢板网或塑料网。底网采用 10 毫米 ×10 毫米金属编织网,下设支撑;顶网采用 10 毫米 ×10 毫米的塑料网或塑料窗纱。每层底网下配置承粪盘,可用白铁皮、铝皮、玻璃钢或塑料等制成。

育雏笼的热源有电热丝(300 瓦串联,均匀分布,底层为 500 瓦)、电热管(瓦数与电热丝同),采用水银导电表或有关温控仪控制笼温。专业养殖户可采用白炽灯泡(25～100 瓦),也可采用远红外线灯、热水汀、电用油汀等。有条件的可用电脑控制温度,或调整瓦数和灯泡数,用电热管的要配置照明灯。

育雏笼经南京农业大学种鹑场多年使用,效果良好。注意:①在舍温低于 15℃ 时,应在笼上罩一塑料帐,正面敞开,以便保暖;②在每层笼的正面,于笼底上配置食槽、饮水器,食槽用白铁皮、铝皮、塑料、木板制成。1～5 日龄的食槽规格为长 300 毫米×宽 75 毫米×高 15 毫米;6～30 日龄的食槽规格为,长 400 毫米×底宽 35 毫米,上宽 55 毫米(各边卷边 5 毫米)×高 25 毫米。槽面加铁丝网以防扒溅饲料,也可自制小料筒。饮水器采用玻璃罐饮水器和塑料雏鸡用饮水器(15 日龄后);③在正面笼底上加一块 6 厘米高的挡板,以防 1～4 日龄的雏鹑野性发作窜逃笼外,造成死伤。

在南京地区还流行着三层育雏笼(图 8-12,图 8-13)。其左侧、右侧、后壁与顶壁均蒙以尼龙编织布(洗净的饲料包装袋也可),既保暖,又透气。保暖采用白炽灯,头几天用 100 瓦,以后逐步改为 60 瓦、40 瓦或 25 瓦。每笼正面围以 10 厘米高的塑料窗纱,防止雏鹑窜逃,其上空间又便于加料换水、捕捉雏鹑、换取灯泡。底网网孔为 10 毫米×10 毫米。承粪盘可就地取材。

2. 仔鹑笼 系专供 3 周龄或 4～6 周龄仔鹑用,也可作为肥育笼或种公鹑笼使用。制作材料、规格与育雏笼类同。其底网规格为 20 毫米×20 毫米的金属编织网,最好于其上再加铺一块网眼为 10 毫米×15 毫米的塑料网过渡,以保护鹑脚。可采用料筒、塑料自流式饮水器或乳头式饮水器和饮水杯;也可改造笼门大小,使仔鹑头部伸出笼外采食、饮水,食槽、水槽可借用雏鸡专用的塑料槽。供温系统与育雏笼相同。面网隔栅间距,也可参考雏鸡横板式上下调节装置。

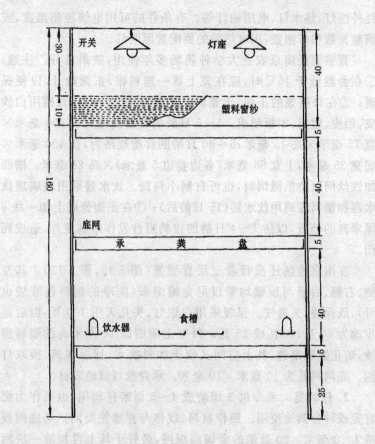

图 8-12 三层育雏笼(正面) (单位:厘米)

3. 育雏—育成笼 多为五层,每层宽 100 厘米×深 60 厘米×高 20 厘米。每层间距离 10 厘米,最下层离地 30 厘米,每层均设承粪板。门在正面,左右分成三段,各门均蒙以 15 毫米×10 毫米的铁丝网,用合页焊在下框上,上方用搭钩固定。顶网用孔眼 15 毫米×10 毫米塑料网封好,两侧及后壁用孔眼 15 毫米×10 毫

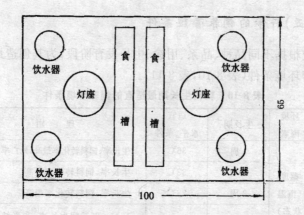

图 8-13 三层育雏笼(单层剖面图) (单位：厘米)

米金属网或塑料网围牢。为了能一笼多用，即从出壳养到 30 日龄均在同一笼内饲养。底网可选安装 20 毫米×20 毫米网眼的金属编织网，上面再放置一块 6 毫米×6 毫米或 10 毫米×10 毫米网眼的金属网，直到 14 日龄时取出。每层内悬挂白炽灯泡(或电热管)以调节不同日龄鹌鹑所需环境温度。食槽及饮水器均置笼内。气温低时，鹑笼可罩以塑质浴帐(正面敞开)。笼均安放在角铁制成的笼架上，装配牢固、平稳。

(四)选择快速生长的优良鹌鹑品种

在商品肉用仔鹑生产中，一定要选择肉用品种(品系)，如法国的迪法克 FM 系、莎维玛特或菲隆玛特肉鹑，特别是莎维玛特肉鹑，引种饲养实绩最好，颇受市场欢迎。另外，可选择良种肉鹑与蛋鹑的杂交种，这样饲料转化率高，生长快、效益好。从遗传学角度看，5 周龄体重与胸肌重、半净膛重、全净膛重的表型相关系数分别为 0.22、0.99、0.93，遗传相关系数分别为 0.88、0.84、0.92。而肉用鹑的适宜屠宰日龄在 35～40 日龄，且活重几乎为蛋用鹑的 2 倍。国外多在 40 日龄上市，肉质最佳。

（五）科学的饲养管理条件

应根据不同品种、品系、用途、生长发育阶段，为其创造最适宜的饲养环境条件（表 8-10，表 8-11）。

表 8-10　鹌鹑生长期最适宜的饲养环境条件

培育目的	环境因素	生长期	适宜水平、条件	理　　由
产蛋用鹌鹑	温度（恒温状态）	1 周	36℃	生长率、饲料转化率最高，死亡率最低
		2 周	33℃	生长率、饲料转化率最高
		3 周	28℃	生长率、饲料转化率最高
		4～5 周	17℃～30℃	17℃～35℃间生长率、产蛋结果差异明显，饲料转化率在高温时稍高
	光色	全期	白色或红色	生长率、性成熟良好，在两光色间无明显差异。绿、蓝色对生长、性成熟延迟，尤以蓝色显著
	照度	全期	5 勒	5～85 勒期间，生长率、性成熟、饲料转化率等无明显差异。考虑节电
	照明时间	1 周	24 小时	防止死亡事故
		2～5 周	16～24 小时	生长率、性成熟、总计产蛋率等无明显差异。缩短时间（8 小时）上述成绩降低

续表 8-10

培育目的	环境因素	生长期	适宜水平、条件	理　由
阉割的公鹌鹑做烤鹌鹑用	温度（恒温状态）	1 周	36℃	生长率、饲料转化率最高，死亡率最低
		2 周	33℃	生长率、饲料转化率最高
		3 周	28℃	生长率、饲料转化率最高
		4～6 周	28℃～31℃	不影响生长率。饲料转化率，体脂肪含量高
	光色	全期	白色、赤色、绿色、青色	均可。睾丸发育在光色间有差异，但生长率在光色间无明显差异
	照度	全期	5 勒	5～85 勒期间，对生长率、饲料转化率等都无明显差异。要防止开灯时跳跃事故。注意节电
	照明时间	1 周	24 小时	要防止事故
		2～6 周	4～8 小时	生长率在 4～8 小时期间无明显差异。饲料转化率以 4 小时最高，有利于节电

伍德华德（Woodand），等 . 1969. 引自樱井 . 1983

表 8-11　日本鹌鹑的光照方案

日　龄（天）	每日光照（时）	光照度（勒）
1～7	24	20～50
8～40	自然光照或 8	5～20

（六）饲喂全价配合饲料

自配或选购雏鹌饲料，一定要注意饲料质量。配合粉料或配合颗粒料均可。颗粒料的直径为：1～10 日龄 1 毫米，11～20 日龄 2 毫米，21～35 日龄 3 毫米。亦可喂筛下的破碎颗粒料（筛选）。

如加入增食欲的香味饲料添加剂,效果更佳。

(七)适当使用安神的中药饲料添加剂

饲养商品肉用仔鹑,除采用暗光、红光外,可在配合饲料中加一些安神的中药制剂,如五味补肾散(配比:茯苓 25%,远志 25%,黄芪 20%,淫羊藿 20%,大黄 10%),烘干磨粉,按饲料量的 1%混饲。可以减少其活动,降低养分的消耗,有利于其生长。

(八)合理的密度

鹌鹑具有耐密集性饲养的特点,我们提倡适当的密度,以增加单位面积的饲养量,但须以良好的通风为前提。在笼养条件下,根据品种和生长情况,其每平方米合适的密度为:1~7 日龄 150~200 只;8~14 日龄 120~150 只;15~21 日龄 100~120 只;22~28 日龄 80~100 只;29 日龄后 60~70 只。种鹑和肉用鹑用下限,在夏季和通风不良时,商品蛋鹑也应用下限。过密容易招致发育不良,甚至诱发啄癖和疾病,引起伤亡。

(九)饲粮中能量与粗蛋白质配比适当

据原无锡市郊区畜牧兽医站张惠南研究,饲粮中的代谢能、粗蛋白质含量不同,鹌鹑 5 周龄内的生长也有差异(表 8-12)。

表 8-12 饲粮代谢能、粗蛋白质与仔鹑生长的关系

代谢能	增 重 (克)		
(兆焦/千克)	粗蛋白质 18%	粗蛋白质 22%	粗蛋白质 26%
11.34	73	87	89
12.60	71	88	95
13.86	64	85	95

由表 8-12 可见,当粗蛋白质 18%时,随代谢能的增加,增重反而减少;当粗蛋白质为 22%~26%时,随代谢能的增加,体重有所

提高,但不显著;其中以代谢能为 12.6 兆焦/千克时最为合理。

(十)利用蛋用鹌鹑做肉仔鹑肥育

如利用日本鹌鹑做肉仔鹑肥育,母鹑上市(6～7 周)比公鹑(7～9 周)早。此时每千克增重耗料略高于 4 千克。

鹌鹑的产肉力很高,其肉骨指数,母鹑为 3.4～3.7∶1,公鹑为 3～4∶1。每千克鹑肉的热能:胸肌为 4.979 兆焦(1 190 千卡),其他肌肉为 5.523 兆焦(1 320 千卡)。

在国外,鹌鹑的胴体在净膛后出售。根据屠前体重,胴体可分为数级。例如,在英国胴体分成标准的(128 克),大型的(142 克)和特大的(170 克以上)。

据此,所有自别雌雄配套系的雄雏或多余的蛋用雏鹑,在饲料条件许可与市场需求紧迫情况下,同样可作为一般肉用仔鹑肥育。

(十一)肥育饲粮预混料配方

根据原淮阴市鹌鹑试验场技术资料分析,肉用仔鹑饲粮预混料中减少鱼粉用量和其他动物性蛋白质饲料的用量,既可降低成本,又能提高肉用仔鹑的生长速度。经多批重复试验,供试肉鹑达 16 万只,试验结果,35 日龄仔鹑平均活重达 183 克以上(迪法克 FM 系),饲料转化率 3∶1,成活率 95% 以上。而对照组 42 日龄平均活重仅 170 克,饲料转化率为 3.2∶1,成活率为 80%～85%。具体配方见表 8-13,表 8-14。

表 8-13 和表 8-14 表明,肉用仔鹑使用该种预混料,提高了生长速度、饲料转化率和成活率,并且在无鱼粉饲粮中添加该种预混料后,能达到甚至超过有鱼粉日粮的饲养效果,说明该种肥育预混料的使用效果值得推广。

表 8-13　肉用仔鹑肥育饲粮配方(1)

试验分组和试验结果

试验分组		1	2	3	4组前期	4组后期	5	6
饲料配合比例（％）	玉　米	62.0	59.0	59.0	59.0	61.0	55.0	56.6
	豆　饼	28.6	38.6	38.6	38.6	36.6	32.6	27.0
	鱼　粉	7.0	—	—	—	—	—	—
	骨　粉	2.0	2.0	2.0	2.0	2.0	2.0	2.0
	食　盐	0.4	0.4	0.4	0.4	0.4	0.4	0.4
	蚕　蛹	—	—	—	—	—	3.0	3.0
	黄　豆	—	—	—	—	—	—	9.0
	菜籽饼	—	—	—	—	—	5.0	—
	全脂奶粉	—	—	—	—	—	2.0	2.0
试验结果	35日龄平均活重（克）	175.7±17.71	197.7±22.54	197.7±24.06	198.07±32.4	205.05±25.54	198.7±23.18	
	饲料转化比	2.82∶1	2.77∶1	2.77∶1	2.74∶1	2.61∶1	2.64∶1	

注：鹑用饲料添加剂按使用说明添加的

表 8-14 肉用仔鹑肥育饲粮配方(2)
试验分组和试验结果

	试验分组	1	2	3	4
饲料配合比例（%）	玉　米	59.4	59.4	59.0	59.4
	豆　粕	30.0	29.0	33.0	29.0
	进口鱼粉	3.0	—	—	2.0
	酵　母	—	4.0	—	1.0
	蚕　蛹	—	—	—	1.0
	黄　豆	5.0	5.0	5.0	5.0
	骨　粉	1.0	1.0	1.0	1.0
	石　粉	1.0	1.0	1.0	1.0
	盐	0.4	0.4	0.2	0.4
	添加剂	维生素＋微量元素 0.2	维生素＋微量元素 0.2	预混料 0.8	维生素＋微量元素 0.2
试验结果	35 日龄平均活重（克）	173.80±19.86	175.15±21.02	192.25±16.75	183.85±18.70
	饲料转化比	3.21∶1	3.06∶1	3∶1	3.02∶1
	每只毛收入（元）	0.19	0.24	0.26	0.25

（十二）肥育鹌鹑经验

1. 前全苏家禽科学和工艺研究所的经验　该所进行过美国法拉安肉鹑与日本鹌鹑的肥育试验,并对比其生产性能。供试鹑为 40 日龄,肥育期 23 天。饲粮中含粗蛋白质 20%,每千克饲粮含代谢能 12.6 兆焦。肥育后 9 周龄鹌鹑产肉力见表 8-15。

表 8-15　9 周龄肉鹑与蛋鹑肥育效果比较

指　　标		肉用鹌鹑(法拉安)	蛋用鹌鹑(日本鹌鹑)
屠宰前活重(克)		186.6	115.6
净膛胴体重量(克)		130.0	80.5
占体重(%)		69.7	70.0
胴体质量(%)	一　级	86.0	87.5
	二　级	14.0	12.5

该所试验者建议,仔鹑最好在 30 日龄转喂肥育饲粮。笼养密度为每只鹌鹑占笼底面积 75 平方厘米。上市年龄为 7 周龄。肥育结果:日本鹌鹑平均体重 110~120 克,一级胴体率占 80%~85%,每只肉仔鹑耗料不超过 800 克。

2. 意大利肥育鹌鹑的经验　肥育鹌鹑仍遵循传统的原则,如增强鹌鹑的食欲,让鹌鹑尽可能地吃,尽可能减少运动,在最后阶段要力争抑制其性冲动。为此,要为其提供安静的环境、适当的温度、良好的通风条件和柔和的光线。

肥育鹌鹑的饲养密度稍大,但喂食时要使 2/3 的笼内鹌鹑进食;笼内光线要暗,每层笼的高度为 10~12 厘米,这样的高度既可使鹌鹑正常饮食、休息,又可防止互相挤压,招致鹑群骚动,影响肥育。还可避免啄羽和抓背,保持产品鹌鹑的完整性。

家鹑养至 25~30 日龄,就要转入肥育笼中,直至上市。每层肥育笼的面积为 30 厘米×30 厘米,可放置 8~12 只鹌鹑,视季节调整密度。如利用雏鸡笼肥育鹌鹑,每立方米可放置 150 只肥育鹌鹑,同样可获得良好效果。

对淘汰的种鹑与蛋鹑,经过一次强制换羽即可过渡到肥育期。换羽期间,可连续数天将鹑笼放在较冷处,每天数小时即可。随后开始饲喂肥育饲料。经快速换羽,至出售时鹌鹑长得又肥又大、羽毛鲜艳、体重增加。虽然肉质有点硬,但味美可口。只要注意烹调术,鹌鹑肉仍为食用佳品。

在饲粮方面,给肥育鹌饲喂幼雏型饲料,至少喂 20 天,然后再转换成肥育饲料,但应有 5～6 天的过渡期并确保充足的饮水。

经肥育后,黄色皮肤的肥鹌更受市场欢迎。

3. 法国肥育肉鹌的实践经验　鹌鹑上市前经过 2～3 周的短期肥育,可提高养殖效益,改善肉的品质与风味。不做种用的 5 周龄的公鹌,以及产蛋满 1～1.5 年的母鹌,如产蛋率低于 30％～40％,即应予淘汰,经肥育后出售或自行再加工。

(1)肥育箱　为多层重叠式,每层面积 3 000 平方厘米,高10～12 厘米,可以防止公母鹌爬跨交配。箱前后设栅栏,食槽与饮水槽悬挂在栅栏外。左右两面和顶部安装纤维板,箱底底网的网眼为 10 毫米×10 毫米的金属网。

(2)环境要求　舍温以 18℃～25℃为宜,舍内光线宜暗淡,只要能供鹌鹑采食与饮水的最低照度即可。并要求安静的环境,防止一切应激。

(3)适当增加饲养密度　每箱容 30～40 只,公、母鹌应分开饲养,防止追逐交配消耗体力与鹌群骚动。

(4)饲料　饲粮以玉米、碎米、麦麸、稻谷等含碳水化合物多的饲料为主,一般占日粮 75％～80％。蛋白质水平降低至 18％左右,添加 0.5％食盐,酌加青绿饲料。每昼夜喂 4～6 次,吃饱为止。饮水保持清洁、充分。

经肥育 2～3 周后,鹌鹑体重可达 120～140 克,将翅膀根部羽毛吹起,看到鹌鹑皮肤颜色呈白色或淡黄色时,即可上市或加工。

4. 南京农业大学肥育仔鹌试验　1998 年选用 3 周龄法国莎维玛特仔公鹌 120 只,随机分为 A,B,C,D 4 组。A 组为基础日粮中添加 3％脂肪粉;B 组则添加 0.2％"喂大快";C 组则添加 3％膨化羽毛粉;D 组为对照组,饲喂基础日粮。试验结果见表 8-16 和

表 8-17。

表 8-16 肉仔鹑肥育期增重和料重比 （克）

组 别	试验始重（21 日龄）	试验末重（28 日龄）	试验肥育期增重	耗料量	料重比
A	113.91	162.42	48.5	146.40	3.02
B	114.38	160.88	46.5	146.72	3.16
C	116.74	160.85	44.2	158.11	3.58
D	113.06	158.26	45.2	156.29	3.46

表 8-17 肉仔鹑肥育期的经济效益分析

组 别	试验期增重（克）	耗 料（克/只）	饲料价格（元/千克）	饲料成本（元/千克）	次数	毛 利 元/组	毛 利 比较
A	48.5	146.40	2.12	9.31	30	12.44	112
B	46.5	146.72	1.96	8.62	30	12.23	110
C	44.2	158.11	2.05	9.71	30	10.03	90
D	45.2	156.29	1.94	9.06	30	11.15	110

试验结束时，每组随机取 5 只肥鹑进行屠宰测定，并观察胴体脂肪沉积情况。A 组与 B 组的胴体脂肪沉积优于对照组；而对照组优于 C 组。A 组与 B 组的肌肉色泽鲜红，在皮下、胸肌、腿肌、腹腔、肌胃外缘、腹部和腹股沟等处均有明显黄色脂肪沉积。

由上表可见，肉仔鹑肥育期（21～28 日龄）饲粮中添加 3％脂肪粉或 0.2％"喂大快"，其肥育效率均优于对照组。而添加 3％膨化羽毛粉的效率不及对照组，所以应慎重使用。

5. 我国一些养鹑户饲养商品肉鹌鹑的肥育经验 商品肉鹑的饲养密度，可比蛋鹑、种肉鹑高一些，应限制肉鹑的过分运动，以利于肥育。一般每平方米可养成年商品肉鹑 60～65 只。

商品肉鹑养至 25～30 日龄即可转入肥育阶段。注意提高其食欲,减少运动,实行暗光照,公母分笼饲养,保持温度适宜,通风良好,造成一个良好的生活环境。自由采食,全天供料、供水,要让肉鹑吃饱、吃好、少动、多睡,以便催肥长肉。在饲粮方面,应逐步增加能量饲料(谷类、脂肪类),也可加入菜籽饼等植物油下脚料肥育,由 3％～5％逐步增加至 10％以上,肥育效果很好。催肥期一般为 10～14 天。检查肥育鹑的膘度是否丰满,可拨开肥鹑翼羽毛根部观察,如果皮肤呈现白色或淡黄色,即可上市。雄鹑的净肉率比雌鹑高约 5％。

五、提高鹌鹑育雏率的关键技术

众所周知,特禽与家禽的育雏设备和技术大同小异。如能结合特禽(如鹌鹑)的特性(野性与行为),当可事半功倍,得心应手,提高雏鹑的育雏率并非难事。根据笔者 32 年的观察与实践,饲养者必须了解和掌握以下几个关键。

(一)育 雏 期

泛指 0～14 日龄的雏鹑。至育雏期末的成活率称为育雏率。本阶段为雏鹑生长发育的重要时期,直接关系到日后的生长发育趋势与生产性能。其中尤以 0～7 日龄育雏为关键。应做到"雏鹑请到家,7 天 7 夜不离它",本着"育雏如育婴"的心态,做好饲养管理工作。

(二)逃避与模仿行为

雏鹑带有较强的野性。据观察,在其出壳后 1 小时就有逃避行为发生,然后与时俱增,在出壳后 5～9 小时则为恐惧应激行为的一个敏感期,逾期时对同样的陌生环境较少表现恐惧反应。生产实践证明,0~6日龄期间极富野性表现,对应激反应表现为逃避、逃窜、匍匐、聚集扎堆,呈极度恐惧状。同样,在育雏期极易建立各种条件反射,如施以音响与口令调教,当可减少因应激招致的伤亡事故。其模仿行为也令人叹为观止。

(三)体温差异

据南京农业大学种鹑场测定,初生雏鹑(各品种类型)平均体温为38.61℃~38.99℃,比成鹑(41℃~42℃)要低2℃~3℃,这就是初生雏鹑在育雏初期必须保温的内在生理原因。雄雏鹑体温略高于雌雏鹑;健雏鹑又略高于弱雏鹑。测定表明,雏鹑一般需8~10天才能达到成鹑的体温指标。强雏鹑与雄雏鹑较弱雏鹑与雌雏鹑一般要提前2~3天达到成鹑体温。可见,0~6日龄为育雏的重要时期。

(四)"高温"育雏

一般书刊皆强调鹌鹑育雏温度为32℃~35℃。但笔者认为雏鹑个体娇小,腹内剩余的卵黄囊亦小,其贮能亦少,特别是隐性白羽雏鹑、肉用雏鹑等皆宜施以"高温",借此也可减少雏鹑白痢病的发生率。如蛋用雏鹑与肉用雏鹑第一周龄施温36℃~38℃(隐性白羽雏鹑甚至可施温39℃),第二周龄为33℃~37℃。

(五)测温标准

保温温度包括舍温与育雏温度,这是两个概念。舍温要求22℃~26℃,温度计不能置于风口上或暖炉旁;而育雏温度是指雏鹑站立时其背部水平线处的温度。如为立体多层育雏笼,最好每层配置一支水银导电表于鹑背水平线处测试为准,因各层温度各异,不少养鹑者多用舍温来代替育雏温度,实践证明是不符合要求的,也难以达到育雏温度标准。

（六）全进全出制

为先进的饲养制度，即雏鹑群于同一时间进入育雏舍，并于同一时间全部转群或上市。雏鹑全部清出育雏舍后，随即打扫、冲洗、消毒、封闭1～2周，再进第二批雏鹑群。切勿在同一育雏舍内饲养不同批次的雏鹑群，既不便于饲养管理，又不易控制鹑病。切勿几代同舍饲养，否则将招致恶果，后患无穷。

（七）保暖设备

由于饲养规模与方式不一，经济条件不同，其供暖设备亦异，在农村常成为育雏掣肘因素与成败关键。雏鹑除长途运输借助于自温取暖外，生产中极少采用自温育雏，因为要承担极大的育雏风险。目前多采用火炉保持舍温，而配置电热管、电热丝或白炽灯、红外线灯以取暖。电器加热装置须配套水银导电表以自动调节育雏温度，而灯泡采取上下调节，或更换不同瓦数灯泡即可。生火炉或锯木屑炉必须配置烟筒，以排除废气，同时防止倒风。

保温育雏伞下温度1～6日龄37℃～36℃，7～14日龄36℃～35℃，15～20日龄34℃，20日龄后每天降1℃，降至27℃时不再用保温设备，保持舍温22℃～27℃常温条件下饲养。育雏温度应根据品种（品系、配套系）、育雏设备、气温、雏鹑行为、日龄、粪便形状、饮水量、笼具等做必要调整。

育雏湿度1周龄时为65%～70%，以后控制在50%～60%。

目前我国已研制成智能化温控育雏设备。该设备特点：①迅速升温，在自然环境10℃情况下，从点火算起，舍内温度升至38℃仅需30分钟，0℃情况下1～2小时；②智能控温，20段自由编程，有各种指标报警器以及手自动无忧切换等功能；③夏季自动控制水帘和风机，智能多点曲线降温功能；④专用数控节能环保锅炉，自动控制火势，添加自动补水系统和保暖隔热服，烟道穿过棚舍，充分发挥余热,可节约燃料 55%以上,无煤气中毒现象;⑤进口数字探头控温精度±0.1℃;⑥采用名牌外转子轴流风机,F 级防水耐高温设计,可连续安全运转 30 000 小时以上;⑦优质的不锈铝散热器,使用寿命更长,热交换效率更高;⑧供暖控温面积 100～3 000 平方米,多种型号。

(八)推广分层笼养

实践证明,在地面铺垫料饲养雏鹌的方式是不可取的,球虫病、沙门氏菌病、大肠杆菌病等很难防范,且管理困难。宜推广高床网养、分层笼养。前者虽然雏鹌与粪便分开,但饲养面积欠经济;后者多采用多层笼养方式,在农村与一般鹑场均可采用,实践证明是解决当前育雏率低的较佳饲养方式,既提高了饲养量,又可为雏鹌创造良好生活环境。

(九)开 饮

雏鹌自出壳后,须在出雏机内经数小时干燥潮湿绒毛,积聚一定数量后方才取雏。一般分 2～3 次取雏,经分级、肛门鉴别雌雄、雌雄自别分拣,再经短途或长途运输到达育雏舍,期间丧失了大量热能与水分,极易招致脱水现象。为此,上笼以后,在合适育雏温度下稍事休息后,待 50%雏群有啄食现象,便应供应 1 次 5%～8%的葡萄糖水,既可补充水分,排出胎粪,激发食欲,又可提供单糖(直接吸收为血糖)补充体能。以后开始饲喂清洁的温水,并可在饮水中掺喂防治雏鹌白痢病的药物。切忌断水,否则,将发生抢水现象而出现水中毒。应配置专用的雏鸡用(1 升水量)自动饮水器,其饮水器的供水部分上面应围以 10 毫米×10 毫米规格的金属网,以防淹死雏鹌,或溅湿雏鹌绒毛而受凉。

（十）开　食

通常在开饮后即行开始喂食。头 1～2 天要求在常温下进行采食，务必使雏鹑学会采食。开食料宜采用粗粉状或碎裂状配合饲料。开食盘上宜覆盖上 10 毫米×10 毫米规格的金属网，以防雏鹑扒食而溅落饲料。3 日龄后可采用小型的或自制的自动喂料筒，供料部分上方仍宜用 10 毫米×10 毫米规格的金属网边条覆盖。喂食次数多少不限，只要保持食槽与自动料筒有存料便可。雏鹑宜采用自由采食，以防拥挤，招致个体大小、强弱分化。

（十一）饲　料

宜按照不同的品种（系）、周龄、饲养方式、用途、气温而配制配合饲料，实践证明，当以细沙粒状的料型为佳。食槽加料勿过满，饲料要新鲜。每天要统计饲料消耗量。

据国外试验资料报道，35 日龄前饲料含同样的能量下，粗蛋白质水平分别为 18％，20％，22％，24％，26％，28％时，用高蛋白质饲料的试验使生殖器官发育较早，而对产蛋率的影响差异不显著（表 8-20）。

表 8-20　仔鹑限饲日采食量参数

鹌鹑日龄	日耗料量（克）
10～15	15～18
17～21	22～25
22～30	25～30
31～36	30～34
37～45	35～41

注：蛋鹑育成期为 15～35 日龄；肉鹑育成期为 15～40 日龄

第八章 提高鹌鹑育雏率及生长速度的有效措施

（十二）生长发育衡量标准

1. 观察羽毛生长　2周龄时，雏鹑的两翼及尾羽已长出，再长腹部、头项羽。

2. 称测体重　朝鲜蛋鹑3日龄体重为11.5克（10～13.5克），7日龄为19.5克（15～25克）；10日龄为28克（24～33克）；14日龄为41克（33～50克）。法国迪法克肉鹑7日龄体重25.2克，14日龄67.6克。莎维玛特肉鹑7日龄体重为31克，14日龄为70克。

（十三）日常管理

关键在于控制好育雏温度、湿度、通风、饲养密度；做好防鼠害、灭蚊蝇工作；做好记录工作。特别要做好交接班工作。

（十四）做好防病与免疫接种工作

必须贯彻"预防为主，治疗为辅"的方针，抓好平时饲养管理，坚持定期消毒。配好饲料就可预防营养代谢病，切忌乱投药物，滥用抗生素。鉴于当前养鹑实际情况，养鹑户切忌在养鹑的同时又饲养其他禽种，更不宜在同一舍内饲养多种禽类，以防相互传染禽病。在饲养量众多的情况下，一般于6～10日龄使用鸡新城疫Ⅳ系苗饮水免疫，每隔3个月再行免疫1次。小规模饲养一般在1月龄采用鸡新城疫Ⅰ系苗肌内注射来预防鹑新城疫。疫苗必须正确保存、稀释、注射，肌内注射每5～10只便须更换针头，以免交叉感染。饲养量多时，Ⅳ系苗剂量加倍，即500头份/2瓶。同时，必须按规定接种禽流感疫苗，切戒侥幸思想。详见防疫篇。

第九章　提高鹌鹑产蛋率的关键措施

饲养种鹑与商品蛋鹑的目的,就是要获取高产、优质、低耗、高效的种蛋和食用蛋。虽然当前面市的国内外优良品种和品系都具有高产的遗传潜力,但是饲养者仍须为鹌鹑创造高产的环境条件,满足其生理、生产的营养需要,实行科学的饲养管理,达到既高产、稳产,又降低料蛋比和饲养成本。必须指出,越是高产的品种和品系,对环境、营养与管理条件的要求也越高、越敏感,应予密切注意。

一、产蛋期最适宜的饲养环境因素

鹌鹑在产蛋期间,所需要的环境因素见表 9-1。

表 9-1　鹌鹑产蛋期最适宜的饲养环境因素

环境因素	适宜条件	说　　明
温　度（无风时）	24℃～27℃	产蛋率、存活率、饲料转化率最高,蛋重大
气　流	0.04 米³/只·分	27℃以下,对产蛋无影响,蛋重增大(饲料转化率降低) 30℃以下,产蛋率、蛋重改善,气流是不可缺少的条件 24℃以下,产蛋率、饲料转化率等降低,故有害无益
光　色	白、红、蓝	1. 红光组产蛋率比白光组高 6.8%,经统计分析两组差异极显著(P<0.01);蓝光组产蛋率比白光组高 3.94%,经统计分析两组差异显著(P<0.05);红光组的产蛋率比蓝光组高 2.86%,经统计分析两组差异不显著,说明采用红光与蓝光照明可提高鹌鹑的产蛋率 2. 蓝光组的平均蛋重分别比红光组和白光组高 0.24 克、0.59 克,经统计分析差异不显著(P>0.05)

续表 9-1

环境因素	适宜条件	说　　　明
照　度	3～5 勒	存活率高,产蛋期的末期体重大(随着亮度增加,存活率降低,体重小)
照明时间	16 小时 (16L,8D)*	产蛋率、饲料转化率最高,总产蛋数、总产蛋量最大(18小时照明有害于产蛋率、存活率、饲料转化率等)
水与饲料比	为饲料量的 3～5 倍	限制饮水对采食量、产蛋率、蛋重、饲料转化率、存活率有害。饮水量根据天气、饲料状态而定,应全程不间断供水

* L=明期,D=暗期,光照度 5～20 勒

二、产蛋鹑性成熟期

鹌鹑性成熟期早,一般在 35～50 日龄时开产,蛋用型与肉用型品种差异不大。也因营养、光照等条件的不同而略有差异。为了保证种蛋与食用蛋的合格率与品质,对种用仔鹑与商品蛋用仔鹑均应在 15～35 日龄实行限制饲喂,防止过早开产。早开产一则影响生长发育,二则蛋重太小,影响孵化品质与食用价值,三则影响到经济效益。因此,在限制饲喂条件下,宜控制开产期在 40～45 日龄。实践证明,此举措还可以减少难产和子宫脱垂等的发生率。据南京农业大学种鹑场多年资料统计表明,平均为 40～43 日龄开产,达 50%产蛋率时的日龄为 50 天左右,可使初生蛋重符合要求。

开产日龄与开产后达到 50%产蛋率的关系见表 9-2。

光照对开产日龄的影响见表 9-3。

表 9-2 开产日龄与开产后达 50%产蛋率的关系

开产日龄	开产后天数	产蛋率(%)
37	1	0.5
38	2	4.5
39	3	4.0
40	4	9.0
41	5	15.5
42	6	28.0
43	7	27.5
44	8	44.0
45	9	48.0
46	10	56.0

注:引自南京农业大学(1982)种鹌场资料

表 9-3 光照对开产日龄的影响

光处理	鹌鹑数(只)	165 日龄产蛋(%)	天 数	
			平 均	范 围
14L：10D	100	100	42.8	38～55
8L：16D	15	65	112.7	68～152
6L：18D	179	62	130.8	117～158

注:L=明期,D=暗期,光照度 5～20 勒

引自《养鹌法》. 蔡流灵,等. 1985

三、产蛋鹌的逐月产蛋率分布

在经营实践中,对每日、每周和每月的产蛋率都必须正确统计,并绘制出产蛋曲线(图 9-1)。以了解、掌握鹌群产蛋动态,进而指导生产,这对于提高母鹌产蛋率无疑是大有帮助的。

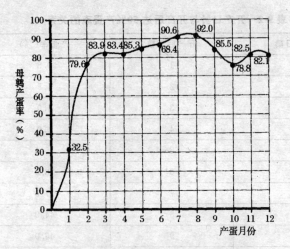

图 9-1 中国白羽鹌鹑产蛋曲线

各品种(系)鹌鹑的产蛋率情况,见表 9-4 至表 9-9。

表 9-4 各品种母鹑逐月产蛋率分布 (%)

产蛋月	日本鹌鹑[①]	朝鲜鹌鹑[②]	迪法克肉鹑[③]	中国白羽鹌鹑[④]
1	85	61.4	—	32.5
2	95	84.0	56.5	79.6
3	90	90.5	83.5	83.6
4	90	90.3	87.4	83.4
5	85	89.0	87.2	85.3
6	85	84.0	—	88.4
7	80	72.5	—	90.6
8	80	72.5	—	92.0
9	75	—	—	85.5
10	75	—	—	78.8
11	70	—	—	82.5
12	70	—	—	82.1
平 均	80	80.3	78.7	80.4

三、产蛋鹑的逐月产蛋率分布

注:①引自《养鹑》(日)资料;②引自北京市种鹌鹑场资料;③本表引自无锡市农科所资料;④引自原北京白羽鹌鹑纯系鉴定会技术文件,1989~1990,每月按4周计

表 9-5　法国肉鹑 SA 系和 FM 系产蛋率分布　(%)

产蛋月	SA[①]	FM[②]	产蛋月	SA	FM	产蛋月	SA	FM
1	52.31	49.11	3	88.44	82.58	5	86.50	83.33
2	70.50	68.70	4	88.15	87.12	6	88.43	79.81

注:①法国莎维玛特(SAVIMAT)系肉鹑;②法国迪法克 FM 系肉鹑;③本表引自无锡市郊区畜禽良种场鹌鹑分场资料.1993

从每月或年平均产蛋率的百分数,即可计算出鹑群的每月或年的平均产蛋量。如已知平均蛋重,则又可计算出每月或年的平均总蛋重。

此类报表与图表应作为档案保存。

表 9-6　日本鹌鹑和朝鲜鹌鹑产蛋率分布　(%)

产蛋月	日本鹌鹑	朝鲜鹌鹑	产蛋月	日本鹌鹑	朝鲜鹌鹑
1	71.22	84.35	6	85.50	90.11
2	86.40	98.04	7	74.00	89.44
3	92.25	95.50	8	72.50	85.62
4	90.66	95.15	9	69.60	85.05
5	89.15	94.08	平均	81.25	90.82

引自无锡市郊区畜禽良种鹌鹑分场资料.1993

表 9-7　中国白羽蛋鹑各产蛋月产蛋率　(%)

产蛋月	产蛋率	产蛋月	产蛋率
1	60.3±2.6	10	79.3±3.9
2	88.6±2.4	11	79.7±4.6
3	87.7±5.1	12	74.6±3.4
4	80.4±7.1	13	72.4±3.3

续表 9-7

产蛋月	产蛋率	产蛋月	产蛋率
5	85.2±4.3	14	71.0±4.5
6	85.9±5.8	15	62.5±11
7	81.1±7.5	1年平均	80.4±7.5
8	81.0±5.1	15 个月平均	78.0±8.5
9	80.9±5.2		

料蛋比在第三个月为 2.6～2.7:1,第十五个月为 3.6～3.9:1(引自湖南医大附二医资料)

表 9-8　中国黄羽鹌鹑纯系各期产蛋率

产蛋期(周龄)	51 日龄	8	10	12	16	20	24	28	32	36	40
产蛋率(%)	50	70	80	88	96	93	90	87	85	83	82

引自《蛋用鹌鹑自别雌雄配套技术研究》.庞有志.2009

表 9-9 3 种配套系杂种母鹌的产蛋性能

组别	F₁	见蛋日龄（天）	开产日龄（天）	平均蛋重（克）	年产蛋量（个）	300日龄产蛋量（个）	料蛋比	产蛋期平均产蛋率（%）	年平均产蛋率（%）	初产至开产耗料（千克）	蛋形指数
1	杂种黄羽（♀）	35	49	11.52±0.43	281	214	2.73：1	83.94	76.98	0.72	0.77±0.14
2	杂种黄羽（♀）	35	50	11.32±0.51	289	216	2.75：1	84.18	79.18	0.71	0.77±0.08
3	杂种白羽（♀）	38	51	12.01±0.58	286	213	2.81：1	84.71	78.36	0.68	0.76±0.13

续表 9-9

组别	F₁	周龄											
		7	8	10	12	16	20	24	28	32	36	40	44	48	52
1	杂种黄羽（♀）	48.72	69.48	81.49	90.10	95.89	94.15	92.69	85.15	84.48	82.53	80.21	75.43	68.97	54.97
2	杂种黄羽（♀）	49.23	71.23	82.61	88.96	93.71	95.24	91.21	84.29	83.76	81.27	79.89	73.28	65.42	51.18
3	杂种白羽（♀）	50.16	70.69	83.14	86.67	94.69	96.74	94.18	88.63	83.79	83.69	81.21	76.35	61.21	48.27

引自《蛋用鹌鹑自别雌雄配套技术研究与应用》，庞有志．2009

四、种母鹑与商品蛋鹑的利用月龄

关于种母鹑与商品蛋鹑的利用月龄，主要取决于品种（系）、配套系、利用目的、生物学年度的产蛋量、市场需求、种蛋质量、种蛋受精率、种蛋孵化率、饲养成本等。

从育种角度分析，特别是从国外花巨资引进的良种，应该通过第一个产蛋生物学年度的综合评定，选择高产、高效的鹑群，经强制换羽，充分利用其第二个产蛋周期，以扩大良种纯系，降低第二年的引种费用。

从实践看，种鹑场一般只利用种鹑 6～10 个月（表 9-10）。因为母鹑在产蛋后期不仅产蛋率下降，而且其种蛋质量特别是蛋壳的质量与受精率也相应下降，经济效益不佳。据调查，蛋用种母鹑仅利用 8～10 个月，肉用种母鹑仅利用 6～8 个月。利用期的实际长短，应因鹑、因场（户）制宜。

表 9-10　日本鹌鹑全年产蛋率逐月分布情况　（％）

月　龄	1	2	3	4	5	6	7	8	9	10	11	12
产蛋率	85	95	90	90	85	85	80	80	75	75	70	70

注：①年平均产蛋率 86.0％，每只年产蛋平均 296 个；②引自（日）《养鹑》资料

表 9-10 表明，母鹑开产后 1 个月即可达到产蛋率 95％ 的高峰，年平均产蛋率可在 75％ 以上，好的可在 80％ 以上。只要按时抵达高峰，说明饲养管理正常，其产蛋曲线下降趋势也较缓慢。

留种用种蛋应采用开产后 4～8 月内产的蛋。

贮存种蛋温度为 10℃～15℃，湿度为 70％，存放时大头朝上。超过 5 天时，则应小头朝上，以压制气室扩大。

淘汰的产蛋鹑，全部作为肉用鹌鹑上市。

五、笼具制作

饲养种鹌及产蛋鹌均应采取笼养,以便于集约化的科学管理。国内笼具规格尚乏一致,用料当以金属、塑料结构为好,一般采取木框,金属隔栅和笼底。特别要注意保持通风,采食与饮水方便,便于种鹌交配,防止鹌鹑窜逃或受伤,减少鹌蛋破损,便于冲洗、消毒,便于集粪等。

(一)日本鹌鹑用笼

据美国资料介绍,日本种鹑笼及实验用笼的规格有:①单配笼,长 25 厘米×宽 20 厘米×高 20 厘米;② 25 只鹑笼,长 60 厘米×宽 60 厘米×高 30 厘米。

制作鹑笼的适宜材料是直径 1.25 毫米(18♯)铁丝,用其编成构架,用鹑笼的辕木支撑这一构架。这种结构易于拆卸。笼的底部用 1.25 厘米×2.5 厘米的铁丝网制成,鹌蛋可在其上滚出。笼的背部、顶部和前面用一块 2.5 厘米×5 厘米的成型材料。这个成型材料敞开可以为鹌鹑提供充裕的吃、喝空间。无论何种笼式,都要沿笼底的边安装 5 厘米的镀锌铁皮"V"形食槽,或塑料雏鹑食槽。笼底前面边缘的底边向上卷起,用以集蛋。在笼底的前缘铺垫泡沫塑料垫,以防鹌蛋碰撞金属网或滚动时破裂。在蛋滚动槽的上方,安装食槽。门装在笼的前面。

(二)朝鲜鹌鹑、白羽鹌鹑和黄羽鹌鹑用笼

成鹑笼的结构缺乏统一规格,在我国按其类型可分为种鹑笼、商品蛋鹑笼、个体笼、单层式笼、叠层式笼、单列式笼和双列式笼,也有阶梯式与半阶梯式笼,以及人工辅助交配笼等。

1. 种鹑笼 要求适当宽敞,密度要小些,材料要好些,保证种

鹑能正常交配、采食、饮水,能承粪,种蛋破损率低。一般多采用叠层式笼,4～6层不等。南京农业大学种鹑场使用5层次的双列叠层式笼(图9-2至图9-4),每单元可养7～8只(2只公鹑,5～6只母鹑)。

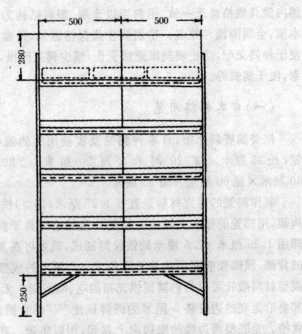

**图9-2　五层双列叠层式种鹑笼平面示
意图　(单位:毫米)**

　　制作规格:①每层次为双列4单元结构,每层长1 000毫米×宽600毫米×中高240毫米,两侧各为280毫米;②笼门宽120毫米,高150毫米,位于各单元的正中,边框用直径4毫米(8♯)铁丝。以小的合页焊接在栅格下方。门朝外开,用搭钩扣于上边栅

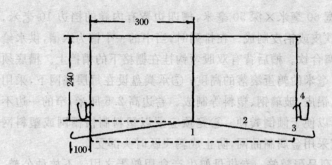

图 9-3　五层双列叠层式种鹑笼侧视示意图
（单位：毫米）
1. 承粪板　2. 底网　3. 蛋滚出口　4. 食槽

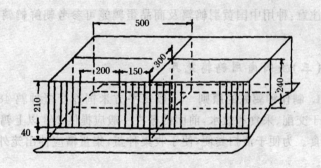

图 9-4　五层双列叠层式种鹑笼单层剖视示意图
（单位：毫米）

条上；③笼体边框采用直径 5 毫米（6♯）铁丝，正面栅格用直径 4 毫米铁丝上下焊接于边框上；④笼底及两侧以及中间隔网，均采用 10 毫米×20 毫米钢板网结构，只是笼底向两侧倾斜 7°角，以利于鹑蛋滚出至集蛋槽处；⑤每层笼体架在角铁上，角铁规格为 25 毫米×25 毫米×3 毫米。或每层间用套筒支架连接也可，只是固定牢靠性稍差；⑥食槽与水槽同一规格，每层每侧 3 个，槽长 300

毫米×宽 60 毫米×深 50 毫米,槽四边皆有内卷的挡边 10 毫米。采用白铁皮或铝皮制成。在排列时,当中的一个槽为水槽,供水给两笼鹌鹑合饮。槽后背有双股弯钩挂在栅格下的槽挡上。槽底须留有 30 毫米的鹑蛋滚落的高度;⑦承粪盘设在每层底网下,采用白铁皮、铝皮、玻璃钢、塑料等制成。卷边高 2.5 厘米,窄的一边不设卷边,以便于倾倒粪便;⑧笼顶应蒙以塑料制格栅网或塑料网纱,不宜采用金属制品网,防止成鹑飞跃时头部受伤。

2. 商品蛋鹑笼　专供母鹑生产食用鹑蛋之用。不放种公鹑。因此,其高度(中线)可降低至 180～200 毫米,其中央的隔栅(组成单元的)可一并撤除,而改为一个大通间,分为 6～8 层饲养。其余可参考种鹑笼。

注意:种用中国黄羽鹌鹑及商品蛋鹑笼可参考朝鲜鹌鹑用笼规格。

(三)法国肉用鹌鹑笼具

1. 制作种鹑笼的原则　一般每平方米饲养产蛋种鹑 48 只。为便于交配、采食和饮水,前面的栅栏一般应提供 2/3 以上鹑只同时采食。为便于清扫粪便,便于收集种蛋,集蛋槽应伸出笼外 100 毫米。

2. 种鹑笼　多为叠层式。可用小角铁、木材或竹片等制作。一般规格为长 1 000 毫米×宽 500 毫米×高 1 860 毫米,计 6 层,每层高 190 毫米。每层下设承粪板,与上层笼底相距 100 毫米。笼脚高 220 毫米。集蛋槽伸出笼底外 100 毫米,其滚蛋倾斜度为前后相差 50～70 毫米。笼顶部蒙以 100 毫米×150 毫米的塑料网,既通风,又可防止因飞跃而致头部受伤,也可采用塑料纱网。笼后部及一侧钉以竹片,或围以六角形金属丝编织网,前面及一侧用直径 3.5～4 毫米铁丝制成栅栏,间距 28 毫米,便于采食,侧面饮水。笼的底网采用网孔为 15 毫米×15 毫米或 20 毫米×20 毫米的金属编织网或钢板网。笼门可单独制成活动门。食槽和水槽放在笼的前、后部,也可把水槽放在侧部,使并排的两笼鹌鹑合饮。也可将食槽、水槽全放在笼前,这取决于鹌鹑的排列方式。食槽与水槽可采用雏鸡用的规格,用白铁皮或塑料制成。

(四)英国的鹌鹑笼具

其规格详见表 9-11。

表 9-11　英国鹌鹑笼的规格

宽度(毫米)	深度(毫米)	公鹌(只)	母鹌(只)	只/米²
250	150	1	1	53
250	150	1	2	80
300	300	2	5	78
500	500	5	15	80
750	750	7	23	53

引自(英)《畜禽信息》. 孔凡高,林其骙. 1994

笼底板通常是 15 毫米×25 毫米的 18 号铁丝网,笼顶和侧面网眼为 50 毫米×25 毫米。底网坡比为 1∶12。为便于集蛋和防止蛋被啄食,伸出的挡板延伸 100 毫米。

(五)原北京市种鹌鹑场笼具

原北京市种鹌鹑场是我国著名的育种场和生产场,具有相当规模和成就。其种笼具制作组装见图 9-5。材料规格为:0.5 毫米镀锌板,直径 4 毫米(8#)、3.4 毫米(10#)和 2.1 毫米(14#)铁丝,25 毫米×25 毫米×3 毫米角铁。制作要求:下料后全部校直,不能弯曲;横梁和斜梁每立柱交叉处,不能有虚焊、漏焊现象。水槽(即后面)用 25 毫米×25 毫米镀锌网封死捆牢。

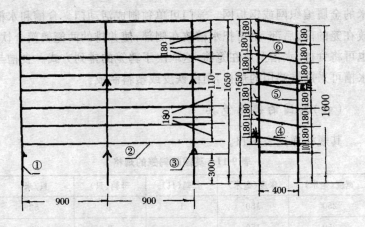

图9-5　种鹌笼组装图　（单位:毫米）

①立柱　②横梁　③粪板托挡　④斜梁　⑤食槽　⑥水槽

（六）南京农业大学与南京白云石矿研制的种鹌笼

见图9-6和图9-7。

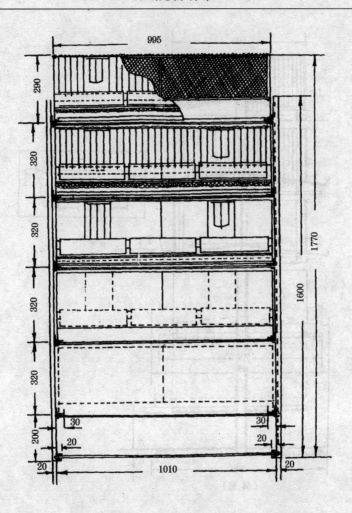

图 9-6　种鹑笼架示意图(正面)　(单位:毫米)

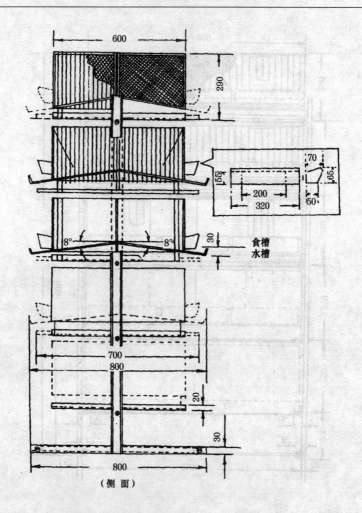

图 9-7 种鹑笼架示意图(侧面) (单位:毫米)

(七)上海地区的成鹑笼

一般为 4~6 层,以 5 层居多。五层叠层式笼:每层分 3 个单元,每单元长 64 厘米×宽 38 厘米×高 20 厘米,可养 3 公 9 母,计 12 只,整笼计 150 只。另一种为每层 2 个单元,每单元长 76 厘米×宽 48 厘米×高 13 厘米,可养 15 只鹑,整笼计 150 只。六层全阶梯式笼组:每层分 4 个单元,每单元长 40 厘米×宽 15 厘米×高 18 厘米,可养 4 只,笼的半边可养 96 只。四层全阶梯式笼组:每层 8 个单元,每单元养 2 只,长 15 厘米×宽 15 厘米×高 15 厘米,计养 128 只。

因料型不同,喂湿料的不装水槽。承粪板由铁皮、塑料或油毡制成。清粪、集蛋也由人工完成。

六、影响鹌鹑产蛋率的几个因素

(一)遗传因素

遗传因素是决定鹌鹑产蛋率高低的重要因素之一。不同的鹌鹑品种、品系、配套系,产蛋率会有很大的差距。肉用型鹌鹑如迪法克 FM 系,在产蛋高峰期产蛋率仅有 70%;而同一时期的蛋鹌鹑品种,如朝鲜鹌鹑和中国黄羽鹌鹑,产蛋率可达 93%～96%,中国白羽鹌鹑则高达 95%～98%。所以,要根据不同的饲养目的,饲养不同的鹌鹑品种、品系、配套系。

(二)年龄与疾病对产蛋率的影响

1. 年龄对产蛋率的影响 蛋鹌鹑一般于 35～40 日龄开始产蛋,45 日龄可达 50%,65～70 日龄便可达产蛋高峰,且产蛋持久性很强,12 月龄前,产蛋率可一直保持在 80%以上。

12 月龄后,鹌鹑产蛋率虽然也可保持在 80%左右。但死淘率和料蛋比不断增加,蛋壳硬度差,鹑蛋破损率高,严重影响了饲养期间的经济效益。所以,蛋鹌鹑饲养期一般不超过 10～12 个月。

2. 疾病对产蛋率的影响　多种疾病如新城疫、鹑白痢、大肠杆菌病、禽霍乱等都会对鹌鹑产蛋率产生不同程度的影响。其中以鹑白痢、大肠杆菌病对产蛋率的影响最大。

鹌鹑感染白痢病后,病程可达几个月,可使产蛋率下降20%以上。且蛋壳品质严重下降。大肠杆菌病虽不像新城疫、禽流感那样使鹌鹑全军覆没,但其反复发作却给鹌鹑养殖带来巨大的经济损失。该病发生后,严重时鹌鹑产蛋率会下降20%~30%,白壳蛋、沙皮蛋、茶色壳蛋明显增加,鹑蛋品质严重下降,经济损失可占综合损失的50%以上。所以,只有建立严格的防病灭病制度,才能使鹌鹑高产高效获得保证。

(三)饲料与饮水对产蛋率的影响

1. 饲料　全价的饲粮是鹌鹑高产稳产的必要条件之一。鹌鹑产蛋率高,必然对饲粮的营养水平要求也高。每千克饲粮中的能量要达到11.34~12.6兆焦,粗蛋白质20%~22%(表9-12),不仅要采用好的饲粮配方,还要特别注意各种原料的质量。另外,饲粮搅拌不匀,也常会引起食盐或微量元素中毒,引起产蛋率下降。

表 9-12　不同蛋白质水平对产蛋率的影响

日粮粗蛋白质水平(%)	入舍母鹑数(只)	饲养日产蛋率(%)	料蛋比
16	28	75.2	3.31
18	27	78.3	3.15
20	27	85.4	2.69

引自湛澄光等.《鹌鹑养殖新技术》.1999

蛋鹌鹑高峰期建议饲粮配方为:玉米50%,麸皮3%,豆粕22%,棉籽粕5%,进口鱼粉8%,肉粉4%,骨粉2%,贝壳粉2%,石粉4%(微量元素、多维素、蛋氨酸另加)。

一般高峰期 1 只鹌鹑的日粮总量在 25～35 克之间。在掌握准确采食量后,再定量饲喂,切勿随意定量饲喂。过于限制鹌鹑的采食量或突然更换饲粮都会对鹌鹑产蛋率产生很大影响。要统计与检查每天每舍鹌鹑的耗料量,以便及早发现问题。

2. 饮水　水是最重要的养料之一。鹌鹑的饮水量一般是采食量的 2～3 倍,每只每天需要 50～75 毫升。蛋鹌鹑停水 24 小时,产蛋率可下降 40%(夏季会引起中暑),正常供水 2 周后产蛋率才能恢复正常。若停水 40 小时,鹌鹑便会停产,甚至渴死,正常供水后 1 个月产蛋率才能恢复。

鹌鹑的饮水必须清洁、卫生、无污染,并保持供水充足而不间断。使用自动饮水器的鹌鹑舍必须经常检查饮水器是否堵塞或滴漏。要统计与检查每天每舍鹌鹑的耗水量,以便及早发现问题。

(四)鹌鹑的成活率和产蛋率的关系

在精心的饲养管理条件下,产蛋鹑 7 周龄产蛋率达 55%,12 周龄便达高峰之巅(99%),到 32 周龄后开始逐渐下降。从 9 周龄到 60 周龄的 12 个月里,产蛋率可维持在 75% 以上。

其正常成活率,8～16 周龄,1 只也未死淘;16～28 周龄的 12 周内,死亡率为 5%;从 48～60 周龄的 12 周内,死亡率为 5%,以后每周约死亡 5%。从 76 周龄起成活率和产蛋率开始急剧下滑,鹌鹑老化的现象凸显。

(五)环境对产蛋率的影响

1. 人工环境因素

(1)光照　蛋鹌鹑产蛋期间光照时间应掌握在每天自然光照＋人工补光＝16 小时。产蛋鹌鹑喜欢柔和的光线,以 40 瓦白炽灯为宜。过强的灯光和自然光会使鹌鹑严重脱毛、早衰和蛋重降低。突然将光照时间降至每天 8 小时,鹌鹑也会脱毛,产蛋率会降低 50％以上。24 小时光照对提高产蛋率没有任何意义,反而会增加饲料的消耗量。

光线颜色对日本鹌鹑繁殖性能的影响:红光或白光照射下(24 小时,3～11 月,10～6 月试验),母鹑比在绿光下的母鹑生长速度快,达到 5％产蛋率的年龄明显提前。红光下的母鹑的入舍母鹑累积产蛋率均显著地高于白光下的。同样也显著高于绿光下的母鹑。

(2)温度 鹌鹑耐高温、怕寒冷。当舍温低于 20℃时,产蛋率会下降 10％,低于 10℃时会下降 60％,甚至停产,并且抗病力明显降低,死亡率增加。短时(3～5 小时)舍温达到 36℃,对产蛋率影响不大。产蛋期最适宜的温度是 22℃～26℃。鹑舍天窗最好使用温控无级变速通风装置。

(3)密度 在阶梯式鹑笼中,每平方米以饲养 60～70 只为宜,密度过大,必然影响鹌鹑的采食量和活动空间,从而引起产蛋下降。叠层式笼养密度要考虑到当时的舍温,及时调整。

(4)通风 通风应在保证舍温的前提下进行。但也不能只为了保温而不通风。有些养殖户冬季为保舍温,全部封闭窗口,造成鹑舍中二氧化碳和氨气严重超标,不仅产蛋率降低,也极易造成传染病流行。在舍温低的情况下可以靠生炉火来提高舍温,然后再进行通风。通风最好选择晴朗无风的中午进行。

(5)湿度 产蛋鹌鹑对湿度的适应性较强,50％～70％的相对湿度都适合产蛋率的发挥。

(6)鹑舍卫生 勤清粪、勤清洗用具,经常消毒,都有利于产蛋率的提高。定期对空间(带活鹑)消毒应纳入规程。

(7)噪声 鹌鹑对噪声的承受能力比鸡大得多,但特别大的、清脆的声音如爆竹声易使鹌鹑惊群甚至撞笼而死,造成产蛋率下降。

2. 环境因素

(1)风 鹌鹑的产蛋率与风的强弱关系很大,突然而至的 5～

6级风,可使产蛋率下降10%～20%。

(2)**突然降温** 天气骤变,突然降温,可使鹌鹑产蛋率下降10%以上。

(3)**阴雨** 长时间的阴雨天气,可造成光照不足,温差变化大,使鹌鹑抗病力下降,也可引起大肠杆菌病暴发,从而影响产蛋率。

(4)**鼠害** 老鼠是鹌鹑养殖中的大敌,不仅偷吃饲料,传播疾病,还偷吃鹌蛋咬死鹌鹑。1只成年老鼠1夜可咬死成鹌10余只,拖走鹌蛋十几个甚至上百个。1只老鼠对鹌场造成的损失1年可达100元以上。

七、提高种鹌与商品蛋鹌产蛋率的措施

(一)及时转群

蛋用种鹌和商品蛋鹌在35日龄、肉用种鹌在38日龄时转群为宜。这样,可使产蛋鹌及时适应新环境,减少各种应激,适期开产。在捕捉与运输鹌鹑过程中,须轻捉轻放,顶网用软罩,以夜间捕捉和搬运为宜,可减少伤亡事故。

(二)选种配对

根据原定配种计划,上午先将种公鹌称重、评定外貌,按育种与制种要求,选出种公鹌后,戴上脚号,放入种鹌笼内;下午对种母鹌进行选择,按配种计划,编上脚号,再按配比放入种公鹌笼内配对制种。商品蛋鹌则经外貌选择后放入产蛋鹌笼即可。

(三)限制饲喂

限制饲养的作用有:①节约饲料,一般可节约10%左右;②控制育成鹌性成熟时间,育成鹌在良好的营养条件下发育快,性成熟早,往往往造成早产早衰,产蛋高峰持续期短,通过限饲可以使性成熟延迟5~10天,能提高整个生产期的产蛋量;③育成阶段通过限饲,也使病弱鹑不能耐过而自然淘汰,进入产蛋期后存活率提高;④可以防止母鹑过多的沉淀脂肪,而母鹑脂肪沉积过多,就会造成卵巢被脂肪浸润,影响产蛋量。

在生产中限制饲养的方法有以下几种。

1. 限质 配制饲料的时候,把饲料代谢能和蛋白质的含量适当降低,使饲粮中粗蛋白质含量为16%~18%,代谢能的含量降至10.88兆焦/千克。增加糠麸类饲料用量,粗纤维含量可为5%~7%。

2. 限量 用较高标准的日粮配合,控制每天每只鹑的平均采食量,限制到只有充分采食量的80%,这要掌握鹌鹑充分采食所用的食槽长度和饲料量,才能确定限喂量。

3. 限时 肉鹑种用后备鹑,采取隔日饲喂法。即喂1天,停喂1天,直至开产前。但不能断水。蛋用后备鹑,每周停喂1~2天。如体重符合生长标准要求,也可以不停喂。

限制饲养开始前,应把病、弱鹑全部淘汰。食槽的数量一定要够用,撒抖要均匀,让每只鹑同时都能吃到饲料。要定期称测体重,根据体重变化,确定限饲饲料量。要求限饲鹌鹑的平均体重,比正常喂饲的鹌鹑群低10%~20%。如果饲料条件不好,后备鹑体重又比标准体重低,就不能实行限制饲养。限喂结合控制光照,即适当缩短光照,效果更好。

由限制饲粮改为种鹑或产蛋鹑饲粮。转群后5天内,维生素的喂量宜适当增加,以缓解应激造成的不良影响。以后再根据产蛋率、蛋重等情况做必要的调整。

(四)保证饮水与饲料供给

在转群前应事先加足饮水与饲粮。饲喂方法有两种,一是定时定量制,采用日喂3~4次,而下午4时左右为采食高峰,应予多喂。二是自由采食制,槽中不断料,同样要控制喂量,即所谓少喂勤添法。但定时定量法要确保每次加料时所有鹌鹑都有自身采食的位置。饲料品种变换时,要有 3～5 天的过渡期。饮水不可中断,断水的后果远远超过断料,断水断料都将直接影响产蛋量与蛋的品质,危害鹌鹑健康。

(五)适时集蛋

据统计,产蛋母鹑每天产蛋的时间主要集中于午后及晚上 8 时前,尤以下午 3～4 时为当天产蛋旺期。一般多于每天清晨捡蛋 1 次,夏季应增加到 2～3 次,防止种蛋或食用蛋受热,影响孵化品质和食用价值。

(六)防止应激

产蛋母鹑对各种应激极其敏感,而且反应强烈,直接影响到一个阶段的产蛋率和蛋的破损率,有时还因为受惊会歇斯底里大发作,群起飞跃碰撞,造成休克,乃至伤亡。因此,要求保持鹑舍环境绝对安静,饲养人员衣着颜色要固定。

搬迁产蛋鹑也会引起应激反应。如某鹑场因故对产蛋鹑实行搬迁,搬迁前 3 天的产蛋率分别为 86.4%,78% 和 79.7%,搬迁后的 7 天里产蛋率相应为 62%,67.6%,65.3%,60.3%,71.4%,81.4% 和 79.3%,即搬迁应激招致该群鹑产蛋率下降了 15%～20%。因此,非万不得已,切勿在产蛋期间进行搬迁。

(七)产蛋期禁喂磺胺类药物

此类药严重影响母鹑产蛋率,可减产 15% 左右,甚至高达 25% 以上。而且这种下降需要在停止用药后 5～10 天才能恢复正常。为此,在产蛋期间,特别在产蛋高峰期间,一定要少用药或不用药,如必须用药,则要避免乱用药。磺胺类药物对鹌鹑产蛋率的影响见表 9-13。

表9-13　磺胺类药物对鹌鹑产蛋率的影响

饲粮粗蛋白质水平（%）	试验鹑只数（只）	投药前10天内产蛋率（%）	投药后3至9天产蛋率（%）	投药后比投药前下降（%）	投药后10至19天产蛋率（%）
18	50	82.6	68.3	14.3	81.5
20	50	77.3	62.3	15.0	73.5

引自内蒙古自治区赤峰市饲料公司牛文生等资料

（八）采取适当的料型

不同的料型对产蛋率也有一定的影响（表9-14）。

表9-14　不同料型对产蛋率的影响

料　别	包括停产的产蛋率（%）				不包括停产的产蛋率（%）				耗料量（克/日·只）
	1组	2组	3组	平均	1组	2组	3组	平均	
全粉料组	67.0	58.9	53.9	59.9	67.9	66.9	64.5	66.5	26.0
部分粉料组	70.5	63.0	54.4	62.7	71.9	67.0	63.8	67.8	27.0
糊料组	72.4	62.1	48.5	60.6	71.7	66.5	65.5	68.4	27.4

从上表可见，喂糊料和部分粉料组的产蛋率稍高。如喂糊料，每次喂量不应过多，每天喂2～3次，防止糊料剩余发生变质。

（九）保持饲粮蛋白质水平

据试验，鹌鹑在产蛋期间，对能量蛋白比、粗蛋白质水平有较严格的要求。提高饲粮中的粗蛋白质水平，可以提高鹌鹑的饲养日产蛋率和饲料转化率（表9-15）。

表 9-15　不同粗蛋白质水平饲粮对产蛋鹌产蛋率的影响*

组别	饲粮粗蛋白质水平（%）	入舍母鹌数（只）	累计饲养日（天）	累计产蛋量（个）	饲养日产蛋率（%）	累计耗料量（千克）	累计蛋重（千克）	料蛋比	备注
1	16	28	8175	6149	75.2	212.1	64.0	3.31	死亡6只
2	18	27	8241	6454	78.3	218.6	69.5	3.15	死亡2只
3	20	27	7418	6332	85.4	178.7	66.4	2.69	死亡10只

* 试验期自蛋鹌56日龄至开产后363天,产蛋期计307天。引自内蒙古自治区赤峰市饲料公司牛文生等资料

（十）处理好饲粮中代谢能与粗蛋白质含量的关系

据无锡市郊区畜牧兽医站张惠南研究结果,在饲料中粗蛋白质相同的条件下,产蛋率随代谢能的增加而逐渐下降;在代谢能相同的条件下,产蛋率随粗蛋白质的增加而提高（表9-16）。

但必须指出,在高限粗蛋白质含量的饲养条件下,其产蛋率虽可提高,但却招致产蛋期鹌鹑的成活率下降,间接影响了按入舍母鹌数统计的总产蛋重,这在不少鹌场是常见的现象。因此,在产蛋期间,饲粮中的代谢能以11.34兆焦/千克左右为宜,粗蛋白质不低于22%。一般采用代谢能11.13～11.55兆焦/千克,粗蛋白质含量24%左右的饲粮较为有利。

表 9-16　饲粮中代谢能、粗蛋白质含量与产蛋率关系

代谢能（兆焦/千克）	平均产蛋率*（%）		
	粗蛋白质18%	粗蛋白质22%	粗蛋白质26%
11.34	73	87	89
12.6	71	88	95
13.86	64	85	95

* 产蛋率系按蛋鹌7个月的平均产蛋量计算

(十一)注意种鹑的存活率

肉用型种母鹑衰亡比种公鹑快。死亡率6月龄,公鹑为5%,母鹑为23%;12月龄,公鹑为13%,母鹑为56%。

(十二)防止蛋鹑产蛋初期发生脱肛

产蛋鹑在产蛋初期2周内,如产蛋过大、过多,或体躯过肥、过瘦,或因某种外界刺激,均会诱发脱肛症,因而会被其他鹌鹑啄食而死,造成母鹑总数减少,影响总产蛋量。为此,蛋鹑在初期宜喂些低蛋白质的饲粮,防止或减少外界应激,发现脱肛鹑应及时取出,以防诱发啄癖。对病鹑无治疗价值,应予淘汰。据笔者多年治疗蛋鹑脱肛(无论挤压法、缝合法)均效果不大。因为不能及时发现病鹑,发现时已污染了子宫,且多被啄破;手术不易及时,也有一定难度,故应以预防为上策。

(十三)把握好产蛋日龄

根据统计,一般开产后以第二至第三个产蛋月产量最高,产蛋率90%左右,以后逐月下降。为此,在控制限饲转为自由采食和产蛋饲粮,以及开产初期、头3个月的饲粮调整和饲养管理,无疑是极其重要的。由于及时达到了较高的产蛋率,则其高产蛋率可维持3~4个月,下降趋势也会缓慢。

(十四)预防夏季鹌鹑热应激

1. 人工降温　如喷雾降温法,湿帘降温法,供清凉饮水(井水、加人工冰块),屋顶人工降雨降温法等,可增产蛋量和增加蛋重。

2. 添喂杆菌肽锌　每千克蛋鹑料中添加100~150毫克,产蛋量可提高20%,饲料转化率提高10%,蛋壳厚度明显增加。

3. 添喂 0.1％蛋氨酸　可使饲料蛋白质的利用率提高 2％～3％。

4. 添喂禽用维生素　每吨饲料添加 50 克,产蛋率可提高 10％以上,节料 15％以上。

5. 添喂沙砾　每周喂 1 次,饲料消化率提高 3％～8％。

6. 添喂麦饭石　添加量为 2％,可提高产蛋率 8.43％,死亡率降低约 1.11％,每产 1 千克蛋节料 46 克。

7. 添喂膨润土　添加量为 2％～5％,日增重提高 11.5％～11.8％,料耗量下降 9.71％～14.7％。

8. 添喂苍耳饼　为苍耳果实榨油后的副产品,含粗蛋白质 39％及微量镇静物质。饲料中添加 10％苍耳饼粉,产蛋率提高 8.35％,蛋重提高 2.8％,饲料转化率提高 4.7％。

9. 添加维生素 C 和碳酸氢钠(小苏打)　每千克饲料添加 200 毫克维生素 C,能使蛋鹑产蛋率提高 9.2％,同时蛋壳质量及其色泽也大为提高,并降低了破蛋率和料蛋比。此外,维生素 C 还可提高禽的天然抵抗力和接种后的免疫力以及种蛋的受精率等。在日粮或饮水中添加碳酸氢钠 0.3％～1％,同时须减少氯化钠的添加量。

(十五)搞好清洁卫生

保持鹑舍内外环境的清洁卫生,保持通风良好与合适的温、湿度,减少舍内尘埃,杜绝蚊蝇及鼠类的骚扰。定期进行消毒,特别是按操作规程进行饲养人员本身的清洁、消毒,这是预防鹑病、降低鹑群死亡率、保证高效生产的重要前提。

(十六)鹌鹑的人工强制换羽

可利用强烈的应激作用加速换羽过程。如黑暗和绝食突然改变产蛋鹑的环境,使其立即停产。绝食则断绝了产蛋鹑的营养来源,这时产蛋鹑只能用体内的脂肪转化为能量来维持生命,使羽毛迅速脱落,在开食以后在短期内就得长齐羽毛,再集中体内养分产蛋。这种方法从绝食到恢复再产只要 20 多天的时间,从经济角度看是非常有利的。

具体做法:将产蛋率降至 30% 左右尚未换羽的产蛋鹑群,在遮光的笼内绝食 4~7 天,绝食时间的长短,当视羽毛脱落情况而定。如果绝食 4 天,母鹑已基本脱完毛,那就可以在第五天逐渐恢复供料,逐渐恢复光照。在绝食期间,应继续供水,经过 20 多天,母鹑的新羽已逐渐长齐,这时就会开始产蛋。人工强制换羽最好在夏季进行,因为此时气温较高,鹑群不需要另外加温。强制换羽后,蛋鹑在第二个产蛋期日产蛋率可达到 83%~92%,日均产蛋率达 87%,蛋重平均达到 10.34 克。虽然比第一生物学年产蛋率下降 10% 左右,但质量很好。

(十七)植树种草

应选择较高的树种,树顶高于屋顶,种草应选择不超过 40 厘米的低矮草种。在鹑舍的向阳面种一些蔓类植物,如爬墙虎、丝瓜等,可防阳光直接照射。

(十八)降低蛋鹑的死淘率

经统计,一般产蛋鹑在产蛋期间(8~12 个月)的存活率只有 75%~80%,严重影响年入舍母鹑产蛋量。应采取以下措施,降低蛋鹑的死淘率。

1. 彻底消毒 鹑舍冲洗干净,用生石灰乳刷墙,消毒鹑笼(火焰喷射器或小型喷灯),2%~3% 火碱消毒用具,福尔马林熏蒸,空置 2 周。入舍前一天用百毒杀喷雾消毒。

2. 科学免疫 根据本地疫病流行特点,制定切实可行的免疫程序,选好高质量疫苗,按规定的剂量和操作法进行免疫。注意各种抗体检测工作。如抗体效价过低或参差不齐,应及时补充。

3. 选鹑上笼 结合上笼或转笼时,选择健康、整齐度和匀称度的群体,以体重、胫长、胸肌、腿肌发育为选择目标,不合格的一律淘汰肥育。

4. 科学配料 根据饲养标准(或推荐饲养标准或建议)、周龄、用途、设备、密度、笼具结构、料型配制。防止脱肛和疲劳症的发生。须加双倍维生素 D_3、维生素 C、维生素 E,增强代谢水平与抗应激能力。

5. 补充钙质 每天 12 时至 20 时补喂碎粒状钙质料,以促钙质吸收。日粮中的钙源贝壳占 2/3,石粉占 1/3,则蛋壳强度好。最好用消过毒的蛋壳做钙源。

6. 充足饮水 充分供应清洁、适温的饮水,防止冷应激。

7. 加强管理 日常饲养管理按固定程序进行,建立条件反射。注意观察,对病、弱、残鹑应及时挑出淘汰,既省料又防病。

8. 减少应激 上笼架后应添加双倍维生素预混料,适当使用抗生素,以降低应激。防止小动物和鸟类入舍。夏季应降温防暑,冬季应防寒保暖。防止有害气体超标。

9. 光照合理 产蛋期光照由 12 小时逐步增至 16 小时(淘汰前 4 周可延长至 17 小时)。每周以 15 分钟的速率增加为好,每平方米光强为 10 瓦,以红光为好,白光次之,蓝光对产蛋有抑制作用。

(十九)日常工作规程

1. 早晨班 ①清洗水槽,加注清水(冬季宜喂温水),同时加料。在加水加料时,应观察鹑群,发现死鹑与病鹑应及时取出,登记、剖检、诊断,采取相应对策;②收集鹑蛋,种鹑蛋应按栏号集蛋,除登记蛋数外,还应观察蛋的色泽、大小,统计破损率,然后装入种蛋盒(出售)或孵化盘(入孵),尽可能不重复点数,以免增加破损。食用蛋应装盒或箱(应有隔层,衬垫瓦楞纸,减少破损);③清扫粪便,注意粪便的颜色、形状、气味、粪量,以及泄殖腔腺分泌物的量;④注意保暖与通风;⑤观察鹑群,对产蛋减少的和有病死的鹑栏应加强检查。

2. 中午班　与早晨值班者进行交接,注意观察鹑群情况,再次加好料、水。值班室不设床位,严禁值班时躺睡。下班前与下午值班者交、接班。

3. 下午班　上班后巡视鹑群,保证水、料不中断,调节室内温、湿度与通风状况。集蛋,修补鹑笼。下班前再次观察鹑群,做好与夜班人员的交接工作。

4. 夜班　巡视鹑群,注意炉火、电器、门户安全。夜间 10 时再加 1 次料和水。同时,做好各种记录、统计及有关报表。

八、中国白羽鹌鹑饲养管理指南

原北京市种禽公司种鹌鹑场在有关高校和科研单位通力协助下,培育了我国第一个高产的隐性白羽鹌鹑新纯系及其自别雌雄配套系。多年的实践也证明了中国白羽鹌鹑及其自别雌雄配套系杂一代,均具有国际先进生产水平。同时,在总结了多年来的生产实践经验基础上,编撰了"中国白羽鹌鹑饲养管理指南"。对指导、推广白羽鹌鹑纯系及商品鉴别母雏,起到了举足轻重的作用。虽时隔 23 年,其科学性与可操作性,仍然具有经典的指导意义。

今笔者再予援引该"指南"全文,以飨读者。

(一)鹑舍与笼具

鹑舍要求冬季能保温、夏季能隔热,窗户设有纱窗,以防蚊蝇。鹑舍应建在通风较好,地势较高的地方,以防雨水积水,保持鹑舍干燥。鹑舍应避开大道,建在远离闹市地带,附近最好不要有养禽户。

饲养用具要求干净、卫生,随用随清洗,经常消毒以减少病菌传播途径。笼具底网的网眼大小以 0.5 厘米×1 厘米为宜,过小,粪便不易漏下,过大,鹑脚易掉下,卡腿。笼具上不应有斜出来的铁丝,它能造成鹌鹑不必要的伤亡。集蛋底网坡度以 7°～8° 为宜,过大、过小都会增加蛋的破损。无论新旧用具,进鹑舍前一定要清洗、消毒。

(二)环境的清理与消毒

1. 每天定时先清粪、后扫地。笼子下面、墙角、窗台、风机罩、休息间,每天都要清扫干净。

2. 鹑舍外要保持无杂草,并经常清扫干净,定期喷洒消毒药。

3. 堆放饲料的地方要经常打扫,保持干燥。

4. 消毒药瓶、瓶盖、废纸等杂物应集中销毁、埋掉或堆放整齐,不可随手乱扔、乱放。

5. 鹑群转出或淘汰后要及时用高压水和刷子冲刷鹑舍和笼具,使房屋、窗户、玻璃、笼具、水槽、食槽等清洁干净。然后,将所有冲刷过的用具放入鹑舍,进行消毒。

6. 消毒方法:①消毒剂用 0.2% 次氯酸钠溶液或过氧乙酸溶液喷洒;②用火焰消毒器喷射消毒;③用福尔马林熏蒸消毒。

(三)入雏前的准备

1. 将育雏舍按要求洗刷消毒。

2. 检查维修所有的生产设备。

3. 检查电路、水路和供暖设备。

4. 准备足够的饮水器和食槽。

5. 入雏前 24 小时开动供热系统,使进雏时,育雏舍温度达到 32℃,育雏器内温度达到 34℃～35℃。

6. 预先把水槽装满水,使饮水温度与舍温一致,在入雏时可以立即饮用。

7. 准备饲料、药品、疫苗,因鹑舍温度较高,应将这些物品放在另一处妥善保存,做好标记。

8. 相对湿度控制在 70%。

9. 温、湿度表注满水,高、低温度表挂在适当的位置。

10. 消毒池放入消毒剂。

11. 育雏笼铺好纸,四周网眼要小(1 厘米×1 厘米),以挡住雏鹑钻出去。

12. 准备好记录用的报表和笔。

(四)雏鹑的品质

雏鹑品质的优劣,可直接影响其一生的生产性能,所以检查雏鹑的品质至关重大。雏鹑应来自健康的"白羽鹌鹑"父母代群。每只雏都来自重 10.5 克以上的种蛋。雏鹑应均匀度好、活泼、灵敏、绒毛密而亮,脐部愈合良好,眼睛粉红色且有光泽。符合上述标准的为健康雏。

(五)进　雏

1. 打开鹑舍所有的灯。

2. 检查鹑舍温度和育雏器温度是否符合要求。

3. 水槽中水温与舍温相同。

4. 尽快由孵化室将雏运至育雏舍,路上注意保温,减少振动和倾斜。

5. 尽快将雏均匀地放入育雏器内,让其饮水。

6. 饮水 2 小时后,将食槽放入。食槽中饲料高度以 1/2 为宜,饲料表面放上网眼大小为 1 平方厘米的铁丝网片,以防饲料被刨出。

7. 空运雏盒要放在鹑舍外面,随时放回孵化室冲洗消毒。

8. 育雏的前 10 天,要经常巡视鹑群,发现问题及时解决。

(六)温度控制

每天注意查看温度计及高、低温度表,认真观察雏鹑的活动和分布情况。如雏鹑分布均匀、自由活动、采食积极,羽毛处于自然状态,说明雏鹑感觉良好,温度适宜。如雏鹑聚集在热源处、扎堆、双翅紧缩,表明温度低了,需要提高鹑舍的温度。如雏鹑展翅、张喙,并伴有气喘现象,远离热源,四处散开,表明温度偏高,应逐渐降低温度。育雏温度与湿度要求见表9-17。

表 9-17　育雏温度、湿度要求

日　龄	温度(℃)	相对湿度(%)
1～3	37～38	70
4～7	36～37	70
8～10	34～35	65
11～15	30～32	65
16～21	26～28	60
22 日龄以上	22～24	60

(七)光照制度

光照时间长短和光照强度的变化,极大影响鹌鹑的性成熟和蛋的产量。所以,在生长期和产蛋期,适当的光照可控制性成熟(开产时间)、增加产蛋量及蛋重。

1. 光照强度

育雏期(0～3 周龄)　8～10 勒;

育成期(4～5 周龄)　5～10 勒;

产蛋期(6 周龄后)　10～20 勒。

2. 光照时间　光照时间见表9-18。

表 9-18 白羽鹌鹑光照时间表

日 龄	光照时间(小时)	日 龄	光照时间(小时)
1	24	12	17
2	24	13	16
3	24	14	15
4	23.5	15	14
5	23	16	13
6	22.5	17～35	12
7	22	36～40	13
8	21	41～45	14
9	20	46～50	15
10	19	51～60	15.5
11	18	61～淘汰	16

注:育成期千万不能增加光照时间,产蛋期千万不能减少光照时间

建议有窗鹑舍,白天可利用日光,根据白天日光长短,另外补足光照时间,最好早、晚都采用人工补光,有助于保持恒定的光照长度。

(八)饲 料

在养鹑成本中,饲料成本是最重要的一部分,它占总成本的55%～60%,所以应把耗料量减少到最低限度。从初生至 35 日龄,每只约需 320 克饲料,产蛋期间,每天需 22～23 克饲料。鹌鹑饲料的使用中应注意以下问题:①不喂发霉、变质的饲料;②不喂过粗、过细的饲料;③不喂上批鹌鹑食槽里剩下的饲料;④不喂贮存时间过长的饲料;⑤更换饲料时要逐渐改变,尽量减少应激;⑥不能将饲料倒在地上,以避免病菌污染。

（九）饲养管理

育雏时用小食槽,每 50 只雏使用 1 个,2 个食槽间至少有 10 厘米的间距。12 日龄可将小食槽陆续换成大食槽。饲料高度:小食槽以 1/2 高度为宜;大食槽以 1/3 高度为宜,可减少饲料的浪费。每只成年鹑应有 2.5～3 厘米的采食宽度。饲喂次数:育雏阶段 4 次/日;育成阶段 6 次/日;产蛋阶段 8 次/日。饲喂方式最好采用自由采食。

（十）饮　水

新鲜、清洁的饮水对鹌鹑来讲与饲料同等重要。鹌鹑机体含水,鹌鹑蛋含水,这些水的主要来源是优质的饮水。在任何情况下都不要随意停止水的供应。否则,会比停食带来的损失更大。饮水应注意的问题:①供鹌鹑饮用的水应符合饮用水卫生标准;②10 日龄前使用小饮水器(槽);③每日至少清洗 2 遍水槽,至少消毒 1 次;④气温升高,饮水量增加,此时切勿干槽。

（十一）鹑舍通风

通风可以除去鹑舍中的二氧化碳和氨气,降低湿度、灰尘,进入足够的氧气,使鹑舍内的空气始终保持新鲜、干燥。夏季通风可以降低鹑舍的温度。所以,适当的通风有利于鹌鹑保持正常的新陈代谢和较高的生产水平,提高饲料转化率。但在有窗户的地方要避免贼风。

（十二）称重与体重的控制

作为蛋用鹌鹑,过瘦、过肥都影响产蛋性能的发挥,所以应在 3 周龄和 5 周龄时抽测群体 5% 的体重,作为控制体重的依据。白羽鹌鹑 3 周龄的体重为 62±5 克;5 周龄的体重为 110±5 克。不仅要求体重达到标准，还要求较高的整齐度，如果高的高、低的低需要查找原因，及时调整。

(十三)饲养密度

见表 9-19。

表 9-19　鹌鹑饲养密度

饲养阶段	饲养密度(只/米²)
育雏期(0～3 周龄)	110
育成期(4～5 周龄)	80
产蛋期(6 周龄以后)	48

注：①夏季炎热时，密度可适当降低，以利于通风；②无论笼养、平养，公、母鹑以
　　1：2.7比例为宜

(十四)雌雄鉴别

如自别雌雄配套系子一代，胎毛颜色不同，栗羽为公，白羽为母。白羽鹌鹑纯系，35～40 天可区分公母，公鹑胸部羽毛发红，肛门上方有红色凸起的泄殖腔腺，用手能挤出泡沫，有时高声鸣叫。母鹑胸部羽毛有灰色或黑色斑点，肛门发松，无凸起，无泡沫，不会高声鸣叫。

(十五)种蛋的管理

1. 只有清洁卫生的种蛋，才能孵出强壮健康的雏鹑。每天至少应捡 2 次蛋(晚 7 时，早 7 时)。收集种蛋的人，双手要清洗消毒，尤其捡粪蛋之后。装蛋器(盒)应干净、卫生。

2. 种蛋应是种鹑 65～300 天所产，种蛋保存期最多不能超过 7 天。

3. 种蛋的消毒。种蛋应在产出后 2 小时内用福尔马林熏蒸 15 分钟，防止细菌和真菌的污染。

4. 种蛋应在相对湿度 70% 的贮蛋室内保存。温度保持在 17℃～18℃；贮蛋室必须保持空气新鲜。

5. 孵化时白羽鹌鹑要求的温度较朝鲜鹌鹑高 0.3℃(38℃～38.3℃)，相对湿度高 5%～10%(65%～75%)。

(十六)兽医综合防治

1. 根据各地区历年的疫病情况，制定本场免疫计划。

2. 加强饲养管理，增加机体抵抗力。

3. 发现病鹑及时隔离，死鹑及时处理，不可出售食用。

4. 谢绝一切来访者进入鹑舍，饲养人员进出鹑舍要更换工作服、鞋、帽，不可串栋舍。

5. 不同日龄的鹌鹑不要饲养在一栋鹑舍内，做到全进全出。

6. 孵化机要求每批孵出之后冲刷、消毒，孵化室定期冲刷消毒。

7. 场门口和鹑舍门口都须设消毒池。

(十七)投药及疫苗注射

根据我国鹌鹑的发病情况，7 日龄以内，每升饮水添加 1 克泰乐菌素，可以提高成活率。免疫接种新城疫疫苗，注射时间和方法见表 9-20。

表 9-20　白羽鹌鹑新城疫免疫程序

日 龄	疫 苗	方 法
1	新城疫克隆 30	大雾滴气雾首免(每毫升原液疫苗免疫 15 只)
21	新城疫克隆 30	同上
35	Lasotal Ⅳ 系疫苗 新城疫弱毒	滴鼻、点眼

注：①三免 15～20 天后采血测抗体效价，根据抗体效价决定是否要进行四免，以后每月测 1 次抗体；②免疫期间要加强饲养管理；③禽流感按当地规定免疫

(十八)日常记录

通过日常记录可以随时掌握鹑群的动态。完整的原始资料，可以积累饲养经验，准确分析判断鹌鹑的生长、产蛋情况，为日后改进提供参考依据。

日常所用记录项目有以下几种。

1. 孵化记录表 入孵日期、种蛋来源、入孵数、无精蛋数、血蛋数、毛蛋数、出雏数、受精率、孵化率。

2. 育雏、育成记录表 进雏日期、进雏数、日淘汰数、日死亡数、日存栏数、饲料消耗、期末转出或淘汰数。

3. 体重记录 周龄、日期、体重。

4. 蛋鹑生产记录 进鹑日期、进鹑数、日淘汰数、日死亡数、日存栏数、日产蛋数、日破损数，计算产蛋率、破损率、饲料消耗、料蛋比。

5. 投药记录 日期、疫苗名、药名、厂商名、有效期限、使用量及方法，反应效果。

6. 温、湿度记录 记录最低、最高温度和相对湿度。

(援引自《隐性白羽鹌鹑的发现与品系育成课题总结报告》.1990.11)

九、实验用鹌鹑的饲养管理与实验操作技术

(一)实验用鹌鹑的饲养管理

1. 饲养设备和器材 根据试验要求而配置。必须注意充分通风，舍内的温度 17℃～20℃，湿度 45％～65％，照明时间 14 小时(5 时至 19 时)，每小时换气 12 次以上。

(1)笼子 初生雏鹑经 2 小时绒羽才干燥，取出后至 3 周龄，

移入金属网状面的笼内(宽260毫米,深400毫米,高240毫米),此时床面的网眼要细(5毫米×5毫米),网眼为10毫米×10毫米时,应在网床面上铺一层毛巾或无纺布,并经常更换。此笼饲养密度为:0～3周龄10只,4～5周龄5只,6周龄后3只。

调节笼内温度,可采用育雏白炽灯泡。0～1周龄38℃,2周龄开始缓慢降温,每次2℃,直至6周龄调到20℃～25℃。

日本小野寺等试制的单体笼(宽160毫米,深320毫米,高180毫米),其特点是便于测定饲料和水的摄取量,捡蛋及冲洗较方便。

(2)饮水器 可使用杯式、乳头式自动饮水器,也可使用自制的简易饮水器。

以上所使用的鹌鹑笼,饲养架及床垫、器皿等,要定期清洗与消毒。

2. 喂食与供水 要注意饲料的质量与饮水卫生,防止供给发霉变质的饲料和不洁的饮水,并杜绝断料和断水。1～3周龄,每早喂料1次;4周龄以后,每周2次。

采食量和饮水量因周龄、性别及生理状态而不同。一般成鹑每只采食量是15～25克,水是25～30毫升。

3. 注意事项 雏鹑怕低温,可采用"高温"育雏(38℃～39℃)。此外,雏鹑很易受惊,应减少各种应激,并保持安静。成鹑耐高温而不耐低温,故舍温要保持15℃以上。

4. 光照 维持及持续产蛋的日照时间,最适宜是保持在14～18小时,光照度在10～100勒较好。

5. 饲喂颗粒饲料 饲料中代谢能为12.89兆焦/千克,粗蛋白质含量为24%,含钙2.5%～3%,含磷0.8%。鹑比其他家禽需要更多的泛酸。饲喂颗粒料效果较好。

6. 繁殖留种期 当以使用8～24周龄的种鹑为好,要防止近亲退化现象。

7. 选种 雌、雄鹑都要求体形端正,动作灵敏,活力强。雄鹑的选择,压迫其肛门后的红色膨胀部——泄殖腔腺时,可挤出白色泡沫状分泌物,说明已具备配种能力,脚爪无畸形。雌鹑的选择,要开产后 3～4 周、产蛋率高、体形好的个体。

8. 配比 自然交配前即将公、母按配比(1∶1～3)同笼饲养。如进行断喙(用鸡断喙器切掉上喙的 1/2～1/3),可增产蛋率与孵化率。公鹑的配种能力在 8～24 周龄最佳,如果不断更新公鹑,可确保入孵种蛋 80% 的受精率。

人工授精术国内外均有范例,但一般多用于试验,可达到 75%～83% 的受精率。

9. 集蛋与贮蛋 一般母鹑产蛋时间因照明时间而稍有不同,多在下午 4～6 小时,因此集蛋宜在早、晚进行。

贮蛋室的保存温度宜在 12℃～15℃,保存期最多不要超过 2 周。相对湿度为 70%～75%。种蛋每保存 1 天,其孵化率则下降 2%～3%。

(二)实验操作技术

1. 固定法

(1)手固定 鹌鹑个体小,骨骼又细脆,抓住翼脚极易造成骨折。因而要切实抓住全身,即把两翼固定到体侧,从背部轻轻大把抓住整体。或者是把鹑胸腹放在左手掌上,两腿分别卡在手指缝中,右手固定背部或掀动两翼观察。动作要迅速、轻缓、牢靠。

(2)器具固定 手术或采血固定时,采用宽橡皮带固定较好。把脚及翼缠上,侧位固定到手术台上。

2. 个体识别方法 采用系谱孵化法,即在鹑蛋的大头用记号笔写上母鹑编号及产蛋月、日。出雏后在右脚胫部套上编号的脚圈(可用塑质吸管),至 7～10 日龄时带上有编号的金属翼号(在右翼膜处)或脚号。

3. 给 药 法

(1)口腔给药 即将药物混入饮水或饲料内,或是用探针注入嗉囊内。注入给药时,用1只手的食指和拇指夹住鹌鹑的头后部,其余手指抓住躯体。还可以将鹑头后部夹在食指和中指之间。可使颈胸部充分伸展,便于投药。

把装在注射器(2毫升)上的鹑用探针(长80毫米,直径1.2毫米,尖端呈球状的金属管)的尖端插入口腔,顺上腭滑进,尖端到达咽喉部稍感抵抗。再把探针尖端向着腹侧伸入,使腹侧皮肤鼓起那样进入食管。之后,慢慢伸入探针,距口腔约7厘米(成鹑)处,感觉有抵抗力时,就抵达了嗉囊。药物全部注入后,徐徐拔出探针。每次给药量是每100克体重限于1毫升左右。

(2)皮下给药 在颈背部或大腿部的皮下注射给药。先将注射部位的羽毛拔除,裸露皮肤。颈背部注射时,用手固定法揪起该部皮肤,自头部后方刺入注射给药。拔针后,用手捏住注射部位,以防注射液流出。注射针用1～3毫升的皮下注射针。每次注射量为每100克体重1毫升左右。

(3)胸腹腔内给药 用手固定鹑体,自下腹部注射到腹腔内给药。切勿误注入肝脏。

(4)静脉注射给药 最好在内浅底侧中足静脉内注射给药。术者2人,保定者用左手固定鹑体,用右手拇指和食指抓住鹑右大腿内外侧,使之稍转向外,压迫静脉并固定右脚。术者用左手食指和中指夹住鹑右脚趾尖,并使之弯曲,用酒精棉球擦拭注射部位,血管明显。右手执注射器(0.5～1毫升)刺入皮下,寻找内浅底侧中足静脉,待无抵抗力时,就是进入了血管。此时,用左手拇指把静脉和针一起按住,固定注射。注射前要回血,确认针头进入血管。另外,在注射时,固定者要放松右手指的压迫力,促进血液循环。用1～4毫米静脉注射用针,每次给药量为每100克体重0.4毫升左右。

(5)肌内注射给药　一般注射到胸肌或大腿部。首先把针刺入皮下,进而深刺,抽动注射器内管,看是否有回血,确认是刺入肌肉时,方可注入药物。

4.采血法

(1)部分采血　一般从上肢静脉采血。最好改用内浅底侧中足静脉采血,每次不超过 0.4～0.5 毫升。

(2)全采血　可从颈静脉或心脏采血。颈静脉采血时,只要把颈部羽毛拔除,透过皮肤便可观察到颈静脉,不必切开皮肤,把颈部伸展固定,便可采血。也可心脏采血,按常规操作即可。成鹑的全血液量约为 8 毫升。

5.麻醉法

(1)吸入麻醉　由于鸟类呼吸器官的结构对乙醚等气体的敏感性强,因此必须强调吸入麻醉剂的种类与剂量。

(2)注射麻醉　用戊巴比妥麻醉,内浅底侧中足静脉注射,每100 克体重为 3～5 毫克。如因个体差异达不到全麻时,可通过肌内补充注射,其剂量为前一注射量的 1/3。

6.杀死法

(1)毒气致死法　把鹌鹑放入充满乙醚的容器中,3～5 分钟死亡。

(2)注射麻醉致死法　注射戊巴比妥致死。内浅底侧中足静脉注射量为每 100 克体重 9～10 毫克。

(3)空气塞栓致死法　血管内注入空气,使鹌鹑形成空气栓塞死亡。致死量依注入空气的速度而异。一般成鹑为 0.5～1 毫升。

(4)失血致死法　用心脏采血法,成鹑采血 8 毫升即死亡。

第十章　提高鹑蛋与
鹑肉质量的措施

　　鹑蛋与鹑肉是养鹑场提供市场的主要产品,也是其经济收益的主要来源。在商品市场上已日益重视蛋与肉的质量问题。因此,在育种、制种、饲料、饲养管理等方面,均应同时围绕蛋与肉的品质,采取有效技术措施,以提高商品价值。

一、鹌鹑蛋的质量指标

　　虽然鹑蛋的营养价值已为广大消费者所接受,其疗效也日益显著,但作为鹑蛋的质量评估,国内尚乏详尽报道与评述。

　　前苏联的科学家们曾对鹑蛋的有关质量指标做了有益的分析与探讨(表 10-1)。

　　鹌鹑蛋的特点是,蛋壳很薄,平均蛋壳厚度为 0.2 毫米。但有致密坚韧的内壳膜,其重量达 0.1 克。当保存合理时,鹑蛋比鸡蛋可更长时间保持新鲜度和全价性。

　　鹌鹑蛋形态学指标大体上与鸡蛋相同,或者比鸡蛋还要略高一些。在鹑蛋中,蛋白的比重为 60.4% ～ 60.8%,蛋黄占 31.0%～31.4%,蛋壳占 7.2%～7.4%,内壳膜占 1%。蛋白指数为 0.107～0.108,蛋黄指数 0.503～0.515。蛋的密度为 1.069～1.079(据 P. M. 伊休拉托娃,1971)。

　　据前苏联科学家测定,按化学成分鹌鹑蛋与鸡蛋并无基本差别。1 个鹌鹑蛋中所含矿物质元素和维生素主要有:钙 0.5 毫克,磷 2.2 毫克,铁 3.8 毫克,维生素 B_1 0.1 毫克,维生素 B_2 0.8 毫克,烟酸 0.1 毫克。1 个鹌蛋的热能约为 67 千焦(16 千卡)。维生素 A 含量较高,达 20 微克/克,为鹌蛋突出特点之一。

表 10-1 禽蛋的形态学特征和化学成分

禽　种		鸡（白来航）	火　鸡（莫斯科白色火鸡）	珍珠鸡（西伯利亚珍珠鸡）	蛋用鹌鹑
平均蛋重（克）		49.0	84.4	46.6	9.0
组成部分的比例（%）	蛋　白	58.0	58.5	57.3	58.0
	蛋　黄	31.2	30.4	26.2	31.0
	蛋　壳	10.8	11.1	16.5	11.0
	蛋白与蛋黄比	1.86：1	1.93：1	2.17：1	1.87：1
	蛋白中干物质	13.1	13.0	13.1	12.9
	蛋黄中干物质	52.7	55.2	51.3	52.0
	蛋白中蛋白质	9.7	10.4	10.3	10.4
	蛋黄中蛋白质	16.2	17.4	16.5	15.8
	蛋黄中脂肪	31.8	33.2	31.1	31.7
	蛋白中灰分	0.54	0.75	0.56	0.70
	蛋黄中灰分	1.74	1.78	1.89	1.76
	蛋白中钙	0.01	0.02	0.01	0.02
	蛋黄中钙	0.19	0.29	0.18	0.16
	蛋黄中磷	0.50	0.39	0.40	0.53
每千克蛋黄	维生素 A（微克）	12.5	7.0	16.2	2.2
	维生素 B_2（微克）	0.024	0.080	0.024	0.054
	类胡萝卜素（微克）	4.0	9.5	13.7	5.2

引自前苏联 А.Д. 什捷列·《提高禽产品的质量》·林其骙,等译.1984

河北农技师院、原北京农业大学杨勇正、陶才美等也对鹌鹑蛋品质做了测定(表 10-2)。

表 10-2 禽蛋的品质鉴定性能指标范围

禽 种		测定数（个）	蛋重（克）			蛋的比重			蛋形指数		
			W	S	S. V.（%）	W	S	S. V.（%）	W	S	S. V.（%）
鸡		40	55.610	3.273	5.890	1.084	0.009	0.830	1.412	0.074	5.240
鹌 鹑		40	10.407	0.930	8.940	1.073	0.019	1.770	1.279	0.062	4.850
鸭	Ⅰ	50	84.280	4.880	5.795	1.087	0.005	0.460	1.400	0.590	4.210
	Ⅱ	50	94.878	5.246	5.529	1.086	0.012	1.150	1.406	0.060	4.400

禽 种		测定数（个）	蛋壳厚度（毫米）			蛋壳强度（千克/厘米³）			哈氏单位		
			W	S	S. V.（%）	W	S	S. V.（%）	W	S	S. V.（%）
鸡		40	0.325	0.025	7.590	4.060	0.877	21.600	86.480	7.250	8.380
鹌鹑		40	0.204	0.015	7.350	0.735	0.143	19.460	88.280	3.530	4.000
鸭	Ⅰ	50	0.412	0.019	4.794	4.670	0.782	16.750	80.020	5.350	6.690
	Ⅱ	50	0.421	0.038	8.957	4.720	1.038	2.200	75.110	7.490	9.970

注：W 为重量，S 为样本标准差，S. V. 为变异系数（引自杨勇正等资料）

二、鹌鹑肉的质量指标

鹌鹑具有良好的肉用经济早熟性，它们不仅生长发育的强度较高，并且具有较高的抗病力。公认鹌鹑肉的特点是有特殊的风味和较高的生物学价值。虽然蛋用型鹑以产商品蛋为主，其商品仔公鹑及淘汰的种鹑也多作肉食用。在肉用鹑品种面世以前，基本上都是食用蛋用型仔鹑。而随着法国、美国的肉用型鹌鹑推广后，肉用仔鹑就占了相当比例，已在我国大中城市受到青睐。

在化学成分上，鹌鹑肉与其他禽肉相比无重大差别（参见表 2-6）。

按细嫩、质地、多汁性、味道、芳香味和生物学价值来说，鹌鹑肉的指标都很高，这就使鹌鹑肉被列为美味食品之一。国外已用鹌鹑肉制成各色品种的盘菜、罐头和肉馅等食品。

三、提高鹌蛋质量的措施

（一）提高蛋重

由于种蛋与食用鹌蛋的蛋重直接关系到育种价值与经济价值。为此，可在每个品种（系）中，培育蛋重稍大的品系，再进行品系杂交。在育种与制种的良种繁育体系中，应该是能够达到预期效果的，但应注意适度。比如，现在销往澳门的食用鹌蛋，都是采用肉用型母鹑产的蛋。

（二）增加蛋黄色素

生产实践中，笼养鹑的饲粮中如能添加一些着色剂，它可以促使蛋黄色素达到罗氏比色级 7 级以上，也可使皮肤增加黄色素，对于增加白羽鹌鹑的喙、胫、脚与皮肤的黄色素更有裨益。常用的着色剂有天然产物（红玉米、红辣椒、苜蓿、松针、虾糠等）和化学合成产物（主要是胡萝卜素衍生物）。

根据笔者长期实践，在产蛋鹑饲粮中添加 0.24％的优质红辣椒粉，7～10 天后鹑蛋黄的颜色即加深，可达到罗氏比色级 9 级以上。如喂人工合成的 β-胡萝卜素（呈紫红色或红色结晶粉末，其色泽鲜艳，价格比天然色素低），经 4～5 天，蛋黄色泽开始加深，经 2 周左右，可完全达到最深的色泽（罗氏比色级 12 级以上）。一般用量为 20 毫克/千克以下，即每吨饲料添加 20 克以下。

此外，在饲粮中添加少量浓缩的蛋黄沉积素，对加深蛋黄颜色效果也很好。

(三)保证饲粮的蛋白质水平

饲粮中蛋白质水平直接影响到浓蛋白的黏稠度,而浓蛋白的含量又是蛋品质的重要技术指标,而且鹌鹑的生物学特性之一,就是其蛋中浓蛋白黏稠度远较鸡蛋为高。因此,要确保种鹑与蛋鹑饲粮中粗蛋白质含量在 22%～23%。

(四)增加蛋壳坚固度

鉴于鹌蛋壳的生物学特点,既薄又脆,破损率高。为此,在调配饲粮选取钙质饲料时,应选取吸收率较高者,如碳酸钙、蛋壳粉、骨粉等,而贝壳粉的钙仅能被吸收 1/2,石粉仅能被吸收 1/3。但为了平衡钙的含量,有时还要用石粉。此外,要注意钙、磷比例,注意补充维生素 D_3 的量,以确保对钙、磷的吸收率。必要时可在饲料中增添蛋壳坚固添加剂,也可在产蛋后期在饲粮中适当增加颗粒状石灰石(直径 2 毫米),既可提高蛋壳质量,还可提高产蛋率与孵化率。

(五)采取维鹑断翼术

断翼术不仅可以提高产蛋量,还可以改善鹌蛋的质量。经南京农业大学林其骙、刘必龙等对朝鲜鹌鹑断翼试验(1984),结果见表 10-3。

表 10-3　两组鹌蛋品质测定比较

组　别	蛋形指数	蛋重(克)	蛋壳重(克)	蛋黄重(克)	蛋白重(克)	浓蛋白高度(毫米)	哈氏单位	蛋壳厚度(微米)	罗氏比色扇(级)
断翼组	1.28	10.81	1.04	3.42	6.35	4.17	96.97	187.29	5.53
对照组	1.29	10.71	1.05	3.42	6.23	4.13	96.81	175.40	5.37

引自鹌鹑断翼对生产力的影响(未发表资料).1984

从表 10-3 可见,断翼组除蛋形指数、蛋壳重外,其他测定指标都略高于对照组,但差异不显著,而断翼组种蛋受精率却高于对照组 16.75%。

(六)防止饲粮氧化

粉状配合饲粮贮存勿超过 15 天,颗粒饲粮贮存勿超过 30 天。并要存放在低温、干燥处,以减少氧化。为此,宜在饲粮中添加抗氧化剂(按每吨饲粮中加入 250 克),以防止饲粮中脂肪和羟基类胡萝卜素的氧化,增加羟基类胡萝卜素在蛋中的沉积。

(七)饲粮中添加天然色素

如橘皮含有丰富的蛋白质及铁、锰、锌等微量元素,尤以亮氨酸、赖氨酸的含量最高,还含有橙黄色的着色素和丰富的维生素 A,能改善蛋的色泽和香味。在日粮中添加 3% 的橘皮粉,不仅可增强免疫力与抗病力,而且产蛋率提高,禽蛋质量得到改善,蛋黄色泽加深。

此外,饲粮中可以添加的天然色素还有刺槐叶粉、聚合草粉、万寿菊粉、金盏花瓣粉等。前 2 种添加量为 5%,万寿菊粉(花瓣烘干制粉)添加量为 0.3%,增色效果最佳,国外列为家禽蛋黄、皮肤和脂肪增色剂。金盏花瓣粉添加量为 0.5%~0.7%,增色效果与红辣椒粉相同。紫菜干粉添加 2%,金菊花加 0.3%,啤酒糟加 0.3%,效果亦佳。

四、提高鹌肉质量的措施

(一)选择鹌肉品质优良的品种

一般来说,肉用型仔鹌的鹌肉质量应优于蛋用型;而肉用型的品种间或同品种内的不同品系间,其鹌肉质量也不尽相同。除根据品种或品系的有关肉质资料外,可在同样饲养环境条件下,抽取各组的胸肌与腿肌进行分析检验,检测谷氨酸、肌苷酸和鸟苷酸含量,以供选择。加工实践中还要考虑鹌产品对鹌肉原料的筛选。

(二)选择好鹌鹑的年龄

鹌鹑的年龄对肉质有很大影响。如肉用仔鹌(30～50日龄)的肌肉细嫩多汁,而淘汰的种鹌(180～300日龄)的肌肉质地粗老,但香味浓郁,各有特点,可据此生产不同的鹌肉食品以适应消费者的需要。

(三)实施肥育技术

肥育技术不仅能增加屠体重、屠宰率,而且能大大改善肉的品质和增加适口性,提高商品等级与经济价值。因为,经短期肥育,脂肪积存于皮下,渗透于肌纤维间,更宜于烤、炸、煨等烹调风味,虽然增加了投入,但获得更高的产出效益。加工实践证明,经7天的短期肥育,采用肥育日粮,配合灯光控制,可以达到良好的肥育效果。肥育期的长短取决于鹌肉产品的质量需求。南京农业大学试验表明,饲粮添加3％脂肪或0.2％喂大快(Vita-M.Fac,系美国华达生化科技公司研制),其肥育率均优于对照组,而添加3％膨化羽毛粉的效率不及对照组,故膨化羽毛粉不宜用作肥育期饲料添加剂。

(四)增加肉质风味

肉鹌经长期家养,生长速度的加快,其肉质的风味,尤其是香味有所减退。为此,可采用下列方法加以补救。

第一,在鹌鹑的饲粮中加入大蒜粉,其中含有丰富的改善肉味的某些成分,将有效地增加鹌肉的香味,且对鹌鹑的生长、防治胃肠疾病、增加食欲大有益处。大蒜粉添加剂占饲粮的 2% 左右,即可奏效。

第二,在鹌鹑的饲粮中加入腐殖叶,也可以提高鹌肉的风味。据报道,只需收集树根周围已腐朽的落叶,烘干磨粉后,添加量占饲粮 3%～5% 即可。这也是为什么放牧饲养的家禽和特禽肉质变优的原因之一。

第三,尽量减少饲粮中的鱼粉、蚕蛹等动物性饲料的含量。由于鱼粉的腥味和蚕蛹的膻味,常常影响鹌肉(含鹌蛋)的正常风味,而使消费者不快。为此,应少喂鱼粉和蚕蛹,而喂代鱼粉饲料(饲料酵母加豆饼与复合氨基酸)。另外,在上市或屠宰前 5～7 天停止使用鱼粉、蚕蛹。有条件时,应全部停用,既可降低饲料成本,还可防止大肠杆菌等感染。

第四,饲养期加上肥育期延长至 40～50 日龄,肉质可大为改善。

(五)注意宰后鹌肉存放时间

众所周知,肉的鲜味主要由谷氨酸、肌苷酸、鸟苷酸等组成。而肌苷酸又是构成动物肉香及鲜味的重要成分。据报道,肌苷酸与谷氨酸以一定比例混合后,它们可增强其鲜味几十倍。

宰后的动物肉存放时间长短影响到肉的品质与鲜味。据测定朝鲜鹌鹑与北京鹌鹑的杂交种,在室温 22℃～26℃ 条件下,鹌肉存放时间以 6 小时左右为最佳,不宜超过 11 小时。冷藏(0℃)存放时,鹌肉存放时间以不超过 15 天为宜。

五、提高鹌鹑产品质量的生产途径

随着生活水平的提高,人们的消费观念发生了根本的转变,期盼无污染、无药残和无公害的食品已成为国家和全民的共识。国家发布一系列的政策、方针、法令和法规,实行食品准入制和追溯责任制。要抓好相关政策的落实,必须做好以下几个控制。

(一)对人员的控制

重视人在鹌鹑疾病传播中的潜在因素,防止因人员流动带来的危害:

第一,专门设置供工作人员出入的通道。通道可以对工作人员及其常规防护物品进行可靠的清洗和消毒处理,以最大限度地防止人对病原的携带。

第二,杜绝一切外来人员的进入,尽可能减少不同功能区工作人员的交叉现象。

第三,直接接触鹌鹑的工作人员尽可能远离外界禽类病原的污染源。

第四,所有进入鹌鹑饲养场的人员必须遵守安全防疫制度。经过洗澡淋浴、更衣,防止场与场之间交叉感染。如无法做到洗澡淋浴,则必须更换洁净的全身套服和工作靴。进入和离开每栋鹑舍时,工作人员和来访人员要清洗和消毒双手和鞋靴。另外,还应保留来访人员的有关信息记录,包括姓名、单位、来访目的、时间,以及曾到过哪些畜禽饲养场所等。

第五,如果生产管理人员1天内必须走访1个以上的鹑场,应先走访日龄最小的鹌鹑场。

第六,经常对工作人员进行生物安全培训,所有工作人员应定期进行健康体检。

(二)对鹌鹑的控制

一是引进病原控制清楚的鹌鹑,不从疫区购买苗鹑。避免不同品种、不同来源的鹌鹑混养,贯彻全进全出的饲养方式,尽量做到免疫状态相同、年龄相同、来源相同。

二是根据鹌舍大小、笼具结构、气温、鹌鹑品种、日龄、用途和饲养方式确定饲养密度。在笼养情况下通风良好时，一般每平方米：1 周龄 120～150 只，第 2 周龄 100～120 只，第 3 周龄 80～90 只，第 4 周龄 60～70 只，成鹑约 60 只，种鹑酌减。

三是保持鹌鹑场和周围环境的安定，保证日常饲养管理的稳定，以尽可能减少因人为因素发生应激。

四是防止生产操作中的污染和感染，同时做好鹌鹑的日常观察和健康检查及病情分析，并建立免疫状态观察和健康检查档案。

五是做好种蛋收集、保存运输、消毒及孵化室的清洗消毒，防止孵化过程中的感染。

六是对鹌鹑及其产品流通的每一个环节都必须进行相应的清洗、消毒和生物安全防范，防止流通环节感染。

（三）对饲料的控制

饲料的质量直接影响到鹑产品质量，所以必须供给安全、优质、无农药残留的饲料。生产者必须在原料的选择、饲料的加工调制、饲料的贮藏全过程中严把质量关。

1. 坚持自配饲粮 农村养鹑户大多使用浓缩料，而目前浓缩料市场混乱，很难保证质量。因此，应根据鹌鹑各阶段生长的营养需要，自配饲料，饲料配方中的所有原料必须符合《饲料卫生标准》，对大宗饲料要固定供应渠道，随时检测原料的质量，确保饲料优质、安全。

2. 合理使用饲料添加剂 饲料中添加无残留、无毒副作用的免疫调节剂、抗应激添加剂和促生长剂，如酶制剂、酸化剂、益生素、丝兰提取物、寡聚糖和中草药添加剂等，能更好地维持鹌鹑肠道菌群平衡，提高饲料消化率，减少环境污染。不得添加防腐剂、开胃药、兴奋剂、激素类药、人工合成色素，以及禁用的抗生素、安眠镇静药等。

3. 采取适当的去毒措施 在使用棉籽饼、菜籽饼和受真菌污染的玉米、豆粕等原料时,必须采取适当的去毒措施,去除有毒物质,确保饲料安全。

4. 防霉变防污染 饲料仓库要防鼠、防潮、防污染。夏季饲料容易霉变,因此每次配料量不宜太多,还应在饲料中添加防霉添加剂。饲料袋也应定期消毒,严防污染。

(四)对环境的控制

环境条件对鹌鹑的生长发育以及鹑产品的质量有很大影响。优化生产环境,可以提高产品质量,确保无公害。

1. 合理规划鹌鹑舍 鹌鹑舍应选择地势高、周围无污染源、交通便利、与其他养殖场至少相距 300 米的地方建造,每栋鹌鹑舍前应建有消毒池。

2. 供给清洁卫生的饮水 水参与机体的每一个生化反应,水质的好坏直接影响鹌鹑的健康、胴体的质量。生产者必须随时监测水中有害微量元素、农药、病原微生物的含量,确保饮用水达到国家规定的畜禽饮用水水质卫生标准。

3. 提供适宜的环境温度 对于鹌鹑来说,温度对其生长发育、生产性能、产品质量都有很大影响。夏季应采取多种措施,防暑降温;冬季应做好防寒保暖工作,确保鹌鹑生长的温度适宜,生长良好。

4. 加强通风换气,及时排出有害气体 在鹌鹑舍空气中含有二氧化碳、硫化氢、微生物等有害物质,应加强通风换气,及时排出有害气体,为其生长创造良好的空气环境。

5. 保持环境卫生 定期打扫、及时清除粪便,保持鹑舍干燥清洁。垫草无霉变,减少自身污染。

6. 科学处理粪便 对粪便做适当处理,切不可任意露天堆放,污染环境,影响鹌鹑的生长。目前多采取堆肥发酵后作为有机肥料,也可烘干后作为饲料;量大时也可作为沼气原料。

(五)对病原的控制

第一,引进雏鹌后一般要隔离 2～3 周,并及时消毒,经检查确无传染病方可解除隔离。制定科学的防疫程序,减少疾病发生。

第二,物品及工具的常规清洗和消毒。携带入舍的器具和设备都可能带菌带病,所有进入鹌舍的物品都必须经过彻底清洗和消毒。对蛋箱、蛋盘、喂料器等用具进行消毒,可先用 0.1% 新洁尔灭或 0.2%～0.5% 过氧乙酸消毒,然后在密闭的室内用福尔马林熏蒸消毒 30 分钟以上。

第三,设备和物品的使用相对固定,防止运转过程中的交叉污染。

第四,进出各功能区要进行清洗和消毒,保证运转过程的生物安全。鹌鹑舍周围,每 2～3 周用 2% 火碱溶液消毒或撒生石灰 1 次;场周围及场内污水池,排粪坑、下水道出口,每个月用漂白粉消毒 1 次;鹌鹑场及鹌舍进出口要设消毒池,消毒池放 2.0% 烧碱液,每日换 1 次,或者放 0.2% 新洁尔灭溶液,每 3 天更换 1 次;生产区道路每日用 0.2% 次氯酸钠溶液喷洒 1 次。

第五,根据实际情况制定适宜的防疫计划。有选择地进行疫病的预防接种工作,并注意选择适宜的疫苗、免疫程序和免疫方法。主要免疫马立克氏病、大肠杆菌病、新城疫、禽流感、传染性法氏囊病、禽霍乱等。

第十一章　鹌鹑的防疫与保健

鹌鹑虽小,五脏俱全,和其他畜禽一样,可发生各种各样的疾病,这些疾病按其性质可分为传染病、寄生虫病、内科病和外科病等。当前在我国的养鹑业中,危害最严重的仍是传染性疾病。在某些鹑场,营养代谢病和中毒病也时有发生。

鹌鹑的饲养特点是数量多、密度高、生长快,但同时也存在着疫病多、传播快、控制难的弱点,使养鹑业面临着严重的威胁和挑战。一个鹑场(户)若不能有效地控制疫病的流行,而不断地被各种疫病所困扰,则鹑群得不到安宁,人心不能够安定,鹑场的经济效益将无法提高,养鹑的积极性会受到挫伤。

按现代的兽医科技水平,对于鹌鹑的疾病,特别是传染性疾病是完全可以控制的。各地的实践经验也表明,不论鹑场的性质如何、规模大小,若要有效地控制或消灭危害严重的鹑病,其关键在于鹑场的饲养管理要做到规范化、科学化,防疫措施要实现制度化、经常化,对于这"四化"的执行情况如何,是衡量一个鹑场管理水平高低的重要标志。为此,对鹌鹑的防疫与保健从原理到方法做一系统、简要的介绍,供养鹑者参考。

一、传染病流行过程的 3 个重要环节

众所周知,传染病是由病原微生物引起的,那么传染病是如何从个体感染发病而蔓延到群体流行的呢? 形成这一过程,必须具备 3 个相互连接的基本条件,即传染来源、传播途径和易感鹑群。只有当这 3 个环节同时存在并相互衔接时才会引起传染病的流行,如果缺少任何一个环节,传染病就不可能扩散,即使个别鹌鹑

感染了传染病也容易得到控制。因此，了解传染病流行过程的基本环节及其影响因素，能为我们制定正确的防疫措施提供可靠的理论依据。

（一）传染来源

传染来源是指某种传染病的病原体在其中寄居、生长、繁殖并能排出体外的动物机体，具体说传染来源就是受感染的病鹑或其他患病的动物，包括无症状隐性感染的动物。

1. 病鹑和病死鹑　它们是重要的传染来源。尤其在急性发病过程或者病程转剧阶段的病鹑，可从其粪便或其他分泌物中排出大量致病力强的病原体。为了控制和消灭传染源，一旦发现病鹑，必须立即将其淘汰或隔离，对病死鹑的尸体要严格进行深埋或焚烧等无害化处理。

2. 病原携带者　它们是指外表无明显症状但携带并排出病原体的病鹑，其中有潜伏期病原携带者、恢复期病原携带者和健康体况病原携带者（隐性带菌带毒者）。根据不同的病原携带者，应采取全进全出、限制移动、隔离消毒、检疫淘汰等不同的措施，特别是那些外表健康的种鹑，可能携带沙门氏菌病、大肠杆菌病等病原体，并可通过胚胎将这些疾病垂直传播给下一代。所以，要重视种鹑的饲养管理和保健，定期进行检疫，及时淘汰检验出的阳性病鹑。

（二）传播途径

指病原体由传染源（病鹑或病禽）排出体外后，经过一定的方式再侵入到其他易感鹑的途径。其传播途径如下。

1. 经孵化室传播　由于病原体污染种蛋表面或种蛋内部，如曲霉菌、沙门氏菌等，可使雏鹑于出壳前或出壳后即被感染。

2. 经空气传播　由于鹌鹑的密集饲养，加之鹑舍通风不良，某些存在于病鹌呼吸道内的病原体可通过喷嚏、咳嗽或呼吸引起的飞沫传染；同时某些存在于环境中的病原体，以尘埃为载体，飘浮在空气之中，造成呼吸道感染。经空气传播的传染病一般以冬、春寒冷季节多见，如新城疫、慢性呼吸道病、鹌鹑支气管炎等。

3. 经污染的饲料和饮水传播　也就是通过消化道传播。当病鹌的分泌物、排泄物、尸体污染了水源、饲料，或饮用水不洁，饲料霉变，则许多传染病、寄生虫病和中毒性疾病都可从口而入。所以，防止饲料的污染，注意饮水的卫生，对鹌鹑的保健有十分重要的意义。

4. 经羽毛、皮屑传播　有些病原体可存在于病鹌的羽毛囊或皮屑中，并且对外界环境有较强的抵抗力，往往可存活数月，一旦遗留在鹌舍的角落缝隙中，不易清扫，消毒药液也不能进入，这种被遗忘的角落存在着潜伏传播疾病的危险，如马立克氏病、传染性法氏囊病等可通过此种途径传播。

5. 经鹌场内的设备、用具传播　这种现象在一些中小型鹌场（户）常可见到。如几个鹌群共用一套清洁工具，有的场饲料袋反复使用，有的场蛋箱、鹌笼、运输车辆等不经消毒，在场内外循环使用，成为许多传染病的传递工具。

6. 经鹌只混群传播　有些鹌病成年鹌对其有耐受性，或许已经过免疫接种，有一定的抵抗力；有的是隐性感染，不表现出任何症状，但可成为带菌者、带毒者或带虫者，而这些病原体对幼鹌却十分敏感，当大、小鹌混群时，往往是引起某些疾病暴发的原因，如马立克氏病、新城疫、球虫病等。

7. 经活的媒介传播　活的媒介含义很广，如鼠、猫、犬和麻雀等，蚊、蝇、虱等节肢动物，蚂蚁、蚯蚓和甲壳虫类，还有人类，都可能成为机械性传播病原者。

饲养人员、兽医工作者、外来人员或参观者随意进入鹌场或接触鹌鹑，如果是有疫病的鹌场，这些人就有可能不知不觉地被病原体污染了手、衣服、鞋靴以及身体表面,常常在疾病传播中起着十分重要的作用。尤其是接触过病死鹑或从疫区过来的人员,则危险性更大,是鹑群暴发急性传染病的一个重要因素。

(三)易感鹑群

指对病原体没有抵抗力的鹑群。鹌鹑对于每种传染病病原体感受性的大小或鹑群中易感个体所占的百分率高低,直接影响到传染病能否在鹑群中流行或造成危害的程度。鹌鹑对传染病的易感性决定于下列因素。

1. 鹑群的饲养管理水平　如营养不良、拥挤、粪便堆积、低温寒冷、高温闷热、频繁应激等因素,能使鹌鹑的抵抗力下降,对疾病的易感性增加。

2. 鹑群中存在慢性病　如鹑群中普遍存在着寄生虫病或慢性传染病,则增加了对急性传染病的易感性,常见的有球虫病、沙门氏菌病等,在这种情况下鹑群易发生新城疫等急性传染病。

3. 鹑群的抵抗力　不同品种、日龄的鹑群对某些传染病的抵抗力亦有差别。一般来说,高产鹑比低产鹑的抵抗力弱,成年鹑对某些病较幼鹑的抵抗力强,但幼鹑往往可从卵黄抗体中获得被动免疫,对某些传染病有一定的抵抗力。

4. 鹌鹑的防御器官受损　鹑体的防御器官和功能受到损害,则增加了对疾病的易感性,如法氏囊对幼雏的免疫功能起着决定性的作用,若法氏囊受到损害,即可影响免疫功能。鹌鹑的皮肤受损,则病原微生物容易侵入,诱发葡萄球菌病。某些药物用量过多,能破坏白细胞,使其抵抗力下降。

5. 疫苗接种的质量　鹌鹑某些传染病可以用疫苗进行免疫接种,其免疫效果的好坏,除了与疫苗种类、质量有关外,还与免疫接种的技术、防疫密度、免疫程序合理与否等因素有关,搞好免疫接种是提高鹑群抗病力的一个十分重要的环节。

二、鹌场的一般防疫知识与措施

前述的关于引起传染病流行的三个基本条件,为我们制定鹌场疫病防治措施提供了可靠的理论根据,然而理论还需落实到具体规程、细则才能付诸实施。要制定好一个切实可行和有效的防疫规程,还必须与各鹌场的性质(是商品鹌场还是种鹌场)、规模、经济和技术水平等具体条件相结合。为此,了解掌握鹌场的一般防疫知识和措施,可供制定和执行防疫规程时参考。

(一)鹌场的内外环境要求

根据鹌场防疫卫生的原则,对场址的选择,建筑物的布局及设计的样式,设备的购置、安装等提出一定的要求,各养鹌单位应结合自身的具体条件,对场址进行认真的调查研究和选择,因为它对日后的生产水平、经济效益等影响很大。调查中必须考虑地势、水源、雨量、交通、疫情等自然条件,并注意将来发展的可能性,既要有足够的面积,又不能浪费土地。一般要注意以下几个问题。

第一,鹌场要求建在地势高燥,便于排水,水源充足,供电有保证的地方,既要远离主干公路、居民区和村寨,又要考虑到交通运输的方便和工作人员生活的安定。

第二,种鹌场和规模较大的商品鹌场,其生产区和生活区应严格分开,在鹌场建筑的格局上应注意到饲料贮存库和育雏舍要建在鹌场的上风头,兽医室、病死鹌处理场、粪便处理池要安排在鹌场的下风头。

第三,要求鹌场的水源充足,水质良好,符合饮用水卫生标准。若不通自来水,则根据鹌场的规模大小要自建深水井和水塔。水质的氢离子浓度最宜在 31.63～316.3 纳摩/升(pH 值 6.5～7.5)之间,碱最高含量不超过 400 毫克/升,硝酸盐不超过 45 毫克/升,硫酸盐不超过 250 毫克/升,氯化钠幼雏不超过 500 毫克/升,成年鹑不超过 800 毫克/升。此外,每 100 毫升饮用水中大肠菌群不超过 3 个。

第四,不许鹑场和孵化场工作人员在场外与自己家中饲养鹌鹑、家禽以及从事与禽类有关的业务。鹑场工作人员所需的蛋和禽肉,必须经检疫无病并由本场供应。

第五,鹑场都要推行"全进全出"制,从雏鹑养到出笼上市,整批进,整批出,这样便于一批鹑上市后,笼舍可以彻底清洗消毒,空置 1～2 周后再引进下一批雏鹑。事实证明,许多鹑场采用这一制度后,疫病大大减少。

近年来,有的鹑场又做了改进,采用"一贯式"的饲养制度,即从育雏到育成出售或产蛋都在同一间笼舍内完成,这种"一贯式"的饲养制度虽然不能充分利用笼舍设备,但可避免转群时造成的应激,减少了迁移鹑舍的污染机会。这一措施对控制鹑病有利。

第六,人员、车辆出入鹑舍都要经过严密消毒,如更换衣服、鞋靴甚至洗澡,车辆要通过消毒池后才能进入。要严格限制参观者。实践证明,这是一项行之有效的防疫措施。

(二)检疫、隔离与封锁

1. 检疫 就是应用各种诊断方法对鹌鹑及其产品进行疫病检查,在饲养、交易、收购、运输、宰杀过程中,可通过检疫及时发现病鹑,并采取相应的措施,防止疫病的发生和传播,这是一项重要的经常性的防疫措施。

从广义上讲,检疫应由专门的政府职能机构来执行,并以法规为依据。这里指的是鹑场内部的检疫,是以保护本场鹑群的健康为出发点。具体讲有以下几个方面的工作。

一是种鹑场要定期进行检疫,对垂直传播的疾病如白痢病、慢性呼吸道病等呈阳性反应的鹌鹑,一律不得作为种用。

二是从外地引进雏鹌或种蛋时,必须了解产地的疫情和饲养管理情况,要求无垂直传播的疾病。对种鹌和雏鹌都要定期抽样采血,进行新城疫抗体的检测,以便调整免疫程序。

三是对鹌鹑的饮用水及各类鹌用的饲料,特别是鱼粉、肉骨粉等动物性饲料进行细菌学检查,若细菌含量超标或有害物质污染,不得使用。

四是定期对孵化过程中的死胚、出雏机中残留的蛋壳、绒毛以及鹌舍、笼具,在消毒前后都要采样进行细菌学检查,以确定死胚的原因,了解孵化机被污染的程度以及消毒的效果,便于及时采取相应的措施。

2. 隔离 通过各种检疫的方法和手段,将病鹌和健康鹌区分开来,分别饲养,其目的是为了控制传染源,防止疫情继续扩大,以便将疫病限制在最小的范围内,就地扑灭;同时,也便于对病鹌的治疗和对健鹌开展紧急免疫接种或药物预防等措施。

隔离的方法应根据疫情和鹌场的具体条件区别对待,一般分为3类。

(1)**病鹌** 包括有典型症状和类似症状或经其他特殊检查查出的阳性病鹌,是危险的传染源。若为烈性传染病,则应根据有关规程和条例规定认真处理;若是一般疾病则进行隔离。仅有少量病鹌,可将病鹌剔出隔离;若病鹌数量较多,应将病鹌留在原舍。

(2)**可疑感染鹌** 未发现任何临床症状,但曾与病鹌同舍、同笼或有过密切的接触,这类鹌有可能处于疾病的潜伏期,因此也要隔离,并使用药物预防或紧急免疫接种。

(3)**假定健康鹌** 除上述两类外,鹌场内其他鹌只均属此类,也要注意隔离,加强消毒工作,采取各种紧急防疫措施。

3. 封锁 当鹌场暴发某些严重的烈性传染病(如新城疫、禽流感等)时,应严密封锁,限制人员、动物和动物产品进出鹌场或村庄,对病死鹌要做深埋或焚烧等无害化处理,对鹌舍及周围环境进行彻底消毒。

以上的封锁措施是指一般的鹑场或村庄而言,若是种鹑场或大型鹑场,即使在无疫病流行情况下,平时也应与外界处于隔离状态。

(三)消　毒

消毒的目的是消灭被传染源污染的存在于外界环境中的病原微生物,它是通过切断传播途径,阻止传染病继续蔓延的一项积极的防疫措施。

1. 消毒的分类　根据消毒的目的,可分为以下两类。

(1)**预防性消毒**　是指尚未发现传染病时,结合平时的饲养管理对可能受病原体污染的鹑舍场地、用具、饮水等进行的消毒。预防性消毒的内容广泛,消毒的对象多种多样,如鹑场大门口人员和车辆通过的消毒设施,鹌鹑全出后笼舍的消毒等。

(2)**疫源地消毒**　是指对当时存在或曾经发生过传染病的疫区进行的消毒,其目的是杀灭由传染源排出的病原体。根据实施消毒的时间不同,可分为随时消毒和终末消毒:随时消毒是指疫源地内有传染源存在时实施的消毒措施,消毒对象是病鹑或带菌(毒)鹑的排泄物,以及被它们污染的房舍、场地、用具和物品等,其特点是需要多次反复地进行消毒;终末消毒是指被烈性传染病感染的鹑群,经过一段时间后,死的死,淘汰的淘汰,全部病鹑都已处理完毕,这时对鹑场的内外环境和一切用具所进行的彻底的清扫和消毒。

2. 消毒的方法　鹑场的笼舍、用具和环境的消毒,常用以下几种方法。

(1)**喷洒消毒**　即将消毒药配制成一定浓度的溶液,通常用喷雾器对需要消毒的地方进行喷洒消毒。此法简便易行,大部分化学消毒剂都适用于此法。消毒药液的浓度,可参看消毒药的说明书配制。喷雾器的种类很多,一般农用喷雾器都适用。

(2)熏蒸消毒 常用的是福尔马林配合高锰酸钾等进行的熏蒸消毒。此法的优点是有效消毒药呈气体状态,能分布到各个角落,消毒较全面,省工省力。但由于消毒时鹌舍的门窗密闭,消毒后较长时间内还有强烈的刺激气味,不能立即应用,消毒效果也有一定的限制,最好与喷洒消毒方法配合使用。

(3)火焰喷射消毒 使用特制的火焰喷射消毒器。因喷出的火焰具有很高的温度,能立即杀死一切细菌、病毒、寄生虫虫卵和爬行昆虫。常用于金属笼具、水泥地面、砖墙的消毒。此法的优点在于方便、快速、高效,但不能消毒木质、塑料等易燃的物质。消毒时应有一定的顺序,避免遗漏。

3. 消毒时应注意的问题

第一,鹌舍大消毒应将舍内的鹌鹑全部出清后才能进行。

第二,机械清扫是搞好消毒工作的前提。据试验结果表明,用清扫的方法,可使鹌舍内的细菌量减少21.5%;如果清扫后再用清水冲洗,则鹌舍内的细菌数能再减少50%~60%。清扫、冲洗后再加消毒药液喷雾,鹌舍内的细菌数可减少90%以上,这样才能达到消毒的要求。

第三,影响消毒药作用的因素很多,一般来讲,消毒药的浓度、温度及作用时间与消毒效果是成正比的,即消毒药物的浓度越大、温度越高、作用时间越长,其消毒效果越好。

第四,有些消毒药具有挥发性气味,如福尔马林、臭药水、来苏儿等。有些消毒药对人及鹌的皮肤有刺激性,如氢氧化钠等。因此,消毒后不能立即进鹌,应经过无害化处理后才能进鹌。

第五,几种消毒药不能混合使用,以免影响药效。但对同一消毒对象,将几种消毒药先后交替使用,能提高消毒效果。

第六每种消毒药的消毒方法和浓度应按说明书的要求办,对于某些有挥发性的消毒药,应注意其保存方法是否适当,保存期是否已超过,否则将影响消毒效果。

第七,有条件的鹑场应对消毒药的消毒效果进行细菌学的测定。

4. 常用的环境消毒药　环境消毒药,是指在短期内能迅速杀灭周围环境中的病原微生物的药物。

理想的环境消毒药应具备的条件是:杀菌性能好,低浓度时就能杀死微生物,作用迅速,对人及畜禽无毒害作用;价格低廉易购买,性质稳定,无臭味,可溶于水,对金属、木质、塑料制品等没有损坏作用;无易燃性和爆炸性;不会因外界存在有机物、蛋白质等而影响杀菌作用。由于目前的环境消毒药很难完全具备这些条件,故应根据本场的实际情况选择用药。

消毒药的种类很多,即使同一种消毒药,由于生产厂家的不同,又有不同的商品名。因此,具体使用时要以商品的说明书为准(表 11-1)。

表 11-1　常用环境消毒药简介

名　称	性　状	作　用	用　途	用　法	注意事项
来苏儿(煤酚皂溶液)	乳白色,液状	能凝固细菌的蛋白质,对繁殖型的病菌有较强的杀灭作用	笼舍、用具、排泄物、器械和人员的洗手消毒,也适于鹌鹑场进出口的消毒池用药	3%～5%水溶液喷洒、浸泡	本品有特殊气味,不能用于肉类、蛋品和饮用水的消毒
氢氧化钠(苛性钠、烧碱)	白色结晶块	能溶解蛋白质类,对病毒有强大的杀灭能力	笼舍、环境消毒及消毒池用药	2%～3%水溶液喷洒	易潮解,需密闭保存,对机体组织、金属有腐蚀性
过氧乙酸(过醋酸)	无色透明液体	可氧化蛋白质类,杀菌作用快而强,对真菌、细菌和芽胞、病毒均有效,对人、畜无害	笼舍、地面和环境、排泄物的消毒,也可用于水果、蔬菜和肉品的消毒	0.5%水溶液喷洒、浸泡	密闭、避光、低温保存,有效期半年。遇热(70℃以上)易爆炸

续表 11-1

名　称	性　状	作　用	用　途	用　法	注意事项
漂白粉（氯化石灰）	白色粉末	其中的次氯酸钙遇水产生次氯酸，通过氧化作用杀菌	10%～20%乳剂用于环境消毒。每立方米饮水中加5～10克，可作饮用水消毒	喷洒，饮用水消毒	密闭保存
福尔马林（37%～40%甲醛）	无色水溶液，具有强烈刺激气味	甲醛与微生物蛋白质的氨基结合，使蛋白质变性	2%～4%水溶液喷洒笼具、环境，亦可用于熏蒸消毒	喷洒、熏蒸	密闭保存，有强烈刺激气味
高锰酸钾	暗紫色结晶粉末	遇有机物即引起氧化，能杀死繁殖型的细菌	0.1%饮水消毒，也可与甲醛配合熏蒸消毒	饮水、熏蒸	注意饮水消毒时浓度不能过高
新洁尔灭	胶状、无色液体	为季胺盐类和阳离子表面活性消毒剂	0.1%浸泡器械和洗手消毒，2%舍内空间喷雾消毒	浸泡、喷雾	同类型产品还有洗必泰、消毒净、度米芬等
抗毒威	白色粉末	是一种以二氯异氰尿酸钠为主剂的复方消毒剂，广谱、高效	鹑舍、笼具、环境消毒，饮用水消毒	喷洒，饮用水消毒	
百毒杀	无色、无味溶液	阳离子清洁剂，渗透力强，杀菌谱广，并有除臭作用	鹑舍、环境消毒，饮用水消毒	喷洒、浸泡，饮用水消毒	

（四）杀虫、灭鼠和控制飞鸟

1. 杀虫　主要是杀灭鹑的体外寄生虫，包括虱、蚤、螨等，以及环境中的节肢动物如蚊、蝇、蛀等。

(1)虱　是禽类的一种永久性寄生虫,在同一个禽体上存活终身,代代相传,当与其他禽类接触时才能传播。虱子取食干燥的羽根皮肤、皮屑,还可能从伤口或新换的羽毛处摄食渗出的血液,严重的可使患鹑神经紧张,不能安静休息,影响食欲,并可导致产蛋率下降10%～20%。

(2)螨　螨的种类很多,危害较大的有红螨等。它们白天隐蔽在栖架、墙壁及地坪的裂缝中,一到晚上就活跃起来,爬行在禽体上取食,将禽体的皮肤咬破吮吸血液。严重的螨害可使患鹑委顿、衰弱,贫血,导致产蛋量下降。

(3)蝇　主要指的是家蝇,虽然对鹌鹑没有直接的损害,但它能机械性地传播疾病和寄生虫虫卵,尤其是蛔虫卵及其他线虫的虫卵。家蝇在鹌鹑的面前飞来飞去,也使鹑群不得安宁。

(4)蚊　蚊的危害是吮血和传播疾病,但只有成熟的雌蚊能吮血,雄蚊是靠吸取植物液汁为生的。蚊卵必须先在水中孵化为孑孑才能变为蚊。因此,清理积水就能控制蚊的孳生。

搞好鹑场的杀虫工作,应注意以下几个问题。

第一,当鹑舍或鹑体发现体外寄生虫时,要将鹌鹑从被污染的鹑舍内移出,仔细检查鹑舍,找出寄生虫集聚的地方,然后用杀虫药杀灭。

第二,清除鹑舍附近的垃圾、杂物和乱草堆,疏通排水道,填平污水沟,搞好鹑场周围的环境卫生。

第三,鹑舍保持通风良好,地面干燥,避免饮水器漏水、舍内积水,清除蚊、蝇的孳生场所。

第四,使用黑光灯灭蚊、蝇。这是一种特制的电光灯,灯光为紫色,苍蝇有趋向这种光的特性,当触及到带有正、负电极的金属网时,即被电击致死。

第五,常用的杀虫方法概括为拍、捉、捕、粘以及使用毒饵。毒杀昆虫的药品很多,但易使昆虫产生抗药性,故应交替使用,如敌百虫、敌敌畏、除虫菊、溴氰菊酯等杀虫药,可用于喷洒、烟熏,或做毒饵。要防止人、鹌大量接触、吸入或误食以上杀虫药,以免发生中毒。

第六,随着科学技术的发展,新的无公害的杀虫方法也不断出现,如利用昆虫的天敌或雄性不育技术等生物学灭虫法;养柳条鱼,可消灭池塘、河沟中的孑孓;用辐射的方法使雄虫不育,然后大量释放雄虫,使其断子绝孙。

2. 灭鼠　鹌场的鼠害非常普遍,损失也相当严重,表现在咬鹌偷蛋,盗食饲料,咬毁器物,传播疾病等。鹌场的鼠种主要有褐家鼠、黄胸鼠和小家鼠3种。鼠类的繁殖力极强,以褐家鼠为例,全年可繁殖6~10胎,每胎产仔鼠7~10只,多的达18只,妊娠期21~22天,3~4个月龄的鼠就能交配生育。

鼠类的适应范围很广,加之鹌场可提供优越的生存条件,如饲料种类多,营养价值全面,仓库无防鼠措施,食槽开放供应,任鼠类自由取食,在这样独特的环境条件下,鼠类会迅速繁殖起来,即使新建的鹌场,也会很快发生严重的鼠害。

灭鼠工作应从两个方面进行:一方面根据鼠类的生态学特点防鼠、灭鼠,从鹌舍建筑和卫生措施方面着手,控制鼠类的繁殖和活动,使鼠类在各种场所生存的可能性达到最低限度,使它们难以得到食物和藏身之处。如经常保持鹌舍及周围地区的整洁;及时清除饲料残渣,将饲料贮藏在鼠类不能进入的房舍中,使其得不到食物,可以大大减少家鼠的数量;在鹌舍建筑方面应注意防鼠的要求,墙基、地面、门窗等应力求坚固,发现有洞随时堵塞。另一方面则采取种种方法直接扑杀鼠类。灭鼠的方法大体上可分两类,即器械灭鼠法和药物灭鼠法。

(1) 器械灭鼠法　即利用各种工具,以不同的方式扑杀鼠类。如关、夹、压、扣、套、翻(草堆)、堵(洞)、挖(洞)、灌(水)等,以及使用电子捕鼠器。在使用鼠笼、鼠夹之类的工具捕鼠时,要注意诱饵的选择,布放的时间和方法。

(2)**药物灭鼠法**　按毒物进入鼠体的途径,可分为消化道药物和熏蒸药物两类。

消化道药物主要有磷化锌、安妥、敌鼠钠盐等。熏蒸药物有灭鼠烟剂,一般用来杀灭野鼠,使用时用器械将药物直接喷入洞内,或吸附在棉花球中投入洞中,每洞需 5～10 毫升,并以土封闭洞口。

灭鼠的方法多种多样,各有优缺点,各鹑场可因地制宜地选用,同时还要制定灭鼠的奖励政策,充分发挥鹑场每个工作人员的灭鼠责任心和积极性,才能有效地消灭鼠害。

3. 控制飞鸟　麻雀等飞鸟可传播新城疫、禽霍乱等疾病,还能盗食饲料。有些飞鸟带有体外寄生虫,易成为多种禽病的传染源。鸟类的危害有时较鼠更厉害。因此,在鹑场内防止飞鸟进入,也是一项重要的防疫措施。

为了控制飞鸟进入鹑舍,鹑舍的各种窗户都要装上铁丝网或纱窗,阻止鸟在建筑物内筑巢。采取人工驱赶、架设细孔尼龙丝隔离网等措施,也有一定的效果。

有人建议,在每栋鹑舍之间及其周围地区不宜种植树木,尤其不宜种植高大的树木,因树大引鸟。为了绿化、美化环境,可在鹑场周围种植灌木和花草之类的植物。

(五)疫苗与免疫接种

1. 禽用疫苗　疫苗是一种特殊的生物制品,是对禽群实施免疫接种的武器,也是禽群产生对某一传染病免疫力的起动剂。它是根据免疫学的原理,利用病原微生物本身或其生长繁殖过程中的产物为基础,经过科学加工处理制成的。它不同于一般化学药品,而是通过免疫接种使家禽产生抵抗力,免于感染某种特有的传染病。

　　疫苗的种类很多,按毒株的强弱可分为弱毒苗和强毒苗;按剂型可分为活苗和死苗;按制作方法又可分为冻干苗、液体苗、干粉苗、油剂苗、组织苗、佐剂苗等。以后又出现了多价苗和联苗。随着科学技术的发展,新一代的亚单位疫苗、基因工程疫苗、合成肽疫苗等也受到人们的重视。此外,寄生虫病的疫苗(球虫病等)也已开始进入生产领域。

　　禽用疫苗接种的方法和途径也是多种多样的,有的疫苗只能接种种禽,为的是提高母源抗体水平,使其下一代在一定期间内具有被动免疫力。有的1日龄就需接种,有的要在开始产蛋前才可接种。接种的途径有皮下、肌内注射,皮肤刺种,肛门涂搽,更多的是点眼、滴鼻、喷雾、饮水和拌料等。接种后经一定的时间(数天至2周)可获得数月至1年以上的免疫力。因此,搞好免疫接种是确保禽群健康,提高禽群成活率的一项重要的举措。

　　禽用疫苗接种时应注意的事项。

　　第一,生物药品怕热,特别是活疫苗必须低温冷藏,防止保存温度忽高忽低。运输时要有冷藏设备,使用时不可将疫苗靠近高温或在阳光下暴晒。

　　第二,使用前要逐瓶检查,注意苗瓶的封口是否严密,有无破损,瓶签上有关疫苗的名称、有效日期、剂量等记载是否清楚。用后要记下疫苗的批号、检验号和生产厂家,若出现疫苗的质量问题便于追查。

　　第三,注意消毒。生物药品使用的器材,如注射器、针头、滴管、稀释液瓶等,都要事先洗净,并经煮沸消毒后方可使用。针头要做到注射1笼或10～20只禽换1个,切勿用1个针头注射到底。在疾病流行的禽群,应实行每只禽换1个针头。吸取苗液时,若1次不能吸完,不要拔出疫苗瓶上的针头,一则便于继续吸取,二则避免污染瓶内的疫苗。

　　第四,需稀释后使用的疫苗,要根据每瓶规定的头份用稀释液进行稀释。无论是生理盐水,还是缓冲盐水、蒸馏水或铝胶盐水,都应与疫苗一样要求瓶内无异物杂质,并在冷暗处存放。已经打开瓶塞的疫苗或稀释液,须当天使用完,若用不完则应废弃。切忌用热的(40℃以上)稀释液稀释疫苗。

第五,饮水免疫时,首先要注意水质,若用自来水,应先积蓄缸内隔 8 小时以上,让其中的氯气挥发后才能使用,最好加 0.2% 的脱脂奶。饮水器要有足够的数量,可保证大部分鹑同时能饮到水;盛水的容器要干净,不可用金属容器。饮水免疫前先要停水,夏季停 4 小时,冬季停 6 小时。每只鹑的免疫饮水量,按个体大小为3～15 毫升,要求在半小时内饮完。

第六,必须执行正确的免疫程序。预防不同的传染病,应使用不同的疫苗,即使预防同一种传染病,也要根据具体情况选用不同毒株或类型的疫苗。对于新城疫,应根据抗体检测的结果,制定出合理的免疫程序。

第七,要了解和掌握本地区和本场传染病流行的情况,以便有的放矢地使用疫苗。鹌鹑必须在健康的状态下接种疫苗才能发挥作用,正在发病或不健康的鹌鹑不宜接种疫苗。

第八,紧急预防接种。如鹑群中发现新城疫等急性传染病,可进行紧急预防接种,但需剔除病鹑。要做到只只更换针头,并向场(户)申明,可能有部分处于潜伏期的病鹑是得不到保护的。

第九,免疫接种后要搞好饲养管理,减少应激因素。一般于接种后 5～14 天才能使机体产生一定的免疫力,在这段期间要注意饲喂全价饲料,防止病原入侵,减少应激因素(如寒冷、闷热、拥挤、通风不良、氨气过浓等),使机体产生足够的免疫力。

第十,疫苗的保存期。各种不同类型的疫苗其保存期和保存方法是不同的,一般来讲,活苗应低温冷冻保存,灭活苗在 4℃ 左右为宜。

2. 鹌鹑的免疫程序　鹌鹑与鸡、鸭、鹅等家禽一样,可能发生多种传染病,而可以用来预防这些传染病的疫苗又不相同,有活苗也有灭活苗,免疫期有长有短,接种日龄有早有晚,每个鹌场应根据鹌群的实际情况选用疫苗,并按疫苗的免疫特性来合理地安排预防接种的次数、时间和方法,这就是免疫程序。

只有合理的免疫程序才能充分发挥疫苗的应有免疫效果,但也不可能制定出一个适合我国各地、各个鹌场通用的统一的免疫程序。目前,我国尚未研制和生产鹌鹑专用的疫苗,但可使用若干鹌鹑和其他家禽共患病的疫苗,如新城疫疫苗等,同样能产生应有的免疫效果。据了解,在我国的养鹌业中,对免疫接种不够重视,许多鹌场没有开展免疫接种,造成疫病流行,带来严重的经济损失。现介绍几种鹌鹑的免疫程序供参考(表 11-2 至表 11-5)。

表 11-2　商品肉鹌的免疫程序

序　号	日　龄	免疫项目	疫苗名称	接种方法
1	10	禽流感	H_5N_1 灭活苗	颈部皮下注射 1 头份
2	15	新城疫	新城疫 II 系或 IV 系冻干苗	饮水、点眼或滴鼻
3	25	新城疫	新城疫 II 系或 IV 系冻干苗	饮　水

表 11-3　商品蛋鹌鹑的免疫程序

序　号	日　龄	免疫项目	疫苗名称	接种方法	说　明
1	1	马立克氏病	HVT 活苗	颈部皮下注射 1 头份	需专用稀释液稀释
2	10	禽流感	H_5N_1 灭活苗	颈部皮下注射 1 头份	

续表 11-3

序 号	日 龄	免疫项目	疫苗名称	接种方法	说　明
3	15	新城疫	Ⅳ系苗	点　眼	用量同雏鸡
4	18	传染性法氏囊病	弱毒苗	饮　水	
5	25	新城疫	油乳剂灭活苗	颈部皮下注射0.2毫升	
6	60	禽霍乱	油乳剂灭活苗	皮下注射0.2毫升	

表 11-4　种用鹌鹑的免疫程序

序 号	日 龄	免疫项目	疫苗名称	接种方法
1	1	马立克氏病	HVT 活苗	颈部皮下注射1头份
2	10	禽流感	H_5N_1 灭活苗	颈部皮下注射1头份
3	12	新城疫	Ⅳ系苗	点　眼
4	18	传染性法氏囊病	弱毒苗	饮　水
5	28	传染性法氏囊病	弱毒苗	饮　水
6	30	新城疫	Ⅳ系苗	饮　水
7	60	禽霍乱	油乳剂灭活苗	皮下注射0.2毫升
8	90	禽霍乱	油乳剂灭活苗	皮下注射0.2毫升
9	120	新城疫	Ⅳ系苗	点　眼

表 11-5 鹌鹑常用疫苗

疫苗名称	性状	用途	用法用量	免疫期	说明
新城疫Ⅱ系或Ⅳ系冻苗	淡红或淡黄色疏松团块,加入稀释液后即溶解	预防新城疫	按瓶签标明的雏鸡头份加生理盐水或冷开水稀释点眼、滴鼻或饮水	15～60天	免疫期长短与母源抗体水平有关
新城疫油乳剂灭活苗	为乳白色带黏性乳状液	预防新城疫	适用于各种日龄的鹌免疫,每雏鹑皮下注射0.2毫升	10个月	必须经弱毒苗基础免疫
马立克氏病HVT冻干苗	白色疏松团块,加入微黄色透明的专用稀释液,即化为悬浮液	预防马立克氏病	按瓶签标明鸡的头份,使用专用稀释液稀释,1日龄雏鹑皮下注射0.2毫升	1年	疫苗稀释后仍要冷藏,并在2小时内用完
传染性法氏囊病冻干苗	淡红色疏松团块,加稀释液后即溶解	预防传染性法氏囊病	用鸡的头份给鹑饮水或点眼、滴鼻	15～60天	免疫期长短与母源抗体和免疫次数有关
禽巴氏杆菌病油乳剂灭活苗	为乳白色的乳状液	预防巴氏杆菌病	1月龄以上的鹌鹑,每只颈部皮下注射0.2毫升	6个月	
禽大肠杆菌病油乳剂多价灭活苗	为乳白色的乳状液	预防大肠杆菌病	雏鹑0.2毫升,种鹑0.5毫升,颈部皮下注射	2个月,免疫种鹑可提高母源抗体	
禽流感油乳剂灭活 H_5N_1 苗	为乳白色的乳状液	预防 H_5N_1 禽流感	颈部皮下注射	6个月	

（六）鹌鹑免疫经验

1. 原南京农业大学种鹌鹑场鹌鹑新城疫免疫程序

6～7日龄：新城疫首免，Ⅳ系弱毒苗（Lasota弱毒苗、克隆30苗，油乳剂灭活苗）饮水免疫，500头份/瓶。

28～30日龄：新城疫二免，同上，250头份/瓶。或Ⅰ系苗肌内注射接种（有效免疫期1年）。

4月龄：凡饮水免疫者，此期新城疫三免。以后每隔3个月进行免疫1次（250头份/瓶）。

如发生新城疫，则250头份/3瓶饮水免疫；或Ⅰ系苗紧急肌内注射接种。

2. 原北京市种鹌鹑场鹌鹑的新城疫气雾免疫法 原北京市种鹌鹑场多年施行新城疫喷雾免疫的经验值得借鉴。由于鹌鹑个体小，每批数量又大。因此，免疫程序的判定尽量与转群周期相结合。既可减少过多的应激反应，又便于生产、节省人力。试验结果表明，1日龄用新城疫克隆30苗大雾滴气雾进行首免，14日龄（法肉鹑），21日龄（朝鲜鹑）用新城疫克隆30苗大雾滴气雾二免，35日龄用Lasota苗滴鼻点眼与新城疫油佐剂灭活苗同时免疫的方法其效果显著，免疫确实。

3. 湖北神丹食品有限公司商品鹌鹑预防用药及免疫程序 见表11-6。

表11-6 推荐商品鹌鹑预防用药、免疫程序

序 号	日 龄	用药及免疫程序	备 注
1	1～3	开食前0.01%高锰酸钾饮水2小时，水溶性多维饮水1～3天	
2	4～6	氧氟沙星饮水3天（防止慢呼及大肠杆菌）	

续表 11-6

序 号	日 龄	用药及免疫程序	备 注
3	7～9	水溶性多维饮水	
4	8～10	禽流感—新城疫重组二联苗饮水免疫	免疫 2 周后测定新城疫和禽流感(ND-HI)抗体,禽流感效价 1：16 达 80% 以上为免疫成功
5	11～13	水溶性多维加氧氟沙星饮水 3 天	
6	14～18	驱球虫 4～5 天	投药前后检测球虫感染情况
7	19～21	水溶性电解多维	
8	25～27	水溶性电解多维,禽流感—新城疫重组二联苗饮水免疫	
9	29～30	水溶性电解多维饮水,禽流感 $H_5 + H_9$ 油乳剂苗胸部皮下注射	免疫 4 周后测定 ND-HI 和 AI-HI 抗体,HI 效价 1：16 达 80% 以上为免疫成功
12	160～170	产蛋高峰期后,禽流感—新城疫重组二联苗饮水免疫,每只倍量饮水	每 3～4 个月检测 1 次新城疫和禽流感抗体,HI 效价 1：16 达 80% 以上为免疫成功

引自湖北神丹食品有限公司资料

4. 农业部关于禽流感免疫计划　关于"2010 年国家动物疫病强制免疫计划"(《中国畜牧兽医报》2010 年 2 月 21 日)的附件"高致病性禽流感免疫计划"中指出:"鹌鹑等其他禽类免疫,根据饲养用途,参考鸡的相应免疫程序进行免疫。"

(1)**要求**　对人工饲养的鹌鹑等禽只进行高致病性禽流感强制免疫。

（2）**免疫程序** 规模养殖场可按推荐免疫程序，对散养家禽在春、秋两季各实施一次集中免疫，每月对新补的家禽要及时补免。

①种鹑、蛋鹑免疫 雏鹑 7～14 日龄时，用 H_5N_1 亚型禽流感灭活疫苗或禽流感—新城疫重组二联活疫苗（rL-H_5）进行初免，在 3～4 周后可再进行 1 次加强免疫。开产前再用 H_5N_1 亚型禽流感灭活疫苗进行强化免疫。以后根据免疫抗体检测结果，每隔 4～6 个月用 H_5N_1 亚型禽流感灭活苗免疫 1 次。

②商品代肉鹑免疫 7～14 日龄时，用禽流感—新城疫重组二联活疫苗（rL-H_5）初免；2 周后，用禽流感—新城疫二联活疫苗（rL-H_5）加强免疫 1 次。或者，7～14 日龄时用 H_5N_1 亚型流感灭活苗免疫 1 次。

（3）**紧急免疫** 发生疫情时，要对受威胁区域的所有家禽进行 1 次强化免疫；边境地区受到境外疫情威胁时，要对距边境 30 千米范围内所有家禽进行 1 次强化免疫。最近 1 个月内已免疫的家禽可以不强化免疫。

（4）**免疫方法** 各种疫苗免疫接种方法及剂量按相关产品说明书规定操作。

（5）**免疫效果监测** 实行常规监测与随机抽检、集中监测相结合。各地应对免疫抗体进行及时检测，农业部将组织两次全国性免疫效果监测和评价活动。

①检测方法 血凝抑制试验（HI）。

②免疫效果判定 弱毒疫苗的免疫效果判定：商品代肉雏第二次免疫 14 天后，进行免疫效果监测。鹑群免疫抗体转阳率≥50％判定为合格。

灭活疫苗的免疫效果判定：家鹑免疫后 21 天进行免疫效果检测。禽流感抗体血凝抑制试验（HI）抗体效价≥24 判定合格。

存栏鹑群免疫抗体合格率≥70％判定为合格。

5. 饮水免疫的几点注意事项 疫苗免疫接种是激发动物机

体产生特异性抵抗能力,使易感动物转化为不易感动物的一种有效手段。饮水免疫以其方便、省事省力及免疫应激小等优点,已被大多数养殖户应用。但很多饲养者对饮水免疫的操作规程和具体实施细节还认识不深,掌握不够,不能充分发挥饮水免疫的作用,招致免疫失败。

为使饮水免疫收到最理想的效果,须遵守以下原则:

第一,饮水免疫前将供水系统及饮水器彻底冲洗干净,但不可用洗涤剂和消毒药冲洗。

第二,饮水免疫前后3天,在饮水中加入适当比例的维生素电解质如维博100等,以减少免疫应激。

第三,饮水中先加入0.3%～0.5%脱脂奶粉或专用疫苗保护剂,如瑞普公司的"活力宝",然后再加入疫苗,以减少水中重金属离子对疫苗的影响。

第四,饮水免疫用水应是深井水或凉开水。饮水中不应含有任何使疫苗灭活的物质,如氯、锌、铜、铁等离子;若用自来水(有的含漂白粉)须先煮沸3～5分钟,放置过夜后再用。

第五,为使所有雏禽都有口渴感以便都饮到疫苗水,须在免疫前停水2～4小时(视季节和舍温而定)。一般夏季短(1～3小时),冬季长(3～4小时)。

第六,饮水免疫最好在上午进行,以减少外界环境(阳光、温度)对疫苗的影响。

第七,饮水器要充足且摆放合理,使每只禽都有饮水槽位。饮水器万一不够时,可分批进行。疫苗应做到现稀释现使用。

第八,饮水免疫时,疫苗用量不宜过大,一般2～4倍液即可。应根据说明书或遵医嘱。

第九,稀释疫苗的水要适量,不宜过多或过少。应根据免疫禽群日龄大小、停水时间长短、舍温高低来确定饮水量。疫苗水应在1.5～2小时内饮完。1周龄雏鹌每只以3毫升为宜,1月龄后以5

毫升为宜。为了准确定量,可在确定免疫日龄后连续测定前 2 天在同一时间段内鹑群的饮水量。取其平均值来确定饮水量。

第十,开启疫苗时应在水中进行,以防外源污染;倒入水中后,用清洁木棒或玻璃棒搅拌,使疫苗和水充分拌匀,迅速加入到饮水器中。尽可能使鹌鹑同时喝到疫苗水。

第十一,对于较大鹌鹑群,免疫时可采用先溶解部分疫苗的办法。先将 2/3 的疫苗溶解于 2/3 的饮水中给鹌鹑饮用。待饮完后,再将余下的 1/3 疫苗如法溶解于 1/3 饮水中给鹑群饮用。

第十二,饮完疫苗水后,最好在 1 小时后再添加饲料,以使疫苗在禽体内被充分吸收。

第十三,饮水免疫前 2 天和后 3 天不能用消毒药饮水或喷雾消毒,也不能使用抗病毒药或抗菌药。

第十四,饮水器不能用金属制品,最好用塑料或搪瓷容器。

第十五,疫苗水未被喝完前,不可供给其他饮水,直至免疫禽群饮完后才正常供水。

(七)药物与药物防治

一个鹑场可能发生各种疾病,其中有的疾病可用疫苗预防(如新城疫等),但还有许多疾病尚未研制出疫苗或疫苗的效果不甚理想(如大肠杆菌病、沙门氏菌病等)。因此,对于这些疾病除了加强饲养管理,搞好常规的防疫卫生工作外,应用药物防治也是不可忽视的。何况某些药物还能调节禽类代谢,促进生长,改善消化吸收功能,提高饲料的转化率等,所以越来越多的药物已应用于养鹑业中。为了正确地使用药物,以达到防治鹑病的目的,必须简要了解鹌鹑常用药物知识。

1. 药物的作用　药物的作用具有两重性,对病鹑既有抗病作用,同时又可能对机体产生有害的或与治疗目的无关的不良反应。

(1)治疗作用　如使用抗生素、磺胺类、抗寄生虫等化学药物,对病鹑体内的细菌和寄生虫有直接抑制或杀灭作用。又如应用维生素或微量元素治疗鹑类某些营养缺乏症或代谢病，若是用药正确，可收到立竿见影的效果。此外，对某些普通病还可进行对症治疗，如适当使用健胃、止泻、收敛、补液、解毒等药物也可取得良好的效果。

(2)不良作用　特别是用药量过大或用药时间过长，或个体敏感性较高时，往往会产生超过鹑体耐受能力的严重损害，甚至死亡，这种对机体的损害作用称为"毒性反应"，如磺胺类药物等都可能产生毒性反应。由于鹑的生长期短，用药后这类药物还能残留在鹑的胴体和蛋中，作为人的食品也是不合格的。因此，在使用药物时应了解药物的特性、剂量、疗程及病鹑的体况，尽量避免或减少不良反应。

2. 鹌鹑给药的方法和技术　根据药物的特性和鹌鹑的病情及生理特点，选用不同的给药方法，对于提高药物的吸收速度，利用程度，药效出现的时间及维持时间等都有重要的作用。鹌鹑的给药方法有以下几种。

(1)混于饲料　这是鹌鹑的一种常用给药方法。适用于需要长期、连续投服的药物；不溶于水或加入饮水中使适口性变差或影响药效的药物。笼舍使用长流水的饮水槽，无法在水中添加药物，也应混入饲料喂给。通常抗球虫药、促进生长药及控制某些传染病的抗菌药物均可混于饲料中给予。

为了保证所有鹌鹑都能吃到大致相等数量的药物，必须使药物和饲料均匀混合，在没有搅拌机的情况下，一般的做法是先把药物和少量的饲料混合均匀，然后把这些混合均匀的少量饲料加入到大批饲料中，继续混合均匀。对于某些容易引起中毒的药物如诺氟沙星等，尤其要注意混合均匀。

(2)溶于饮水　本法是将药物溶解于水中，让禽类自由饮用，对于不进行饲料加工的鹑场来说，此法更为方便。常适用于短期投药,如只要服 1～2 天;紧急治疗投药;病鹑已不吃料,但还常饮水。

要求药物易溶于水,若只有部分溶于水的药物,必须在饮用过程中不断加以搅拌,才能保证均匀。为了避免药物在水中失效,最好在半小时内饮完。

药物溶于饮水时,也应由小量逐渐扩大到大量;不能向流动着的水中直接加入药剂,因为那样不能保证药物的准确剂量。

某些药物如链霉素,虽然易溶于水,但不能经饮水投药,因为本品不能从消化道吸收进入血液,因而对消化道以外的病原不起作用。

(3)肌内和皮下注射 此法常应用于预防接种和治疗鹌鹑的疾病。肌内注射法吸收较快,药物作用的出现也较稳定,若为有刺激性的药物,应采用深层肌内注射,注射部位有翼根内侧肌肉、胸部肌肉及腿部肌肉。实践证明,翼根内侧肌内注射较安全,因胸部肌内注射时,如果操作不熟练,往往可误将药物注入心、肺或肝,造成死亡。腿部外侧肌内注射有时会误伤神经,引起跛行。皮下注射常选用在颈部或腿内侧皮下,油乳剂苗或注射药液量较多时,适合皮下注射。

进行皮下注射时,需一助手保定鹌鹑,注射局部要注意消毒,特别在疫病流行时要经常更换针头。

鹌鹑常用的药物见表 11-7。

表 11-7 简明鹌鹑常用药物表

药物名称	规 格	用 法	用 量	作用及用途
青霉素	粉针剂,80 万单位(瓶)	口 服	2000 单位/只	对细菌和球虫感染均有治疗作用,溶于水中应于 2 小时内饮完。
		肌内注射	5 万单位/只	对禽霍乱、大肠杆菌病等急性感染,肌内注射效果较好

续表 11-7

药物名称	规　格	用　法	用　量	作用及用途
链霉素	粉针剂,1克/瓶	肌内注射	0.05克/只	用于细菌性感染,特别对革兰氏阴性菌和结核菌有效
土霉素	粉　剂	拌　料	0.05%	为广谱抗生素,对某些立克次氏体、支原体、大型病毒也有抑制作用
卡那霉素	注射剂,1克/2毫升	肌内注射	0.02克/只	对青、链霉素等抗生素产生抗药性后,对本品仍敏感
泰乐菌素	粉　剂	饮　水 拌　料	0.5～1.0克/升 0.2～0.5克/千克饲料	为畜禽专用抗生素,有广谱抗菌作用;并能缓解应激,增加产蛋率,提高孵化率
壮观霉素	粉　剂	饮　水 肌内注射	1克/升 50毫克/只	为广谱抗生素,对呼吸道、肠道的细菌性感染均有防治作用,预防以饮水为佳,治疗以注射为宜
制霉菌素	片　剂	投　服	50万单位/片 1万单位/只	对真菌感染有效,用于治疗曲霉菌病
新诺明	粉　剂	拌　料	0.25克/千克饲料	抗菌作用较强,对细菌、球虫、原虫均有抑制作用,连续大量应用要防止中毒
喹乙醇	粉　剂	拌　料	30毫克/千克饲料	有较强的杀菌作用,并能促进增重,常作为饲料添加剂。毒性较大,过量能中毒致死
氟哌酸（诺氟沙星）	粉　剂	拌　料	1克/千克饲料	属喹诺酮类抗菌药,广谱、高效、速效
氨丙啉	粉　剂	拌　料	0.125克/千克饲料	抗球虫药,但易产生耐药性,因此要几种抗球虫药交替使用

3. 病鹌用药量的计算方法

（1）拌料给药用药量的计算方法　其用药量的计算方法是：每

日鹌鹑的用料总量×按要求欲配用的药物浓度＝用药量,用药量÷所用药物的纯度＝用药克数。

例如,有 2 周龄雏鹑 500 只患球虫病,计划在饲料中加入 2/1000000 的地克珠利进行治疗。已知 2 周龄的 500 只雏鹑日喂料 5 千克,地克珠利的使用纯度是 0.2%,可以知道饲料中药物的添加量为 0.000002×5(千克)÷0.002＝5 克,所以在每天的饲料中加入 10 克 0.2% 的地克珠利制剂就可以达到对球虫的治疗作用。

(2)饮水给药用药量的计算方法

配制方法是:饮水量×药物的添加浓度÷药物的纯度＝每天的药物添加量。但是,一般情况下,畜禽的用药都是分顿分次饮用,可以根据药物的半衰期确定药物的使用次数。

以在水中加入 50/1000000 恩诺沙星为例,其计算方法是:已知恩诺沙星的浓度为 5%,也是 2 周龄的鹌鹑发生呼吸道疾病,计算每次的使用量,每天饮水 2 次。已知 500 只雏鹑日喂水量是日喂饲料量的 2 倍,计算结果如下:5(升)×1000×2×0.00005÷0.05÷2＝5 克,即,每次饮水药物使用量为 5 克,每天 2 次。

三、鹌鹑常见病的诊断与防治

(一)禽流感

禽流感的全称是禽流行性感冒,由 A 型流感病毒引起,是禽类的一种急性、高度致死性的传染病。本病不仅给养禽业造成巨大的经济损失,其变异株还可能传染给人,给人类带来灾难。因此,引起了世界各国的重视。

禽流感病毒属正黏病毒科流感病毒属。病毒表面有两种抗原,即血凝素(HA)和神经氨酸酶(NA),可将病毒区分为 H_1-H_5

型，N_1-N_9 型，则可组合成 135 种亚型。其中以 H_5N_1 型、H_7N_7 等毒株的危害最大。

【诊断要点】

第一，鸡和水禽的易感性最高，鹌鹑也能感染，并可引起大批死亡。

第二，病禽及其尸体是主要的传染源，也可通过带毒的候鸟而导致远程传播。

第三，病禽的粪便、羽毛、排泄物等经消化道、呼吸道、皮肤损伤和眼结膜等途径传播，病鹑的蛋可带毒，造成出壳后的雏鹑大批死亡。其他日龄的鹑感染后发病率和病死率也很高。

第四，潜伏期为 3～5 天。流行病首先出现最急性病例，病鹑见不到任何症状而突然大批死亡。

第五，急性病例的病程为 1～2 天，体温升高至 43℃ 以上。病鹑精神沉郁，不吃不喝，羽毛松乱，头、翅下垂，不愿走动。眼睑水肿，眼结膜发炎，分泌物增多，呼吸困难，鼻分泌物增多，病鹑常摇头，企图甩出分泌物。有的出现神经症状，有的发生瘫痪和眼盲，发病率和病死率为 50%～100%。

第六，特征性的病变为口腔、腺胃、肌胃角质膜下层和十二指肠出血，腹部脂肪和心肌均有散在性的出血点，肝、脾、肾、肺见有灰黄色的坏死灶，心包积液。

第七，确诊本病必须做实验室诊断，一旦发现可疑本病，应逐级上报主管部门，由专门机构来负责进行检测。

据 2002 年报道，北京检疫局等单位已研制成功利用分子分离手段进行检测禽流感的方法。检测时间已由原来的 21 天缩短为 4 小时。从而为快速诊断、及时监控禽流感争得了时间。

【防治要点】

第一，所有鹌鹑都要同其他家禽一样，进行 H_5N_1 禽流感灭活苗的免疫接种。

第二，发现疫情及时上报，主管部门要正确诊断，划区封锁，执行坚决扑杀、彻底消毒、严格隔离、强制免疫，实行以扑杀为主的综合措施。

（二）新 城 疫

新城疫俗称鸡瘟，是由病毒引起的鸡的一种急性高度接触性传染病，鹌鹑、鸽也能感染。病的特点为发热，呼吸困难，严重腹泻，神经紊乱及黏膜、浆膜出血等败血症变化。由于本病分布广，传播快，病死率高，会给养鹑业带来严重的经济损失，为鹌鹑的首要传染病。

【诊断要点】

第一，本病以鸡最敏感，鹌鹑、鸽、火鸡也能感染，一年四季都可发生。

第二，病鹑表现精神沉郁，食欲下降，叫声减弱，羽毛松乱、无光泽，腹泻，粪便呈白色或草绿色。少数病鹑后期斜颈，转圈，翅下垂。耐过鹑留下瘫痪等后遗症，蛋鹑的产蛋量明显下降，并出现白壳无花纹蛋、软壳蛋、小个蛋等异常蛋。

第三，主要病变为出血性败血症，尤其腺胃乳头出血，十二指肠与空肠黏膜弥漫性出血，卵巢有明显的出血点。

第四，可从肺、脾中分离出新城疫病毒，对病鹑群中随意采血做 HI 测定，可发现 HI 抗体高低不一，对慢性病例可测出较高的新城疫 HI 抗体。

【防治要点】

第一，病鹑无治疗价值，目前也无法治疗，必须及早淘汰。发病初期，在淘汰病鹑的基础上，对其他假定健康鹑立即用鸡新城疫Ⅳ系苗进行紧急免疫接种，每鹑肌内注射 2 头份。注意经常更换注射针头。

第二，平时要重视免疫接种，新城疫的免疫程序，科学的方法

是通过 HI 抗体检测后才能确定。一般来讲,首次免疫在 6～10
日龄进行(Ⅳ系苗点眼、滴鼻),经 10～15 天后进行二次免疫(Ⅳ系
苗饮水),若是蛋鹑或种鹑,于产蛋前 2 周用新城疫油乳剂苗皮下
注射 0.2 毫升,可获得较有效的免疫力,并含有较高的母源抗体,
使该种鹑孵出的幼鹑,在 2 周内可获得被动免疫。

(三)传染性法氏囊病

传染性法氏囊病是仔鸡的一种急性病毒性传染病,鹌鹑、火鸡
等禽类也能发生,主要侵害鸡的体液免疫中枢器官——法氏囊。
其特征是突然发病,呈尖峰式发病和死亡曲线,病禽表现腹泻(白
色稀粪),运动失调,精神沉郁,废食,法氏囊显著肿大,胸肌和腿肌
呈条片状出血。由于本病传播快,流行广,防治困难,因而损失严
重。近年来,鹌鹑的法氏囊病也不断有报道,应引起养鹑工作者的
重视。

【诊断要点】

第一,本病主要发生于鸡,鹌鹑间有发生,以 3～5 周龄最易
感,4～6 月份为流行高峰季节,发病突然,蔓延迅速,发病率高,病
死率 3%～30%。

第二,病鹑表现减食,委顿,扎堆,昏睡,羽毛蓬松,排出白色水
样稀便,有脱水症状,经 1 周后病死数明显减少,迅速康复。药物
防治无效。

第三,法氏囊肿胀,囊内黏膜水肿、充血、出血、坏死,并有奶油
色或棕色的渗出物,病程稍长者法氏囊萎缩。胸肌、腿肌有条片状
出血斑。

第四,实验室诊断常用的是琼脂扩散试验。病鹑感染本病
24～96 小时内,法氏囊中病毒含量最高,可用已知阳性血清检查
法氏囊匀浆中的抗原。感染 6 天以上,可检查出病愈鹑血清中的
沉淀抗体,该抗体可维持 10 个月不消失。

【防治要点】

第一,本病流行的严重程度及病死率的高低,除了与毒株的毒力强弱有关外,还与鹑舍的环境温度,通风换气,饲料营养及各种应激因素有关。因此,要注意改善鹑群的环境条件,避免应激发生。

第二,免疫接种是控制法氏囊病的重要措施。目前国内通用的是中等毒力的疫苗,首次免疫在 18 日龄左右,经 10 天左右进行再次免疫,可获得较好的免疫效果。

第三,当鹑群发生法氏囊病后,在改善饲养条件的基础上,饮水中可加 5% 的糖和 0.1% 的盐,病的初期还可注射抗法氏囊病高免血清或卵黄抗体。

(四)马立克氏病

马立克氏病是由病毒引起的鸡的一种高度传染性肿瘤性疾病,特征是神经型表现腿、翅麻痹,内脏型可见于各内脏器官、性腺等部位形成肿瘤。本病鹌鹑也能发生,近年来国内外均有鹌鹑马立克氏病的报道。在养鹑生产中证明,只要正确地接种马立克氏病疫苗是完全可以控制本病的。

【诊断要点】

第一,幼鹑对本病十分易感,但一般要在 10 周后才表现出症状或死亡。据报道,日本鹌鹑对本病的易感性最大,母鹑的易感性大于公鹑。

第二,病鹑精神不振,消瘦,贫血和不断死亡,剖检可见到内脏如心、胃、肝、脾等器官出现局部或全部不同程度的肿瘤,即可确诊。

【防治要点】

第一,本病目前无法治疗,关键在于预防。疫苗接种是防治本病的重要措施,常用的是火鸡疱疹病毒疫苗(HVT)。雏鹑刚出壳

1 日龄即应接种,皮下注射 0.2 毫升(1 头份鸡的用量)。

第二,在接种疫苗的同时还要预防雏鹌的早期感染,注意雏鹌环境的消毒和隔离,切勿大、小鹌鹑混养。

(五)沙门氏菌病

沙门氏菌遍布于外界环境,目前已知沙门氏菌属包括近 2 000 多个血清型,但经常危害人、畜、禽的沙门氏菌仅 10 多个血清型。鹌沙门氏菌病表现为败血症和肠炎,包括白痢病和副伤寒等。

沙门氏菌病是很早就被人们所认识的一种细菌性疾病,本病在许多地区不断地发生和流行,是困扰养鹌业发展的严重疾病之一,已引起人们的关注。

【诊断要点】

第一,鹌白痢可因种鹌感染本病而垂直传染,也可水平传播,主要发生在 2 周龄以内的雏鹌。症状表现为精神委靡,缩颈闭目,离群呆立,不时发出尖叫声,白色糊状粪便往往堵塞肛门。

第二,日龄较大的鹌往往发生副伤寒和伤寒,主要发生于饲养管理条件较差的鹌场,呈散发或地方性流行,病鹌表现食欲废绝,腹泻,排出黄绿色的稀便,极度消瘦。剖检可见肝、脾肿大,有坏死病灶,小肠黏膜增厚或呈出血性炎症。

第三,种鹌可用鸡白痢血凝试验方法诊断,血清阳性者,即可诊断为鸡白痢或副伤寒病的感染者。

【防治要点】

第一,对种鹌应定期进行鸡白痢检疫,淘汰阳性种鹌,这是杜绝垂直传播的重要手段。

第二,注意饲养管理和环境卫生,一旦发现本病流行,即对病鹌进行隔离,同时用抗菌药物进行防治。链霉素按 0.05％饮水投服,连用 25 天;青霉素每只每次 1 万单位,肌内注射,早晚各 1 次;金霉素按每只每天 6 毫克拌料饲喂;0.04％土霉素混料饲喂,连喂 5～7 天。

（六）大肠杆菌病

鹌鹑大肠杆菌病是由致病性大肠埃希氏杆菌引起的一种人类和其他动物共患的多型性传染病，包括急性败血症、脐炎、气囊炎、肝周炎、肠炎、关节炎、肉芽肿、输卵管炎及蛋黄腹膜炎等。分别发生于鹌鹑的胚胎期至产蛋期。

由于大肠杆菌是构成人类和动物正常肠内细菌区系的主要部分，因此分布很广泛，但同时也存在着少数有致病力的菌型。从病鹑体内分离到的血清型菌株，仅对鹑有致病性。

随着养鹑业的发展，鹑的饲养密度的增加，大肠杆菌病的流行也日趋增多，造成鹑的成活率下降，胴体的级别降低，给养鹑业带来较大的经济损失。

【诊断要点】

第一，本病的传播途径有 3 种：①母源性种蛋带菌，垂直传递到下一代的雏鹑；②种蛋内部不带菌，但蛋壳表面被粪便沾污，未经清洗和消毒，细菌在种蛋保存期或孵化期侵入蛋内部；③接触传染，被致病性大肠杆菌污染的饲料、饮水、垫料、空气等是主要的传播媒介，可通过消化道、呼吸道、脐带、皮肤创伤等途径感染。

第二，鹑的大肠杆菌病有多种表现，最常见的是大肠杆菌性败血症，4～6 周龄的鹑多见，呈散发或地方性流行，病死率可达5％～50％，出现全身症状后，衰竭死亡。主要病变是肝表面有白色附着物（为肝周炎），以及心包炎、气囊炎等病变。本病往往与其他疾病并发或继发感染。

【防治要点】

第一，搞好饲养管理和环境卫生是防治本病的基本条件。种蛋要经消毒后才能孵化，孵化机、出雏机要经常消毒。

第二，在本病常发地区可用疫苗接种，种鹑可用油乳剂灭活菌苗接种，以增强其母源抗体，使雏鹑有一定的被动免疫力。

第三,已发病的鹑群可用药物防治,如土霉素、庆大霉素、壮观霉素、诺氟沙星等。一般可拌料或掺入饮水中口服,对于重病鹑,若进行肌内注射治疗,效果更好。具体使用的剂量,参看简明常用药物表。

(七)巴氏杆菌病

巴氏杆菌病是多种动物共患的传染病,鹌鹑巴氏杆菌病是由禽多杀性巴氏杆菌引起的,又叫禽霍乱。对鸭、鹅、鸡的危害较大,发生也很普遍。本病是一种以急性败血性及组织器官的出血性炎症为特征的传染病,常伴有恶性腹泻症状,有较高的发病率和死亡率。

【诊断要点】

第一,鸡、鸭对本病最易感,其次是鹌鹑。因此,鹌鹑场或其周围若饲养这类家禽,极易将本病传入。

第二,最急性型巴氏杆菌病,往往可突然死亡,然后出现急性型,病鹑表现体温升高,食欲废绝,低头垂翅,呼吸困难,排出草绿色的稀便,病的后期出现跛行,关节肿大。主要病变为出血性败血症,肝、脾有针尖大小、灰白色的坏死灶,是本病的特征性病变。

第三,实验室诊断通常是取肝或脾及心血,做触片或涂片,经美蓝等染色溶液染色后镜检,看到有两端浓染、像双球菌形态的巴氏杆菌,即可初步诊断。

【防治要点】

第一,鹌鹑不能与其他禽类(如鸡、鸭等)混养,一旦发现本病,立即严格处理病死鹑,防止病原扩散。

第二,在本病常发地区或鹑场,可用禽巴氏杆菌灭活苗进行有计划的预防接种。

第三,当鹑场发生本病或受到威胁时,立即进行抗菌药物预防(用法、用量参看简明常用药物表),至少连续用药1个疗程(3~5

天)。最好选几种药物交替使用,避免产生耐药性。

(八)鹌鹑传染性支气管炎

鹌鹑支气管炎是由一种禽腺病毒引起的急性、高度传染性呼吸道疾病,本病于 1950 年在美国西弗吉尼亚的北美白色短尾鹌鹑中首次发现,以后在世界许多养鹑的国家和地区都有报道,我国也证实有本病的存在,故应引起高度的重视。

【诊断要点】

第一,本病可发生在 1～8 周龄的鹑群中,尤以 4 周龄以下的鹌鹑最易感,发病率可达 100％,病死率通常超过 50％。鸡呈隐性感染并能成为传染源。

第二,本病在鹑群中突然发生,迅速传播,表现咳嗽,打喷嚏,衰竭,呼吸有水泡音。鹑群扎堆,精神沉郁,减食,有的出现结膜炎、流泪。主要病变是气管和支气管中有大量黏液,气囊混浊,结膜炎,鼻窦或眶上窦充血。

第三,实验室诊断,可将病鹑的眼球水状液、气管气囊或肺悬液,接种于 9～11 日龄鸡胚的绒毛膜尿囊,在接种后第六天时低温致死鸡胚并收获尿囊液盲传 3～5 代,随着继代次数的增加,胚胎死亡率亦增加,并出现典型的胚胎病变。

【防治要点】

鹌鹑支气管炎目前尚无特效药物治疗。预防可用呼吸型传支,可用新城疫传支二联苗。肾传支和腺胃型传支可选择油乳剂灭活苗进行免疫。平时可采用一般的常规防治措施,如隔离病鹑,提高育雏舍和鹑舍的温度,保持空气适度流通,避免饲养密度过大,鹑舍用福尔马林溶液熏蒸消毒后再用含氯或含碘制剂消毒。病鹑未彻底清理之前,暂停进雏。

据报道,强力三环鸡宝有相当疗效,用 0.1％～0.2％浓度饮用,对雏鸡支气管炎的疗效可达 90％～92.5％,可以试用。在发病期间,在饲料中增加维生素 A、维生素 C,饮水中按说明书混饮肾肿解毒药,有利于促进鹑群的康复。

此外,为防止继发症,可以投以其他抗生素,如青霉素、链霉素、红霉素、诺氟沙星、恩诺沙星等,都有一定疗效。如本地区经常发生本病,可考虑使用油苗在鹌鹑开产前免疫,可达到较好的预防效果。

(九)溃疡性肠炎(鹌鹑病)

溃疡性肠炎是由鹑梭状杆菌引起的以肠道溃疡和肝脏坏死为特征的家禽传染病,因最早发现于鹌鹑,故亦称鹌鹑病。

【诊断要点】

第一,4~12周龄的鹌鹑最易感,呈地方性流行,主要通过消化道传播。苍蝇是本病传播的主要媒介。使用变质、不洁的饲料,长期阴雨潮湿可诱发本病。

第二,主要症状是食欲不振,不断饮水,腹泻,排出含有尿酸盐的白色稀便,以后转为绿色或褐色的水泻样便,病鹑弓背,闭眼,羽毛松乱,动作迟缓。病程 5~10 天,幼鹑的死亡率很高。特征性的病变是十二指肠和小肠出血,盲肠上有灰黄色的坏死灶,肝充血、肿大和出血。

【防治要点】

第一,加强饲养管理。注意做好日常的清洁卫生工作,发现本病后应对环境做彻底消毒。

第二,药物治疗。口服或注射抗生素或其他抗菌药物,有良好的效果。如四环素或金霉素按 0.03% 混料饲喂,连用 7 天。杆菌肽锌可作饲料添加剂,每千克饲料加入 0.1~0.2 克;链霉素亦可。

(十)球 虫 病

鹌鹑球虫病是由艾美耳科的各种球虫寄生于鹑的肠道引起的

疾病，15～30日龄的雏鹑易感。病鹑表现为贫血、消瘦和血痢。急性感染可造成大批鹌鹑死亡；中、轻度感染主要影响鹌鹑生长发育，并降低对其他疾病的抵抗力。本病分布很广，是条件简陋鹑场的一种常见病、多发病，呈地方流行性，可给养鹑业造成较大的损失。

【诊断要点】

第一，本病可感染各种日龄的鹑，但2周龄以前的鹑因受到母源抗体的保护，所以发病较少，以15～30日龄最易感，未与球虫接触过的成鹑仍然敏感。温暖多雨的季节有利于球虫卵发育，易造成流行。

第二，病鹑排出黄褐色稀便或混血便，精神沉郁，食欲减退，羽毛松乱，生长停滞，肛门周围羽毛被排泄物污染，以后便血更严重，最后痉挛，昏迷而死。成年鹑感染多呈慢性，逐渐消瘦，产蛋率下降，死亡率不高。主要病变在盲肠或小肠，充血、出血和内容物混有血液。

第三，实验室检查。采集粪便涂片镜检，可见到大量球虫卵。

【防治要点】

第一，加强饲养管理，搞好环境卫生，保持舍内干燥，特别是育雏舍要彻底消毒。创造条件实行笼养和网养，可减少球虫病的发生。

第二，防治药物很多，一般都放在饲料或饮水中投服，为了防止耐药性的产生，应经常更换药物。常用的几种防治药物的用量用法：①球痢灵，治疗量按0.025％的比例加入饲料中喂给（即10千克饲料中加入球痢灵2.5克），连用3～5天，预防量减半；②盐霉素（优素精），预防量按0.005％比例混入饲料（即10千克饲料中加入本药0.5克），可长期服用，无须休药期；③氨丙啉（安宝乐），用量用法同球痢灵；④大群治疗常用青霉素饮水投服，每只按8 000～10 000单位给药，连用5～7天；⑤敌菌净按0.02％～0.04％

混料喂给,连用 5～7 天。必要时可多用 1 个疗程以巩固疗效。

(十一)鹌鹑的中毒病

本病多发生于违规正常饲养管理与自配饲料的养殖户中,常招致不同程度的经济损失。

1. 食盐中毒　多由于饲料中咸鱼粉、虾糠等含盐量过高而引起中毒。饲料中含盐量 1％时就可发生中毒。

【诊断要点】

第一,患鹑食欲废绝,极度口渴,大量饮水,嗉囊也因饮水过多而扩张,口鼻流涎,两脚无力或麻痹,运动失调,呼吸困难,腹泻,抽搐,最后虚脱衰竭而死。

第二,剖检可见嗉囊充满黏液,黏膜脱落,腺胃黏膜充血,小肠糜烂性肠炎,黏膜充血,腹腔和心包中积液,肺水肿,心脏有出血点。

【防治要点】

第一,对一切含盐的饲料,应测算其食盐量后限量使用。在鹌鹑饲料中食盐控制在 0.3％。

第二,一旦发现中毒,立即更换饲料,充分供给饮水,同时在饮水中加葡萄糖或白糖和维生素 C,饲料中增加维生素用量和加入适量的抗生素药物,防止继发感染。

2. 霉变饲料中毒　多因使用饲料霉变或饲料因故霉变而致中毒。

【诊断要点】

第一,病鹑食欲减少,精神委靡,腹泻。

第二,剖检可见腹部有淡黄色腹水,心包积液,肝脏变性时有出血点,肠胃黏膜脱落,盲肠有糜烂性溃疡等。

【防治要点】

第一,不饲喂霉变饲料。

第二,如有鹌鹑中毒现象,立即换饲料,可应用制霉菌素治疗,每只每日用 0.5～1.0 毫克,混饲,连用 3～5 天。

3. 喹乙醇中毒　鹑群使用喹乙醇过量或时间过长,而引起中毒。

【诊断要点】

第一,病鹑精神沉郁,羽松缩头,闭眼昏睡,食欲和饮欲下降或废绝,腹泻,偶见有甩头、抽搐等神经症状。产蛋率明显下降,幅度为 40%～50%,高者达 50% 以上。

第二,剖检可见皮下充血,小点状出血;肝肿大,呈紫色,质脆;脾肿大;肾肿胀色淡,肾小管及输尿管含灰白色尿酸盐;脑血管充血;口、鼻腔内积有大量黏液,腺胃黏膜出血,肠黏膜出血、糜烂脱落,肠腔内充满淡黄色泡沫样液体;泄殖腔黏膜小点状出血,有时可见盲肠扁桃体肿胀,小点状出血。

【防治要点】

第一,严格控制喹乙醇的用量和使用时间。作为饲料添加剂应用时,其浓度为 25～35 毫克/千克。每用 5～7 天应停药 2～3 天。

第二,作为治疗时,喹乙醇浓度为 5～10 毫克/千克体重,用药时间不超过 3 天。

4. 亚硒酸钠中毒　多因饲料中添加亚硒酸钠超过正常量,或搅拌不匀所致。

【诊断要点】

第一,病鹑精神呆滞,羽毛蓬松凌乱,两翼下垂,站立不稳,口流黏液,食欲废绝,腹泻等。

第二,死鹑全身皮肤呈紫色,皮下淤血;腺胃、肠道黏膜出血,内容物有蒜味;肝肿大、淤血,呈紫红色;肾肿大,有出血点;心脏内外膜均有小点状出血。

【防治要点】

第一,配料时正确使用亚硒酸钠添加剂,并搅拌均匀。

第二,治疗时,可将硫酸亚铁 10 克,氧化镁 15 克溶于 500 毫升水中,每只鹌鹑每次饮用此液 3～5 毫升,每 4 小时 1 次;同时服用 3%～5% 葡萄糖溶液,自由饮水,连续 5 天。

第十二章　我国养鹑企业、合作社和协会范例

一、神丹集团鸟王种禽有限责任公司

神丹集团鸟王种禽有限责任公司创建于 1996 年,位于风景秀丽的湖北省安陆市黄荆山,是湖北省禽类养殖行业重点龙头企业之一。

目前,神丹集团鸟王种禽公司占地 5.3 公顷(80 亩),拥有标准的孵化车间,引进国内最先进的智能电脑孵化设备 8 台,出雏机 3 台,建有企业标准化蛋鹑舍 9 栋、育雏舍 2 栋,引进了国内先进的养殖自动控温设备、通风设备、自动饮水设备、自动喂料、除粪等配套养殖生产线。拥有年孵化 150 万只鹌鹑的孵化车间,育雏车间满负荷存笼 20 万只,蛋鹑车间满负荷存笼 100 万只的生产能力。公司融饲料加工、鹌鹑养殖、鹌鹑蛋深加工和有机肥生产为一体,是国家农业产业化重点龙头企业之一。

公司致力于国内外蛋鹌鹑的育种改良工作,与湖北省农业科学院等多家科研单位建立起紧密的合作关系。经长达 8 年的时间选育小型黄羽系鹌鹑与栗羽系鹌鹑,组成自别雌雄配套系用于生产,自别雌雄准确率达 100%。鹌鹑育雏成活率高达 97%,13～14 周龄产蛋达到高峰,高峰产蛋率达 92% 以上,85% 以上产蛋率可以持续 3 个月以上,其产蛋性能居国内先进水平,料蛋比低于 2.6:1,105 日龄平均蛋重保持在 10～11 克/个,开产体重保持在 120 克/只左右。

公司生产的优质绿色神丹牌鹌鹑蛋系列产品,采用优质腌制技术、机器剥壳技术、杀菌技术、真空包装技术,加工成鹌鹑皮蛋、咸蛋、茶香蛋等,风味独特,产品远销日本、俄罗斯、韩国和意大利等。

公司将进一步扩大规模。计划新增 4 栋标准蛋鹑车间,引进国内外最先进的自动喂料设备,进一步完善卫生防疫体系,确保绿色蛋品的生产。

二、江苏省赣榆县鹌鹑产业

赣榆县鹌鹑产业已有 22 年历史。鹌鹑产业在该县畜牧业中占有十分重要的地位,年产值近 10 亿元,对于促进农业增效,农民增收起到重要作用。

自 1986 年金山镇首次引入北京白羽鹌鹑、朝鲜鹌鹑良种饲养以来,规模不断扩大,品种不断更新,技术不断提高,产品不断丰富,经销队伍不断扩大。后又引入南农黄羽鹌鹑良种(占饲养量的80％),生产率大大提高。目前,全县鹌鹑饲养量已达 3 000 万只,年产鹑肉 3 000 多吨,鹑蛋 80 000 吨,鹑蛋加工量 1 300 吨,鹌鹑产业年创值 9.5 亿元,农户养殖加工纯收入 4 000 多万元。

该县已形成以金山、石桥两镇为中心的鹌鹑养殖小区达 50 多个,被江苏省列为该省的十大农业经济带之一。金山镇被连云港市政府命名为"鹌鹑之乡"。现存栏各品种父母代鹌鹑种鹑 20 万只,炕孵点 100 余个,专用电孵机 40 多台(套),年可向社会提供6 000 万只苗鹑。成立了赣榆县金山镇鹌鹑产业协会,专业经纪人100 多人,统一组织产品生产与销售。产品销往本省、山东和上海等地。

近年来与南京农业大学挂钩,邀请有关专家教授现场指导,并正进行"中国黄羽鹌鹑近交系的培育"等课题。

三、江西省恒衍禽业有限公司与
恒衍鹌鹑养殖合作社

江西省是我国鹌鹑养殖大省,近年来由原来的鹌鹑引种省已变为鹌鹑良种输出省。这得益于恒衍禽业有限公司的扶持与恒衍鹌鹑养殖合作社的组织活力。

恒衍禽业有限公司创建于1991年,是省级鹌鹑原种场,又是农业部无公害农产品基地,省级民营企业。公司现拥有朝鲜鹌鹑、日本鹌鹑、中国黄羽鹌鹑、法国迪法克(FM系)肉用鹌鹑4个品种(系),饲养8万多只种鹑,年产种苗500多万只。以江西农业大学为其技术依托单位,成立恒衍鹌鹑养殖合作社作为发展载体。

2005年公司牵头成立了"江西省丰城市恒衍鹌鹑养殖合作社",采取"公司＋合作社＋农户"的经营模式,开办全国首家鹌鹑养殖超市,从技术培训,种苗、饲料、兽药和设备的供应,到鹌鹑产品的深加工和销售,建成了一条龙式的服务体系。

恒衍鹌鹑养殖合作社现有准社员2 860人,其销售网络已发展到国内28个省、市、自治区,年销售收入为2.6亿元,创外汇500余万美元。该社注册了"恒衍"、"孙渡汉太"两个商品品牌,面向国内和国外两个市场。鹌鹑产品除供应国内市场外,还销往韩国、泰国、英国、美国、加拿大等国。2011年该社被列为中华全国供销总社农民合作社示范社。

现正积极与南京农业大学筹建教学与科研实习基地事宜,以进一步提高鹌鹑的研发能力。

四、鹌鹑养殖"公司＋现代养殖户"的实施经验

(一)公司选址

公司筹建鹌鹑养殖户管理中心时,要考虑以下管理因素。

1. 养殖环境　一般公司对养殖户的有效管理半径为 15 千米,在此距离范围内,技术员可为养殖户排忧解难。

2. 目标市场　生产地与目标市场最好不要超过 200 千米,以确保运输成本低,产品耗损少。

3. 政府态度　事关政府的农业政策,如政府支持,就会出台用地、环境、支农资金等优惠政策支持现代养殖户的建设,反之就会限制发展。因此,公司选址必须位于当地政府大力支持的地区。

(二)规模与配套

最好是自小到大逐渐发展起来,积累经验,逐步开拓市场。一体化养殖公司应注意全面配套。

(三)养殖场的规则

种鹑场场址建于远离村庄,周围没有禽场的相对封闭区域。鹑舍应采用笼养设备,纵向通风水帘降温,育成舍采用全遮黑养殖。实行小区养殖,可自成一个小区,或集中在一起,相互协作。小区实行全进全出制(集中时间进雏,集中时间上市)。小区有养殖空置消毒时间,小区门口应设消毒池,配备能处理粪便、污水、死鹑的沼气池。小区多种植速生型树种,有利于夏天防暑降温和冬季防风的效果。

（四）企业理念

龙头企业须确定双赢的理念，要有风险同担的胆略。培养公司与养殖户的相互信任，主动权在公司，责任也在公司。

（五）有效管理

公司在给予现代养殖户特殊优待决策的同时必须加强管理。

第一，对不合作养殖户，应及时取消现代养殖户资格，既可防止产品质量事故，又可起到以儆效尤的作用。

第二，严格规定现代养殖户没有处方权，用药必须由公司兽医开处方后到公司的药房取药，严禁向外自购用药。

第三，建立负责任的技术指导队伍。采用一个技术员负责20～30个养殖户。建立完善的养殖户日报表制度。

第四，对发生鹌病的养殖户，主动报告公司后，公司应继续给予优惠待遇。

（六）优质优价

现代养殖户的硬件要求高，耗费的人力物力多，成本比普通农户高许多，是为了将优质产品与普通产品区分开来，建立品牌，优质优价，争取更大的经济效益与社会效益。这是市场的需要，更是竞争的必然趋向。政府有关主管部门是积极支持与推广无公害、安全、放心产品的，给"公司＋现代养殖户"联合企业以更多的优惠政策，促使这些龙头企业的产品顺利上市和大量出口，真正促使公司与养殖户达到双赢的预期目的。

附　录

附录一　育种档案

　　凡育种场与种鹑场都必须有各种育种记录,包括各种图表,以便统计、分析、总结,按周、月、年、品种、配套、批次编制成册。现在不少单位都采用了电脑管理,既提高了登记、统计、分析速度,也加快了育种的实际效率。具体记录表格可参考鸡的有关表格。

　　目前,我国各场虽有记录报表,但不完全符合标准化。今援引泰国正大集团制订的有关鸡场报表项目如下,供参考。

　　1. 父母代鸡只在生产周末的成本。

　　2. 新城疫免疫程序及检查报告。

　　(1)生长期新城疫免疫程序及检验报告。

　　(2)产蛋期新城疫免疫程序及检验报告。

　　3. 位于纬度 0°～29°,或 30°～39°,或 40°～45°,或 46°～55°的开放鸡舍光照计划。

　　4. 不同纬度地区每月中的自然光照小时数(粗略值)。

　　5. 1～26 周龄各周龄末饲料用量与体重。

　　6. 入舍鸡的淘汰百分率。

　　7. 鸡群生产报表(父母代肉种鸡母鸡)(1～42 周龄)。

　　8. 鸡群免疫计划及报告。

　　9. 鸡群用药记录。

　　10. 日生长记录。

　　11. 日产蛋记录。

　　12. 鸡蛋分选日报表。

　　13. 生产周报表(鸡场和孵化厅)。

14. 鸡群汇总。

15. 肉种鸡育成成本。

16. 种蛋的生产成本。

17. 1 日龄雏鸡生产成本。

18. 肉鸡产品售出成本。

19. 鸡场、孵化厅支出项目表。

20. 销售、行政费用支出表。

21. 损益报表。

22. 种蛋分选报表。

23. 种蛋落盘/雏鸡分选报告。

24. 种蛋入孵报告。

25. 孵化率报表。

26. 孵化率汇总表。

附录二 家禽新品种、配套系审定
和遗传资源鉴定条件

2007 年 5 月,农业部批准成立了国家畜禽遗传资源委员会,并赋予了委员会开展畜禽新品种、配套系审定,畜禽遗传资源鉴定、评估,畜禽遗传资源保护和利用规划论证,技术培训与咨询等职责。

今摘要援引我国"畜禽遗传资源委员会(2010)3 号文件"中的有关家禽新品种(本处仅摘指鹌鹑)、配套系审定和遗传资源鉴定条件如下,供各种类型结构的鹌鹑场或企业参考执行。

1. 新品种审定条件

1.1 基本条件

1.1.1 血统来源基本相同,有明确的育种方案,至少经过 4 个世代的连续选育,鹌鹑核心群有 6 个世代以上的系谱记录。

1.1.2 体型外貌基本一致,遗传性比较一致和稳定,主要经济性状遗传变异系数在 10%以下。

1.1.3 经中间试验增产效果明显或品质、繁殖力和抗病力等方面有一项或多项突出性状。

1.1.4 提供由具有法定资质的畜禽质量检验机构最近 3 年内出具的检测结果。肉禽需提供包括种禽和商品禽检测报告。

1.1.5 健康水平符合有关规定。

1.2 数量条件

鹌鹑不少于 2 万只。

1.3 应提供的外貌特征、体尺和性能指标

1.3.1 外貌特征描述

羽色、体型、喙色、胫色、皮肤颜色以及作为本品种特殊标志的特征。

1.3.2 体尺

体斜长、胫长、胫围、胸宽等反映本品种的体尺指标。

1.3.3 性能指标

1.3.3.8 鹌鹑

1.3.3.8.1 蛋用鹌鹑

初生重,0~4 周龄、5~35 周龄成活率,平均耗料量,50%产蛋率的周龄和体重,35 周龄产蛋数(入舍母鹑数或饲养日母鹑数),产蛋总量,平均蛋重,蛋壳颜色,蛋壳强度,产蛋期饲料转化比;种鹑 30 周龄产蛋数,种蛋受精率和孵化率。

1.3.3.8.2 肉用鹌鹑

初生重,5 周龄体重,成活率,饲料转化比,屠宰率,半净膛率,全净膛率;种鹑 50%产蛋率周龄,30 周龄产蛋数,产蛋期成活率,种蛋受精率和孵化率。

2. 配套系审定条件

2.1 基本条件

除具备新品种审定的基本条件外,还要求具有固定的配套模

式,该模式应由配合力测定结果筛选产生。

2.2 数量条件

2.2.1 由两个以上的品系组成,最近 4 个世代每个品系至少 40 个家系。鹌鹑产蛋期测定母禽不少于 800 只。

2.2.2 年中试数量

鹌鹑不少于 2 万只。

2.3 应提供的外貌特征和性能指标

与新品种审定条件相同。

3. 遗传资源鉴定条件

3.1 血统来源基本相同,分布区域相对连续,与所在地自然及生态环境、文化及历史渊源有较为密切的联系。

3.2 未与其他品种杂交,外貌特征相对一致,主要经济性状遗传稳定。

3.3 具有一定的数量与群体结构

鹌鹑不少于 5 000 只。各种禽类的保种群体不少于 60 只公禽和 300 只母禽。

附录三　鹌鹑常用饲料成分

(五)鹌鹑常用饲料成分

鹌鹑常用饲料成分及营养价值见附表 3-1。

常量矿物质饲料中矿物质元素的含量见附表 3-2。

常用维生素类饲料添加剂产品有效成分含量见附表 3-3。

附表 3-1　中国禽用饲料成分及营养价值(部分)

序号	饲料号	饲料名称	饲料描述	干物质(%)	粗蛋白质(%)	粗脂肪(%)	粗纤维(%)	赖氨酸(%)	蛋氨酸(%)	胱氨酸(%)	粗灰分(%)	钙(%)	总磷(%)	非植酸磷(%)	鸡代谢能(兆焦/千克)
1	4-07-0278	玉米	成熟,高蛋白优质	86.0	9.4	3.1	1.2	0.26	0.19	0.22	1.2	0.02	0.27	0.12	13.31
2	4-07-0288	玉米	成熟,高赖氨酸,优质	86.0	8.5	5.3	2.6	0.36	0.15	0.18	1.3	0.16	0.25	0.09	13.60
3	4-07-0279	玉米	成熟,GB/T 17890-1999,1级	86.0	8.7	3.6	1.6	0.24	0.18	0.20	1.4	0.02	0.27	0.12	13.56
4	4-07-0280	玉米	成熟,GB/T 17890-1999,2级	86.0	7.8	3.5	1.6	0.23	0.15	0.15	1.3	0.02	0.27	0.12	13.47
5	4-07-0272	高粱	成熟,NY/T,1级	86.0	9.0	3.4	1.4	0.18	0.17	0.12	1.8	0.13	0.36	0.17	12.30
6	4-07-0270	小麦	混合小麦,成熟,NY/T,2级	87.0	13.9	1.7	1.9	0.30	0.25	0.24	1.9	0.17	0.41	0.13	12.72
7	4-07-0274	大麦(裸)	裸大麦,成熟,NY/T,2级	87.0	13.0	2.1	2.0	0.44	0.14	0.25	2.2	0.04	0.39	0.21	11.21
8	4-07-0277	大麦(皮)	皮大麦,成熟,NY/T,1级	87.0	11.0	1.7	4.8	0.42	0.18	0.18	2.4	0.11	0.33	0.17	11.30
9	4-07-0281	黑麦	籽粒,进口	88.0	11.0	1.5	2.2	0.37	0.16	0.25	1.8	0.05	0.30	0.11	11.25
10	4-07-0273	稻谷	成熟,晒干,NY/T,2级	86.0	7.8	1.6	8.2	0.29	0.19	0.16	4.6	0.03	0.36	0.20	11.00
11	4-07-0276	糙米	良,成熟,未去米糠	87.0	8.8	2.0	0.7	0.32	0.20	0.14	1.3	0.03	0.35	0.15	14.06
12	4-07-0275	碎米	良,加工精米后的副产品	88.0	10.4	2.2	1.1	0.42	0.22	0.17	1.6	0.06	0.15	14.23	14.23
13	4-07-0479	粟(谷子)	合格,带壳,成熟	86.5	9.7	2.3	6.8	0.15	0.25	0.20	2.7	0.12	0.30	0.11	11.88
14	4-04-0067	木薯干	木薯干片,晒干 NY/T,合格	87.0	2.5	0.7	2.5	0.13	0.05	0.04	2.7	0.27	0.09	—	12.38
15	4-04-0068	甘薯干	甘薯干片,晒干 NY/T,合格	87.0	4.0	0.8	2.8	0.16	0.06	0.08	3.0	0.19	0.02	—	9.79
16	4-08-0104	次粉	黑面,黄粉,下面 NY/T,1级	88.0	15.4	2.2	1.5	0.59	0.23	0.37	1.5	0.08	0.48	0.14	12.76

续附表 3-1

序号	饲料号	饲料名称	饲料描述	干物质(%)	粗蛋白质(%)	粗脂肪(%)	粗纤维(%)	赖氨酸(%)	蛋氨酸(%)	胱氨酸(%)	粗灰分(%)	钙(%)	总磷(%)	非植酸磷(%)	鸡代谢能(兆焦/千克)
17	4-08-0105	麸粉	黑面、黄粉、下面 NY/T,2级	87.0	13.6	2.1	2.8	0.52	0.16	0.33	1.8	0.08	0.48	0.14	12.51
18	4-08-0069	小麦麸	传统制粉工艺 NY/T,1级	87.0	15.7	3.9	8.9	0.58	0.13	0.26	4.9	0.11	0.92	0.24	6.82
19	4-08-0070	小麦麸	传统制粉工艺 NY/T,2级	87.0	14.3	4.0	6.8	0.53	0.12	0.24	4.8	0.10	0.93	0.24	6.78
20	4-08-0041	米糠	新鲜、不脱脂 NY/T,2级	87.0	12.8	16.5	5.7	0.74	0.25	0.19	7.5	0.07	1.43	0.10	11.21
21	4-10-0025	米糠饼	未脱脂、机榨 NY/T,1级	88.0	14.7	9.0	7.4	0.66	0.26	0.30	8.7	0.14	1.69	0.22	10.17
22	4-10-0018	米糠粕	浸提或预压浸提,NY/T,1级	87.0	15.1	2.0	7.5	0.72	0.28	0.32	8.8	0.15	1.82	0.24	8.28
23	5-09-0127	大豆	黄大豆、成熟 NY/T,2级	87.0	35.5	17.3	4.3	2.20	0.56	0.70	4.2	0.27	0.48	0.30	13.56
24	5-09-0128	全脂大豆	湿法膨化,生大豆为 NY/T,2级	88.0	35.5	18.7	4.6	2.37	0.55	0.76	4.2	0.32	0.40	0.25	15.69
25	5-10-0241	大豆饼	机榨 NY/T 2级	89.0	41.8	5.8	4.8	2.43	0.60	0.62	5.0	0.31	0.50	0.25	10.54
26	5-10-0103	大豆粕	去皮、浸提或预压浸提 NY/T,1级	89.0	47.9	1.0	4.0	2.87	0.67	0.73	4.9	0.34	0.65	0.19	10.04
27	5-10-0102	大豆粕	浸提或预压浸提 NY/T,2级	89.0	44.0	1.9	5.2	2.66	0.62	0.68	6.1	0.33	0.62	0.18	9.83
28	5-10-0118	棉籽饼	机榨 NY/T,2级	88.0	36.3	7.4	12.5	1.40	0.41	0.70	5.7	0.21	0.83	0.28	9.04
29	5-10-0119	棉籽粕	浸提或预压浸提 NY/T,1级	90.0	47.0	0.5	10.2	2.13	0.56	0.66	6.0	0.25	1.10	0.38	7.78
30	5-10-0117	棉籽粕	浸提或预压浸提 NY/T,2级	90.0	43.5	0.5	10.5	1.97	0.58	0.68	6.6	0.28	1.04	0.36	8.49
31	5-10-0183	菜籽饼	机榨 NY/T,2级	88.0	35.7	7.4	11.4	1.33	0.63	0.87	7.2	0.59	0.96	0.33	8.16
32	5-10-0121	菜籽粕	浸提或预压浸提 NY/T,2级	88.0	38.6	1.4	11.8	1.33	0.63	0.87	7.3	0.65	1.02	0.35	7.41

续附表 3-1

序号	饲料号	饲料名称	饲料描述	干物质(%)	粗蛋白质(%)	粗脂肪(%)	粗纤维(%)	赖氨酸(%)	蛋氨酸(%)	胱氨酸(%)	粗灰分(%)	钙(%)	总磷(%)	非植酸磷(%)	鸡代谢能(兆焦/千克)
33	5-10-0116	花生仁饼	机榨 NY/T,2级	88.0	44.7	7.2	5.9	1.32	0.39	0.38	5.1	0.25	0.53	0.31	11.63
34	5-10-0115	花生仁粕	浸提或预压浸提 NY/T,2级	88.0	47.8	1.4	6.2	1.40	0.41	0.40	5.4	0.27	0.56	0.33	10.88
35	5-10-0031	向日葵仁饼	壳仁比:35:65 NY/T,3级	88.0	29.0	2.9	20.4	0.96	0.59	0.43	4.7	0.24	0.87	0.13	6.65
36	5-10-0242	向日葵仁粕	壳仁比:16:84 NY/T,2级	88.0	36.5	1.0	10.5	1.22	0.72	0.62	5.6	0.27	1.13	0.17	9.71
37	5-10-0243	向日葵仁粕	壳仁比:24:76 NY/T,2级	88.0	33.6	1.0	14.8	1.13	0.69	0.50	5.3	0.26	1.03	0.16	8.49
38	5-10-0119	亚麻仁饼	机榨 NY/T,2级	88.0	32.2	7.8	7.8	0.73	0.46	0.48	6.2	0.39	0.88	0.38	9.79
39	5-10-0120	亚麻仁粕	浸提或预压浸提 NY/T,2级	88.0	34.8	1.8	8.2	1.16	0.55	0.55	6.6	0.42	0.95	0.42	7.95
40	5-10-0246	芝麻饼	机榨,CP40%	92.0	39.2	10.3	7.2	0.82	0.82	0.75	10.4	2.24	1.19	0.00	8.95
41	5-11-0001	玉米蛋白粉	玉米去胚芽、淀粉后的面筋部分 CP60%	90.1	63.5	5.4	1.0	0.97	1.42	0.96	1.0	0.07	0.44	0.17	16.23
42	5-11-0002	玉米蛋白粉	同上,中等蛋白产品,CP50%	91.2	51.3	7.8	2.1	0.92	1.14	0.76	2.0	0.06	0.42	0.16	14.27
43	5-11-0008	玉米蛋白粉	同上,中等蛋白产品,CP40%	89.9	44.3	6.0	1.6	0.71	1.04	0.65	0.9	-	-	-	13.31
44	5-11-0003	玉米蛋白饲料	玉米去胚芽、去淀粉后的含皮残渣	88.0	19.3	7.5	7.8	0.63	0.29	0.33	5.4	0.15	0.70	-	8.45
45	4-10-0026	玉米胚芽饼	玉米湿磨后的胚芽,机榨	90.0	16.7	9.6	6.3	0.70	0.31	0.47	6.6	0.04	1.45	-	9.37
46	4-10-0244	玉米胚芽粕	玉米湿磨后的胚芽,浸提	90.0	20.8	2.0	6.5	0.75	0.21	0.28	5.9	0.06	1.23	-	8.66
47	5-11-0007	DDGS	玉米啤酒糟及可溶物,脱水	90.0	28.3	13.7	7.1	0.59	0.59	0.39	4.1	0.20	0.74	0.42	9.20

续附表 3-1

序号	饲料号	饲料名称	饲料描述	干物质(%)	粗蛋白质(%)	粗脂肪(%)	粗纤维(%)	赖氨酸(%)	蛋氨酸(%)	胱氨酸(%)	粗灰分(%)	钙(%)	总磷(%)	非植酸磷(%)	鸡代谢能(兆焦/千克)
48	5-11-0009	蚕豆粉浆蛋白粉	蚕豆去皮制粉丝后的浆液.脱水	88.0	66.3	4.7	4.1	4.44	0.60	0.57	2.6	—	0.59	—	14.52
49	5-11-0004	麦芽根	大麦芽副产品,干燥	89.7	28.3	1.4	12.5	1.30	1.71	0.58	6.1	0.22	0.73	—	5.90
50	5-13-0044	鱼粉(CP64.5%)	7样平均值	90.0	64.5	5.6	0.5	5.22	1.71	0.58	11.4	3.81	2.83	2.83	12.38
51	5-13-0045	鱼粉(CP62.5%)	8样平均值	90.0	62.5	4.0	0.5	5.12	1.66	0.55	12.3	3.96	3.05	3.05	12.18
52	5-13-0046	鱼粉(CP60.2%)	沿海产的海鱼粉、脱脂,12样平均值	90.0	60.2	4.9	0.5	4.72	1.64	0.52	12.8	4.04	2.90	2.90	11.80
53	5-13-0077	鱼粉(CP53.5%)	沿海产的海鱼粉、脱脂,11样平均值	90.0	53.5	10.0	0.8	3.87	1.37	0.49	20.8	5.88	3.20	3.20	12.13
54	5-13-0036	血粉	鲜猪血,喷雾干燥	88.0	82.8	0.4	0.0	6.67	0.74	0.98	3.2	0.29	0.31	0.31	10.29
55	5-13-0037	羽毛粉	纯净羽毛、水解	88.0	77.9	2.2	0.7	1.65	0.59	2.93	5.8	0.20	0.68	0.68	11.42
56	5-13-0038	皮革粉	废牛皮、水解	88.0	74.7	0.8	1.6	2.18	0.80	0.16	10.9	4.40	0.15	0.15	—
57	5-13-0047	肉骨粉	屠宰下脚料.带骨干燥粉碎	93.0	50.0	8.5	2.8	2.60	0.67	0.33	3.17	9.20	4.70	4.70	9.96
58	5-13-0048	肉粉	脱脂	94.0	54.0	12.0	1.4	3.07	0.80	0.60	—	7.69	3.88	—	9.20

续附表 3-1

序号	饲料号	饲料名称	饲料描述	干物质(%)	粗蛋白质(%)	粗脂肪(%)	粗纤维(%)	赖氨酸(%)	蛋氨酸(%)	胱氨酸(%)	粗灰分(%)	钙(%)	总磷(%)	非植酸磷(%)	鸡代谢能(兆焦/千克)
59	1-05-0074	苜蓿草粉(CP19%)	一茬·盛花期·烘干 NY/T,1级	87.0	19.1	2.3	22.7	0.82	0.21	0.22	7.6	1.40	0.51	0.51	4.06
60	1-05-0075	苜蓿草粉(CP17%)	一茬·盛花期·烘干 NY/T,2级	87.0	17.2	2.6	25.6	0.81	0.20	0.16	8.3	1.52	0.22	0.22	3.64
61	1-05-0076	苜蓿草粉(CP14%~15%)	NY/T,3级	87.0	14.3	2.1	29.8	0.60	0.18	0.15	10.1	1.34	0.19	0.19	3.51
62	5-11-0005	啤酒糟	大麦酿酒副产品	88.0	24.3	5.3	13.4	0.72	0.52	0.35	4.2	0.32	0.42	0.14	9.92
63	7-15-0001	啤酒酵母	啤酒酵母菌粉,QB/T 1940-94	91.7	52.4	0.4	0.6	3.38	0.83	0.50	4.7	0.16	1.02	—	10.54
64	4-13-0075	乳清粉	乳清·脱水·低乳糖含量	94.0	12.0	0.7	0.0	1.10	0.20	0.30	9.7	0.87	0.79	0.79	11.42
65	5-01-0162	酪蛋白	脱水	91.0	88.7	0.8	—	7.85	2.70	0.41	—	0.63	1.01	0.82	17.28
66	5-14-0503	明胶		90.0	88.6	0.5	—	3.62	0.76	0.12	—	0.49	—	—	9.87
67	4-06-0076	牛奶乳糖	进口含乳糖80%以上	96.0	4.0	0.5	0.0	0.16	0.03	0.04	8.0	0.52	0.62	0.62	11.25
68	4-06-0077	乳糖		96.0	0.3	—	—	—	—	—	—	—	—	—	—
69	4-06-0078	葡萄糖		90.0	0.3	—	—	—	—	—	—	—	—	—	12.89
70	4-06-0079	蔗糖		99.0	0.0	0.0	—	—	—	—	—	0.04	0.01	0.01	16.32
71	4-02-0889	玉米淀粉		99.0	0.3	0.2	—	—	—	—	—	0.00	0.03	0.01	13.22

续附表 3-1

序号	饲料号	饲料名称	饲料描述	干物质(%)	粗蛋白质(%)	粗脂肪(%)	粗纤维(%)	赖氨酸(%)	蛋氨酸(%)	胱氨酸(%)	粗灰分(%)	钙(%)	总磷(%)	非植酸磷(%)	鸡代谢能(兆焦/千克)
72	4-07-0001	牛脂		99.0	0.3	≥98	0.0	—	—	—	—	0.00	0.00	0.00	32.55
73	4-07-0002	猪油		99.0	0.0	≥98	0.0	—	—	—	—	0.00	0.00	0.00	38.11
74	4-07-0003	家禽脂肪		99.0	0.0	≥98	0.0	—	—	—	—	0.00	0.00	0.00	39.16
75	4-07-0004	鱼油		99.0	0.0	≥98	0.0	—	—	—	—	0.00	0.00	0.00	35.35
76	4-07-0005	菜籽油		99.0	0.0	≥98	0.0	—	—	—	—	0.00	0.00	0.00	38.53
77	4-07-0006	椰子油		99.0	0.0	≥99	0.0	—	—	—	—	0.00	0.00	0.00	36.76
78	4-07-0007	玉米油		100.0	0.0	≥99	0.0	—	—	—	—	0.00	0.00	0.00	40.42
79	4-17-0008	棉籽油		100.0	0.0	≥99	0.0	—	—	—	—	0.00	0.00	0.00	—
80	4-17-0009	棕榈油		100.0	0.0	≥99	0.0	—	—	—	—	0.00	0.00	0.00	24.27
81	4-17-0010	花生油		100.0	0.0	≥99	0.0	—	—	—	—	0.00	0.00	0.00	39.16
82	4-17-0011	芝麻油		100.0	0.0	≥99	0.0	—	—	—	—	0.00	0.00	0.00	—
83	4-17-0012	大豆油	粗制	100.0	0.0	≥99	0.0	—	—	—	—	0.00	0.00	0.00	35.02
84	4-17-0013	葵花籽油		100.0	0.0	≥99	0.0	—	—	—	—	0.00	0.00	0.00	40.42

附表 3-2　常量矿物质饲料中矿物质元素的含量

序	中国料号	饲料名称	化学分子式	钙(%)	磷(%)	磷利用率(%)	钠(%)	氯(%)	钾(%)	镁(%)	硫(%)	铁(%)	锰(%)
01	6-14-0001	碳酸钙，饲料级轻质	CaCO₃	38.42	0.02	—	0.08	0.02	0.08	1.61	0.08	0.06	0.02
02	6-14-0002	磷酸氢钙，无水	CaHPO₄	29.60	22.77	95~100	0.18	0.47	0.15	0.80	0.80	0.79	0.14
03	6-14-0003	磷酸氢钙,2个结晶水	CaHPO₄·2H₂O	23.29	18.00	95~100	—	—	—	—	—	—	—
04	6-14-0004	磷酸二氢钙	Ca(H₂PO₄)₂·H₂O	15.90	24.58	100	0.20	—	0.16	0.90	0.80	0.75	0.01
05	6-14-0005	磷酸三钙(磷酸钙)	Ca₃(PO₄)₂	38.76	20.0	—	—	—	—	—	—	—	—
06	6-14-0006	石粉,石灰石,方解石等		35.84	0.01	—	0.06	0.02	0.11	2.06	0.04	0.35	0.02
07	6-14-0007	骨粉,脱脂		29.80	12.50	80~90	0.04	—	0.20	0.30	2.40	—	0.03
08	6-14-0008	贝壳粉		32~35	—	—	—	—	—	—	—	—	—
09	6-14-0009	蛋壳粉		30~40	0.1~0.4	—	—	—	—	—	—	—	—
10	6-14-0010	磷酸氢铵	(NH₄)₂HPO₄	0.35	23.48	100	0.20	—	0.16	0.75	1.50	0.41	0.01
11	6-14-0011	磷酸二氢铵	(NH₄)H₂PO₄	—	26.93	100	—	—	—	—	—	—	—
12	6-14-0012	磷酸氢二钠	Na₂HPO₄	0.09	21.82	100	31.04	0.02	0.01	0.01	—	—	—
13	6-14-0013	磷酸二氢钠	NaH₂PO₄	—	25.81	100	19.17	0.02	0.01	0.01	—	—	—

续附表 3-2

序	中国料号	饲料名称	化学分子式	钙(%)	磷(%)	磷利用率(%)	钠(%)	氯(%)	钾(%)	镁(%)	硫(%)	铁(%)	锰(%)
14	6-14-0014	碳酸钠	Na_2CO_3	—	—	—	43.30	—	—	—	—	—	—
15	6-14-0015	碳酸氢钠	$NaHCO_3$	0.01	—	—	27.00	—	0.01	—	—	—	—
16	6-14-0016	氯化钠	$NaCl$	0.30	—	—	39.50	59.00	—	0.005	0.20	0.01	—
17	6-14-0017	氯化镁,6个结晶水	$MgCl_2 \cdot 6H_2O$	—	—	—	—	—	—	11.95	—	—	—
18	6-14-0018	碳酸镁	$MgCO_3$	0.02	—	—	—	—	—	34.00	—	—	0.01
19	6-14-0019	氧化镁	MgO	1.69	—	—	—	—	0.02	55.00	0.10	1.06	—
20	6-14-0020	硫酸镁,7个结晶水	$MgSO_4 \cdot 7H_2O$	0.02	—	—	—	0.01	—	9.86	13.01	—	—
21	6-14-0021	氯化钾	KCl	0.05	—	—	1.00	47.56	52.44	0.23	0.32	0.06	0.001
22	6-14-0022	硫酸钾	K_2SO_4	0.15	—	—	0.09	1.50	44.87	0.60	18.40	0.07	0.001

说明：1. 数据来源于《中国饲料学》(2000,张子仪主编)及《猪营养需要》(NRC,1998)

2. 饲料中使用的矿物质添加剂一般不是化学纯化合物,其组成成分的变异较大。例如,饲料级的磷酸氢钙原料中在往含有一些磷酸二氢钙,而磷酸二氢钙中含有一些磷酸氢钙。如果能得到纯化合物,一般应采用原料供应商的分析结果

附表 3-3　常用维生素类饲料添加剂产品有效成分含量

有效成分	产品名称	有效成分含量
维生素 A	维生素 A 醋酸酯	30 万单位/克,40 万单位/克,50 万单位/克
	维生素 A+维生素 D₃ 粉	50 万单位/克
	维生素 A 醋酸酯原料(油)	210 万单位/克
维生素 D₃	维生素 D₃	10 万单位/克,30 万单位/克,40 万单位/克,50 万单位/克
	维生素 A+维生素 D₃ 粉	50 万单位/克
	维生素 D₃ 原料(锭剂)	20000 万单位/克
DL-α-生育酚	维生素 E 醋酸酯粉剂	50%
	维生素 E 醋酸酯油剂	97%
维生素 K₃ (甲萘醌)	亚硫酸氢钠甲萘醌(MSB)微囊	含甲萘醌 25%
	亚硫酸氢钠甲萘醌(MSB)	含亚硫酸氢钠甲萘醌 94%,约含甲萘醌 50%
	亚硫酸氢烟酰胺甲萘醌(MNB)	含甲萘醌不低于 43.7%
	亚硫酸氢钠甲萘醌复合物(MSBC)	约含甲萘醌 33%
	亚硫酸二甲嘧啶甲萘醌(MPB)	约亚硫酸二甲嘧啶甲萘醌 50%,约含甲萘醌 22.5%
硫胺素	硝酸硫胺	含硝酸硫胺 98.0%,约含硫胺素 80.0%
	盐酸硫胺	含盐酸硫胺 98.5%,约含硫胺素 88.0%

续附表 3-3

有效成分	产品名称	有效成分含量
核黄素	维生素 B_2	80%或96%
D-泛酸	D-泛酸钙 DL-泛酸钙	含 D-泛酸钙 98.0%，约含 D-泛酸 90.0% 相当于 D-泛酸钙生物活性的 50%
烟酸	烟酸 烟酰胺	99.0% 98.5%
维生素 B_6	盐酸吡哆醇	含盐酸吡哆醇 98%，约含吡哆醇 80%
D-生物素	生物素	2%或98%
叶酸	叶酸	80%或95%
维生素 B_{12}	维生素 B_{12}	1%,5%或10%
胆碱	氯化胆碱粉剂 氯化胆碱液剂	含氯化胆碱 50%或60%，约含胆碱 37.3%或44.8% 含氯化胆碱 70%或75%，约含胆碱 52.2%或56.0%

附录四 无公害鹌肉生产技术标准
(企业标准)

随着我国人民生活水平的日益提高,对于食品的安全性已提到议事日程上来。政府对于食品的安全性也颁布了一系列政策法令,并正由无公害食品、绿色食品发展为有机食品,进而开拓了市场,也提高了鹌产品的附加值。

今根据江苏省无公害鹌肉生产技术标准,并借鉴有关生产企业的企业内部标准,汇总于后,供参考。

其中内容有些与前文有所重复,考虑到其系统性文件的完整性,未予删节。在实际应用时,各单位可据自身具体情况增删。

1. 品种标准化

品种是企业的生命线,品种的质量是制种与经济效益直接有关的关键条件。

种鹌场应拥有专用型肉鹌鹑品种(或品系),如法国肉用型莎维玛特鹌鹑及菲隆玛特鹌鹑纯系,均引自原引种单位,并利用其正反交生产商品杂交鹑,有效地提高了育成率与饲料转化率。其制种图式如下:

父母代:莎维玛特系公×菲隆玛特系母

↓

商品代: F₁公+母

2. 繁殖技术标准化

2.1 配比1∶2.5,采用小群配种11∶25。

2.2 孵化设备应采用属于ISO 9001-2000国际质量体系认证企业生产的环保型孵化设备。

2.3 孵化制度

2.3.1 恒温孵化制。

2.3.2　变温孵化制。

2.4　采种蛋时间 2～8 月龄内。

2.5　消毒

2.5.1　种蛋消毒

2.5.1.1　福尔马林加高锰酸钾熏蒸法　每立方米体积用福尔马林 40 毫升、高锰酸钾 20 克,将容器置孵化机底部中央,先放入高锰酸钾,再倒入福尔马林,即产生气体。密闭机门熏蒸 2 小时后,迅速排出气体。

2.5.1.2　86 消毒王消毒法　稀释 20 倍后喷雾于种蛋表面。

2.5.2　孵化设备消毒　机内用福尔马林加高锰酸钾熏蒸法消毒,机外壁结合孵化室消毒进行(福尔马林溶液 5 毫升/米³ 或过氧乙酸),也可用 86 消毒王喷雾消毒。

2.6　孵化工艺参数(附表 4-1)

附录四 无公害鹌肉生产技术标准(企业标准)

附表 4-1 鹌蛋孵化工艺

项 目		参 数
蛋的处理	蛋 重	12～17 克
	贮 存	①5～7 天;18℃,相对湿度 75% ②8～14 天;13℃～15℃,相对湿度 80%
	放 置	气室向上或斜放
	入孵时间	下午 4 时入孵,翌日算第一天入孵日,必要时按合同、运输工具、目的地确定入孵日期
孵化	温 度	①恒温制:1～5 天 38.1℃～38.6℃,6 天后固定为 37.8℃ ②变温制:1～5 天 38.9℃～39.2℃,6～10 天 38.6℃～38.9℃,11～15 天 38.1℃～38.6℃,16～17 天 36.7℃～37.2℃
	相对湿度	①恒温制:60% ②变温制:1～5 天 60%～65%,6～10 天 55%～60%,11～15 天 50%～55%
	通 风	二氧化碳最高水平为 0.5%,新鲜空气 60～180 米³/1000 个蛋·小时
	翻 蛋	①翻蛋角度:±45° ②翻蛋时间:入孵至落盘时止 ③恒温制:每天翻蛋,1 次/1～2 小时 ④变温制:入孵 1～2 天,1 次/0.5 小时;3～5 天,1 次/小时;6～10 天,1 次/2 小时;11～15 天,1 次/3 小时
	照 蛋	不照或抽照,常于落盘时(15 天下午)照蛋
	落 盘	入孵 14～15 天下午,一律平放
出雏	温 度	37℃～37.4℃
	相对湿度	70%～75%
	出 雏	孵化 16～17 天
	分 级	鉴别、分级、编号、装箱

3. 饲料配制标准化

3.1　饲养标准

3.1.1　法国肉用型鹑营养需要　见附表 4-2。

附表 4-2　法国肉用型鹑营养需要

阶　　段	粗蛋白质(%)	代谢能(兆焦/千克)	钙(%)	磷(%)
生长期(1～42 日龄)	21.89	12.23	1.05	0.78
产蛋期(43 日龄后)	18.22	13.42	2.33	0.85

3.1.2　法国肉用型鹑营养需要　见附表 4-3。

附表 4-3　法国肉用型鹑营养需要　(%)

营养成分	0～5 日龄	6～28 日龄	28 日龄至出售	产蛋期
粗蛋白质	28	26	20	18
粗脂肪	5	5	7	4
粗纤维	3	4	4	5
矿物质	8.5	5	6.5	12

3.1.3　法国肉用型鹑肥育期营养需要　见附表 4-4。

附表 4-4　法国肉用型仔鹑肥育期营养需要

项　目	数　量	项　目	数　量
代谢能(兆焦/千克)	11.84	粗纤维(%)	4.10
粗蛋白质(%)	24.0	可利用磷(%)	0.50
粗脂肪(%)	3.20	钙(%)	1.03

3.1.4　法国肉用种鹑饲粮配方　见附表 4-5。

附表 4-5　法国肉用种鹑饲粮配方　(100 千克)

项　目		育雏期	育成期	种鹑期
		1～20 日龄	21～40 日龄	41 日龄以上
饲料配合比例(%)	玉　米	56	60.5	54
	豆　饼	26	20	23
	鱼　粉	3	3	3
	蚕蛹粉		5	5
	麸皮和米糠	3	5	3
	槐叶粉	5	5	5
	骨　粉	2	1.5	2
	蛎壳粉或石粉	2	—	5
另添加	蛋氨酸(%)	0.15	0.10	0.10
	硫酸锰(克)	18	18	20
	硫酸锌(克)	16	16	16
	禽用多维素(克)	12	8	10
	食　盐(%)	0.2	0.2	0.2

3.1.5　法国肉用仔鹑饲粮配方　见附表 4-6。

附表 4-6　法国肉用仔鹑饲粮配方　(%)

饲料名称	0～2 周龄	3～5 周龄
玉　米	46.0	55.4
豆　饼	35.0	33.5
菜籽饼	3.5	—
肉骨粉	2.5	—
羽毛粉	5.0	2.4
鱼　粉	5.0	5.0
骨　粉	0.3	0.8
小麦麸	2.5	2.5
石　粉		0.3
赖氨酸	0.2	0.1

3.1.6　法国肉用仔鹑肥育期饲粮配方　见附表4-7。

附表 4-7　法国肉用仔鹑肥育期饲粮配方　（%）

饲料名称	配　比	饲料名称	配　比
玉　米	47	鱼　粉	2
小　麦	10	豆　饼	31
苜蓿粉	3	碳酸钙	0.5
肉　粉	6	食　盐	0.5

　3.1.7　配合饲料应根据所饲养鹌鹑的品种（品系、配套系）、用途、生长发育阶段、产蛋期水平、饲养方式、气温等，参照有关饲养标准、推荐的饲养标准与经验配方，配制各种配合饲料。

4. 饲料管理标准化

4.1　笼养鹌鹑饲养规程　见附表4-8。

4.2　商品肉用鹌鹑饲养规程（江苏省地方标准 DB 32/T 424—2001）

4.2.1　范围

本标准规定了商品肉用鹑饲养的生产性能指标，鹑舍与饲养设备、饲料营养、饲料管理和疾病预防。

附表 4-8 笼养鹌鹑饲养规程

年　龄	操　作　规　程
	进雏：①打开鹌舍所有的灯；②检查鹌舍温度和育雏器温度；③尽快将雏鹌均匀放入育雏器内；④饮 5％～8％葡萄糖水 2 小时后即行开食；⑤1～10 日龄鹌群，要常巡视

年　龄	操　作　规　程
雏　鹌 （0～3 周龄）	育雏温度与湿度 日龄　　　温度（℃）　　　相对湿度（％） 1～3　　　36　　　　　　　　70 4～7　　　32～34　　　　　　70 8～10　　30～31　　　　　　65 11～15　28～30　　　　　　65 16～21　26～28　　　　　　60 光照时间 日龄　　光照时间（小时）　　　日龄　光照时间（小时） 1～3　　24　　　　　　　　　12　　17 4～6　　23.5　　　　　　　　13　　16 7　　　　22　　　　　　　　　14　　15 8　　　　21　　　　　　　　　15　　14 9　　　　20　　　　　　　　　16　　13 10　　　19　　　　　　　　　17～21　12 11　　　18 ＊补充光照时宜在早、晚进行 光照强度：8～10 勒 食槽：1～11 日龄　　　　小食槽：50 只/个 　　　12 日龄　　　　　小食槽换大食槽或料筒 喂食次数：4～6 次/日或自由采食 饮水：1～10 日龄用小饮水器；每天清洗 2 次，消毒 1 次 称重：与标准体重对照，调整日粮 饲养密度：100 只/米²，夏季酌减
仔　鹌 （4～5 周龄）	育成温度与湿度：22 日龄至开产，22℃～24℃，相对湿度 60％ 光照时间：12 小时/日 光照强度：5～10 勒 采食宽度：2.5～3 厘米/只 喂食次数：6 次/日，或自由采食 饮水：不能中断 称重：与标准体重对照，调整饲粮 饲养密度：80 只/米²

续附表 4-8

年 龄	操 作 规 程
产蛋鹑	温度与湿度:开产至淘汰,22℃~26℃,相对湿度 60% 光照时间:

日龄	光照时间(小时)	日龄	光照时间(小时)
36~40	13	51~60	15.5
41~45	14	61 至淘汰	16(17)
46~50	15		*早晚补充人工光照

光照强度:10~20 勒
饲喂次数:8 次/日或自由采食
饮水:不中断,常常洗水槽并消毒。可装乳头式饮水器
饲养密度:48 只/米²
公母配比:1:2~2.5
注意环境卫生
根据产蛋率、气温、品种调整饲粮

	附笼具规格
雏 鹑	3 层,长 100 厘米×宽 40 厘米。底网网眼 10 毫米×10 毫米的金属网或塑料网。底层笼底距地面 50 厘米,笼顶、左、右、后都包以尼龙编织布。设承粪板。每层笼顶悬挂保温照明的白炽灯,据气温调整瓦数。食槽由夹板制成,长 30 厘米×宽 12 厘米×高 2.5 厘米,或用塑料盘,上罩金属或塑料网,防扒。饮水器可用雏鸡钟式饮水器,防溅湿绒毛或淹死雏鸡,也可悬挂
仔 鹑	与雏鹑笼同。只是食槽与饮水槽悬挂于笼外,便于饮食,也可做肥育笼
产蛋鹑	产蛋鹑与种鹑使用。据品种、公母配比、用途制造。多金属网、角铁、木料、竹片混合结构。产蛋鹑笼 5~8 层。每层规格长 10 厘米×宽 50 厘米×高 20 厘米。集蛋槽伸出笼外 10 厘米,滚蛋倾斜度为前后相差 5 厘米,滚蛋口高 3 厘米。种鹑笼每层高 24 厘米,余同产蛋鹑笼

本标准适用于国外引进的和国内培育的肉用鹌鹑品种及配套

系生产用的商品肉用鹌鹑的饲养。

4.2.2 引用标准

下列标准所包含的条文,通过在本标准中引用而构成为本标准和条文,本标准出版时,所示版本均为有效,所有标准都会被修订,使用本标准的各方应探讨使用下列标准最新版本的可能性。

GB 5749-85 生活饮用水卫生标准

4.2.3 生产性能指标 见附表 4-9。

附表 4-9 肉用仔鹑主要生产性能指标

日　龄	初　生	7	14	21	28	35
体重(克)	9	30	65	115	165	200
饲料转化率	—	1.5~1.6	2.1~2.2	2.4~2.5	2.7~2.8	3.1~3.2
存活率(%)	—	>98	>97	>96	>95	>94

江苏省质量技术监督局 2001-19 批准;2001-07-01 实施

4.2.4 鹑舍与饲养设备

4.2.4.1 鹑舍

要求通风良好,能保温、防暑、防火、防兽害,舍内以水泥地面为宜。房舍应接通电源。

4.2.4.2 笼具

4.2.4.2.1 育雏笼:叠层式 2 层或 3 层,底层离地面 20 厘米以上,层高 50~60 厘米、笼宽 100 厘米、笼长 120~150 厘米。笼底金属丝网眼规格为 0.8 厘米×0.8 厘米(或 1 厘米×1 厘米)。

4.2.4.2.2 肥育笼:采用叠层式 5 层或 6 层为宜,底层离地面 20 厘米以上,层高 30 厘米、笼宽 50 厘米、笼长 100 厘米。笼底金属丝网眼规格为 1.2 厘米×1.2 厘米。

4.2.4.3 饮水器

4.2.4.3.1 育雏宜用真空式饮水器,底盘沿高不超过 1.5 厘米。

4.2.4.3.2 育成用水槽,长 30 厘米左右、深 5 厘米左右、宽 5 厘米左右。

4.2.4.4 食槽

4.2.4.4.1 育雏用扁平食槽,沿高 2 厘米、长 50 厘米左右、宽 30 厘米左右。

4.2.4.4.2 育成用食槽,长 60 厘米,上口宽 7 厘米,下底宽 5 厘米,内侧槽高 5 厘米,外侧槽高 7 厘米,槽内放压料孔板。

4.2.5 饲料营养(略)

4.2.6 饲养管理

4.2.6.1 饲养期 35 日左右。1～14 日为前期,15～35 日为后期。

4.2.6.2 饲养方式

4.2.6.2.1 前期笼养或高床网上平养。

4.2.6.2.2 后期应笼养。

4.2.6.3 进雏前准备

4.2.6.3.1 进雏前 3 天,育雏舍地面、墙壁进行常规消毒;笼具进行彻底清洗、消毒,育雏笼或育雏垫料(地面平养时)安放到位;备好扁平食槽、瓶式饮水器;饲料和有关疫苗、药品;检修好各种设备与电器;配备好饲养人员;备好各种记录表。

4.2.6.3.2 进雏前调试舍内温度达到并保持 25℃左右。

4.2.6.4 雏鹑的选购,选购的雏鹑应来自健康鹑场,符合品种要求,活泼健壮,脐部愈合良好,腹部柔软,健雏率在 98％以上。

4.2.6.5 雏鹑的运输

4.2.6.5.1 使用专用运输箱,也可用箱盖、箱壁有通气孔的纸箱、木板箱、塑料箱。

4.2.6.5.2 运输过程中应做好保温、通气、防震、防倾斜。

4.2.6.5.3 应在出雏后 24 小时内运抵目的地,运抵后应立即置于保温育雏设备内。

4.2.6.6 舍内环境控制

4.2.6.6.1 温度控制 见附表 4-10。

附表 4-10 温度控制

日　龄	笼温(℃)	日　龄	笼温(℃)
1	37～38	7	31～32
2	37～38	8	28～30
3	37～38	9	27～28
4	35～36	10	26～27
5	34～35	11～35	22～25
6	33～34		

并根据雏鹌在笼中的分布状态进行温度调节。

4.2.6.6.2 湿度控制

舍内相对湿度,1～14 日控制在 60%～65%,15～35 日控制在 55%～60%。

4.2.6.6.3 通风

4.2.6.6.3.1 鹌舍保持良好的通风,使舍内外空气适量交换和舍内空气流动,空气中有害气体氨气浓度不超过 20 毫克/米^3,二氧化碳浓度不超过 0.1%,硫化氢浓度不超过 6.6 毫克/米^3。

4.2.6.6.3.2 夏季高温季节使用机械降温设备,加大通风量。

4.2.6.6.4 光照

4.2.6.6.4.1 光照时间 1～4 日龄每日 17～24 小时,15～28 日龄每日 15 小时。也可以间断光照,但每天光照时间不少于 12 小时。

4.2.6.6.4.2 光照强度 1～7 日龄 40 勒左右,15～28 日龄 10 勒左右。

4.2.6.6.5 饲养密度见附表 4-11。

附表 4-11　饲养密度

日　龄	1～7	8～14	15～21	22～35
饲养密度 （只/米²）	250～200	120～100	80～70	60～50

4.2.6.7　饮水

4.2.6.7.1　水质:饮水卫生标准应符合 GB 5749—85 生活饮用水卫生标准。

4.2.6.7.2　初饮:雏鹑出雏后 24 小时内,放入育雏设备内稍停后即初饮,水温要求在 25℃～35℃。对长途运输,出雏时间超过 24 小时的在初饮水中加入 8％葡萄糖。

4.2.6.7.3　饮水位置长度

4.2.6.7.3.1　前期:使用真空式饮水器,每只鹑饮水长度 0.5 厘米左右。

4.2.6.7.3.2　后期:使用水槽,每只饮水位置长度 1 厘米左右。

4.2.6.7.4　饮水量:饮水量根据天气、饲料状态而定,一般为饲料量的 3～5 倍。应全程不间断供水。

4.2.6.8　喂料　见附表 4-12。

附表 4-12　1～5 周龄日均采食量

周　龄	1	2	3	4	5
日均采食量（克）	6.5	13.7	21.6	26.4	28.8

4.2.6.8.1　料型

4.2.6.8.1.1　1～14 日龄用商品肉用鹌鹑前期配合饲料(粉料粗屑)。

4.2.6.8.1.2　19～35 日龄用商品肉用鹌鹑后期配合饲粮(碎裂颗粒料)。

4.2.6.8.1.3　15～18 日龄用料从前期料逐步过渡到后期料。

4.2.6.8.2　开食:出雏后 24 小时内,初饮后 1 小时左右开食,用前期料均匀撒布在料盘中让雏鹌自由采食。

4.2.6.8.3　喂料次数:前期采取昼夜不断料,自由采食制,后期每日喂料 3～4 次。

4.2.6.9　清除粪便:每 2 日清除 1～2 次,夏季高温季节应每日清除 1～2 次。

4.2.6.10　观察:应经常观察鹌群的分布和精神状态、排粪情况。

4.2.7　疾病预防

4.2.7.1　免疫:分别于 7 日龄和 14 日龄各进行 1 次鸡新城疫Ⅳ系苗饮水免疫。其他免疫根据当地疫病流行情况进行。

4.2.7.2　药物预防

4.2.7.2.1　在 1～14 日龄内选用残留低、抗药性低的药物在饲料或饮水中,预防性给药。

4.2.7.2.2　进行预防性给药,在转群前 2 天,饮水中加入适量维生素和土霉素。

4.2.7.2.3　连续给药 5 天后,应停药 3 天,出栏前 10 天停止给药。

4.2.7.3　消毒

4.2.7.3.1　在鹌场入口处设置消毒池、消毒室,对入场车辆、人员进行消毒。饲养人员进入饲养区要进行更衣消毒。

4.2.7.3.2　进雏前 3 日内,对育雏舍进行福尔马林熏蒸消毒。要求封闭 24 小时。对笼具进行清洗和消毒剂消毒。

4.2.7.3.3　每批饲养结束后,对鹌舍、笼具、水槽、食槽及其……进行彻底打扫、清洗、消毒,并对周围环境进行清扫消毒。

4.2.7.4　全进全出:在同一饲养单元内实行全进全出饲养制度。

4.2.7.5　病死鹌处理:病死鹌应及时进行无害化处理。

5. 种鹌场建筑物组成　见附表 4-13。

附表 4-13　鹌场建筑物组成

生产建筑	生产辅助建筑	管理生活建筑	备 注
雏鹌舍	淋浴消毒室	办公室	①饲料库为成品库;②有关兽医检验事宜,委托畜牧兽医站实施
仔鹌舍	兽医化验室	宿 舍	
种鹌舍	焚烧室	食 堂	
孵化厅	配电房	门卫室	
饲料库	车 库	围 墙	
贮水设施	污水、粪便处理设施		

6. 卫生防疫标准化

6.1　鹌场建筑、布局的卫生防疫要求　鹌场应建造在高燥、平坦、排水良好、水质优良、通风向阳处,应远离(至少 500 米)交通主干道、村镇、工厂及其他畜禽场、屠宰场、肉类加工厂等。同一场内不饲养 2 种以上禽类。

鹌场根据本地区主风向进行布局。饲料库、育雏舍建在上风头,兽医室、死鹌处理处、粪便处理场应设在下风头。生活区和生产区严格分开。鹌舍间要保持一定的距离(30~50 米)。墙壁应用水泥粉刷整齐光滑,窗口、地下通风口应加设铁丝网。

鹌场大门,生产区、鹌舍出入口处,应设冲洗与消毒设施。

6.2　鹌舍与设备的卫生与消毒

6.2.1　鹌场常用消毒药品:按照《肉鸡饲养兽药使用准则》

(NY 5035—2001)规定实施。

6.2.2 鹌舍、笼具、食槽及饮水设备应定期严格消毒。

6.2.3 承粪板每天清扫、冲洗与消毒。

6.2.4 定期进行鹌舍内外环境消毒。地面、墙壁宜用小型火焰喷射器消毒。

6.3 免疫方法及程序

6.3.1 肉用种鹌的免疫程序 见附表4-14。

附表 4-14 肉用种鹌的免疫程序

日 龄	免疫项目	疫苗名称	接种方法
1	马立克氏病	HVT 活苗	颈部皮下注射1头份
5	大肠杆菌病	油乳剂多价灭活苗	皮下注射 0.2 毫升
6～10	新城疫	Ⅳ系苗	点眼或饮水
18	传染性法氏囊病	弱毒苗	饮 水
28	传染性法氏囊病	弱毒苗	饮 水
30	新城疫	Ⅳ系苗	饮水(加倍头份)
		Ⅰ系苗	肌注(1年内勿再免)
60	禽霍乱	油乳剂灭活苗	皮下注射 0.2 毫升
90	禽霍乱	油乳剂灭活苗	皮下注射 0.2 毫升
120	新城疫	Ⅳ系苗	点 眼

注:禽流感疫苗由当地畜牧主管部门统一配发并监督防疫

6.3.2 商品肉鹌免疫程序 见附表4-15。

附表 4-15 商品肉鹌免疫程序

日 龄	免疫项目	疫苗名称	接种方法
6～10	新城疫	Ⅳ系苗	饮水,或点眼、滴鼻
25	新城疫	Ⅳ系苗	饮水

7. 鹑产品加工与贮运标准化

7.1　商品肉鹑的屠宰

7.1.1　肉鹑的选择包括按合同回收的不同周龄(3~6周龄)的仔鹑与淘汰的种鹑。按优质优价收购。经检疫后剔除病弱、伤残肉鹑。有的需急宰。

7.1.2　肉鹑的屠宰

7.1.2.1　宰前1周停用抗生素类药物或含有特殊气味的饲料原料(如蚕蛹或低毒饼类等)。防止药物残留和影响肉质。

7.1.2.2　宰前12小时要停止饲喂,保证正常饮水,防止胃肠道的内容物污染屠体,影响肉质。

7.1.3　屠宰方法,根据合同规定或市场需求而采取不同的屠宰方法。按标准经电击麻醉要求杀死时间短,放血完全,确保屠体质量。

7.1.3.1　剥皮法:屠宰时先用手指猛弹其头部,或使其头部撞击硬物,致其昏迷,然后从腹部剖开皮肤,将皮连羽全剖剥脱,剪去喙和脚。

7.1.3.2　口腔宰杀法:将肉鹑双脚挂吊钩上,用锋利尖刀剪断喉部桥状静脉放血,悬置10分钟左右将血沥尽。

7.1.4　浸烫脱羽大批量采用电脑控制调温的浸烫池,经60℃~65℃(视气温与肉鹑日龄),待主翼羽能轻易拔掉时,再进入脱毛机内脱净羽毛(净毛率可高达99%)。目前每小时脱毛效率为2 000~2 200只。

7.1.5　检验,宰后检验主要观察皮肤颜色是否正常,其天然孔有无淤血及内脏器官是否有病变,剔出伤残屠体,另行加工或处理。

7.1.6　修整,屠体浸没于凉水中,借助于镊子除去细毛,洗净血迹和粪便。屠体脱羽沥干水后,用喷灯烧掉残余细毛。

7.1.7　开膛根据合同或市场需求,采用不同的开膛方法。

7.1.7.1　腹部开膛法:从肛门沿腹底正中线向前切开到胸骨后缘,撕开横膈膜,抓住心脏,拉出内脏。

7.1.7.2　半净膛法:从腹部开一小口,把胆囊和肠子一起掏出。

7.1.7.3　背部开膛法:去掉鹌尾后,沿背线由后向前剪开,取出全部内脏。

7.1.8　整形,除去全部内脏的屠体,把颈部放在翅下,腿部以折叠形式摆好。然后用手掌稍稍压平,使胸部显得肥硕美观。再装袋出售或供再加工。

7.2　鹌肉的贮藏与运输

7.2.1　贮藏工艺

7.2.1.1　预冷:将检验合格的屠体先降温到3℃左右,再行速冷。预冷一般3小时左右。

7.2.1.2　包装:将合格屠体装入符合卫生的塑料袋或真空包装袋,然后装箱,并行编号。包装规格视合同与加工要求而定。

7.2.1.3　速冻:将包装箱放入速冻间进行快速冻结,速冻温度为－28℃,相对湿度85%左右。经3～4小时速冻后,使屠体内温度降至－16℃。

7.2.1.4　冷藏:将速冻好的屠体装进包装箱按编号次序放入冷冻库内或冷藏车间内冷藏,温度保持在－20℃～－10℃,相对湿度为90%。

7.2.2　运输:应全过程防止污染。运输车辆应彻底清洗和消毒。不得使用运输过化肥、农药等对人体健康有害物品的车辆。

8. 肉鹌兽药使用准则

使用饲料与饲料添加剂均应符合《饲料和饲料添加剂管理条例》HY 5037 的规定,饲养环境应符合 NY/T 388 的规定,按照江苏省 DB 32/T424—2001《商品肉用鹌鹑饲养规程》进行饲养管理，按照 NY 5036 的规定做好预防，最大限度地减少化学药品的使用。必须使用兽药进行鹑病的预防和治疗时，应在兽医指导下进行。避免滥用药物。所用兽药应符合《中华人民共和国兽药典》、《中华人民共和国兽药规范》、《兽药质量标准》、《进口兽药质量标准》和《兽用生物制品质量标准》的有关规定。所用兽药的标签应符合《兽药管理条例》的规定。

　　参考无公害食品《肉鸡饲养》中允许使用的药物，含饲料药物添加剂品种、用法、用量和休药期。

9. 无公害鹑肉参考肉鸡有关标准

　　9.1　感官指标　按 GB 16869 规定执行。

　　9.2　理化指标　鹑应符合附表 4-16 的规定。

附表 4-16　鹑肉的理化指标

项　目	指　标
解冻失水率,%	≤8
挥发性盐基氮,毫克/100 克	≤15
汞(Hg),毫克/千克	≤按 GB 16869 规定执行
铅(Pb),毫克/千克	≤0.5
砷(As),毫克/千克	≤0.5
六六六(BHC),毫克/千克	≤0.1
滴滴滴(DDT),毫克/千克	≤0.1
金霉素,毫克/千克	≤1
土霉素,毫克/千克	≤0.1
磺胺类(以磺胺类总量计),毫克/千克	0.1
呋喃唑酮,毫克/千克	≤0.1
氯羟吡啶(克球酚),毫克/千克	≤0.01

9.3 微生物指标 应符合附表 4-17 规定。

附表 4-17 鹌肉的微生物指标

项 目	指 标
菌落总数,群/克	$\leqslant 5 \times 10^5$
大肠菌群,个/100 克	$\leqslant 5 \times 10^5$
沙门氏菌	不得检出

9.4 标志、包装、贮存

9.4.1 标志 内包装(销售包装)标志应符合 GB 7718 的规定;外包装标志应符合 GB 191 和 GB/T 6388 的规定。

9.4.2 包装 包装材料应全新、清洁、无毒无害。

9.4.3 贮存 分割肉产品应贮存在 $-18℃$ 以下的冷冻库。库温一昼夜升温不得超过 $-15℃$。

10.《无公害鹌肉生产技术标准与规程》编制说明

我国养鹌业中的肉用仔鹌生产,生产规模日趋扩大,生产水平也与日俱增,但限于缺乏国家标准,严重制约着肉用仔鹌产业的发展和质量的提高,也直接影响到其经济效益和综合效益。

应力求为肉用仔鹌生产开拓新局面,必须在肉鹌标准化方面积极主动开创新水平,落实新措施,为公司肉鹌进一步产业化奠定基础,为生产无公害鹌肉铺平道路。

根据多年来养肉鹌的生产实践,结合我国市场实情,借鉴国内外先进经验,特制定《无公害鹌肉生产技术标准与规程》,供参考执行。

(主要参考资料略)

金盾版图书，科学实用，
通俗易懂，物美价廉，欢迎选购

以上图书由全国各地新华书店经销。凡向本社邮购图书或音像制品,可通过邮局汇款,在汇单"附言"栏填写所购书目,邮购图书均可享受9折优惠。购书30元(按打折后实款计算)以上的免收邮挂费,购书不足30元的按邮局资费标准收取3元挂号费,邮寄费由我社承担。邮购地址:北京市丰台区晓月中路29号,邮政编码:100072,联系人:金友,电话:(010)83210681、83210682、83219215、83219217(传真)。